현대인과 생활환경(3판)

안옥희 지음

신정

머리말

지금 지구촌 전체는 바이러스와의 전쟁으로 많은 어려움을 겪고 있다. COVID-19의 발생 원인에 대해서는 여러 의견이 있으나, 원래 존재했던 코로나바이러스가 심각한 변이를 일으켰고, 그 배경에는 지구환경의 변화에 따른 것이라고 짐작하고 있다. 지금도 계속 변이가 생겨나고 있고, 이제 코로나바이러스에 의한 감염병은 풍토병으로 인정하기에 이르렀다. 이런 감염병 대유행으로 이제까지 익숙하게 생활했던 환경은 많은 제약이 생기고, 기존의 방식을 바꾸지 않으면 안 되는 상황이 생겼다. 그러나 생활환경은 매우 복잡한 시스템으로 구축되어 있으며, 짧은 시간에 제도를 변경하여 많은 사람을 적응시키는 것은 매우 어렵다. 이런 혼란 속에서 모든 국민이 건강하고 행복하게 살기 위해서는 환경에 대한 정확한 지식과 기술 발전을 포함하여 생활환경에 대한 균형 있는 인식확산을 위한 노력을 하여야 한다.

본 책은 환경문제에 대한 올바른 인식과 환경친화적 삶에 대한 소양을 갖춘 교양인을 위하여 생활환경에 대한 포괄적인 내용으로 엮었다. 본 저서의 저자는 30년 이상 대학에서 생활환경에 대한 교양과목을 강의하면서 생활환경에 관한 몇 권의 저서를 발간하였다. 그러나 그동안 환경법이 개정되었고, 생활환경의 현황 또한 변하였다. 특히 1990년에 제정된 「환경정책기본법」에서 생활환경을 대기, 물, 폐기물, 소음·진동, 악취 등 사람의 일상생활과 관계되는 환경으로 구체적으로 명시하면서 생활환경에 대한 법적 근거가 마련되었다. 그 후, 일조(1999년), 토양(2011년), 인공조명(2016년), 화학물질(2019년)이 생활환경의 범위에 들어오는 등 생활환경 분야가 계속 확대되고 있다. 또한 생활환경과 밀접한 관련이 있는 교통환경이나 에너지에 대한 중요성 또한 높아지고 있다. 이에 이번에 생활환경 영역의 전면적인 내용의 수정과 보완을 거쳐 개정하였다.

본 책은 환경정책기본법에서 생활환경의 하위영역으로 분류하고 있는 토양, 대기, 물, 폐기물, 소음과 진동, 악취, 일조, 인공조명, 화학물질을 포함하고, 안전하고 쾌적한 생활환경으로 일상생활 환경인 거주환경, 환경과 밀접한 관련이 있는 교통환경과 에너지 환경을 포함하여 총 5장으로 구성하였다. 본 저서의 내용을 서술하면서 가능한 최신의 정보를 활용하고, 사례를 들어 쉬운 용어로 서술하고자 노력하였다. 그러나 이러한 노력에도 불구하고 아직 부족함이 많다. 이는 앞으로 생활환경 분야에 관한 연구로 개정해 나갈 것이니, 관련 분야의 많은 전문가의 충고를 부탁드린다.

본 저서는 많은 연구자의 연구 결과를 바탕으로 이루어진 것이다. 본 저서에 참조된 원자료 제공자들의 높은 업적에 경의를 표한다. 그리고 기꺼이 출판을 허락하신 신정출판사의 최용구 대표님과 편집부에 감사드리며, 사랑하는 연구실의 제자와 가족에게도 사랑을 보낸다.

2022년 여름

안옥희

차 례

Modern People
and Living Environment

CHAPTER 01

현대사회와 환경

□Contents

CHAPTER 01

현대사회와 환경

1 현대환경의 특성

1) 환경의 정의

환경(環境, environment)은 매우 넓은 의미로 사용된다. 환경의 광의적 정의는 "우주를 형성하고 있는 모든 요소의 실체"이며, 인간중심적인 환경론에 의한 환경의 정의는 "인간을 둘러싸고 있는 주위의 일체"이다. 즉 자연 상태인 자연환경과 사람의 일상생활과 밀접한 관계에 있는 생활환경이 곧 환경이다.

환경에 대한 정의와 분류는 나라 또는 학자에 따라 차이가 있다. 유엔환경계획(UNEP)에서는 환경을 자연환경과 인간환경으로 나누어 자연환경에는 대기, 태양, 물, 암석권, 육상생태계 등을, 인간환경에는 인구, 주거, 건강, 생물계, 산업, 에너지, 운송, 관광, 환경교육 및 홍보, 평화와 안전 등을 포함하고 있다. 우리나라의 「환경정책기본법」에서의 환경은 자연환경과 생활환경으로 나누고 있다. 자연환경이란 지하 · 지표(해양 포함) 및 지상의 모든 생물과 이들을 둘러싸고 있는 비생물적인 것을 포함한 자연의 상태(생태계 및 자연경관을 포함)를 의미하며, 생활환경이란 대기, 물, 토양, 폐기물, 소음 · 진동, 악취, 일조,

인공조명, 화학물질 등 사람의 일상생활과 관계되는 환경을 의미한다.

본 저서에서는 생활환경의 범위를 「환경정책기본법」에서 설정하고 있는 9개의 하위영역을 비롯하여 사람의 일상생활과 밀접한 관련이 있는 주거와 근린생활환경, 교통환경, 그리고 여러 환경분야와 밀접한 관련이 있는 에너지 환경을 포함한다.

〈표 1-1〉 다양한 환경 분류

유엔환경계획	자연환경	대기, 태양, 물, 암석권, 육상생태계 등
	인간환경	인구, 주거, 건강, 생물계, 산업, 에너지, 운송, 관광, 환경교육 및 홍보, 평화와 안전
세계보건기구	자연적 환경	생물학적 요인, 물리화학적 요인
	사회적 환경	인공환경적 요인, 사회환경적 요인
환경정책기본법	자연환경	생물과 비생물을 포함한 자연의 상태
	생활환경	대기, 물, 토양, 폐기물, 소음·진동, 악취, 일조, 인공조명, 화학물질

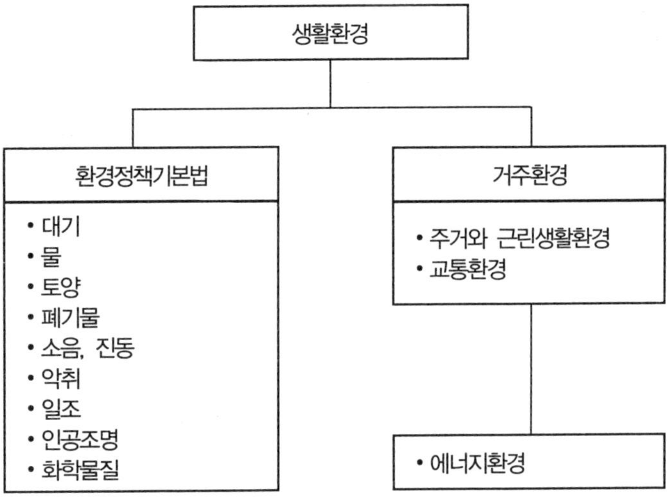

[그림 1-1] 본 저서의 생활환경의 범위

2) 환경오염의 발생요인

인간은 환경의 일부분으로서 자연환경과 인공환경 속에서 상호 영향을 주고 받으며 생활하고 있다. 자연은 인간에게 각종 자원을 제공하고 인간생활에서 발생하는 각종 폐기물을 정화한다. 그러나 제2차 세계대전 이후 폭발적인 인구성장과 자원소비량의 증가로 자연의 자정능력은 한계에 이르렀다. 즉 산업화와 도시화가 진행되는 동안 삼림, 초지 등의 생태계 자원이 줄어들고, 각종 폐기물과 폐수가 처리능력 이상으로 배출되고 있다. 이같이 각종 환경문제는 급증한 인구, 가속화된 산업화 및 무분별한 지역개발 등으로 발생하며, 이로 인하여 생태계의 균형과 질서가 깨지고 인류의 생존까지 위협받게 되었다. 현대사회에서 환경이 오염되는 요인은 크게 보면 인구 증가, 생산력과 소비량의 증대, 지역개발, 근시안적 사고방식으로 볼 수 있다.

(1) 인구 증가

환경오염을 발생시키는 원인 중 중요한 것은 인구의 규모이다. 2012년 지구 인구는 75억 명을 넘었으며, 우리나라는 5,000만 명이 되었다. 2020년에는 세계 인구는 78억 명, 우리나라는 5,178만 명으로 늘어났다. 인구 1인당 소비되는 재화와 용역에 따라 환경오염의 정도가 정해지는데, 지구라는 한정된 범위에서 생활하는 인구의 수가 적정범위를 넘어서면 환경오염이 가속화된다. 예를 들어, 인구가 증가하면 식량 증산을 위해 화학비료와 살충제를 많이 사용하게 되고, 그에 따라 토양과 지하수의 오염을 유발한다. 이처럼 인구 증가는 환경오염 발생에 결정적인 역할을 하며, 인구요인이 환경을 오염시키는 다른 요인과 동시에 작용할 때 상승작용으로 인하여 환경오염은 더 악화하게 되므로 적정인구 유지가 환경오염을 억제하는 데 중요하다. 인간은 환경오염의 가해자이면서 피해자이기 때문이다.

(2) 생산력과 소비량의 증대

산업혁명 이후 각종 제품의 생산력은 급속하게 늘어났다. 대량 공급을 할 수 있는 현대적인 제조시설을 갖춘 공장은 과거 가내공업으로 1년 걸려 생산하던 양을 단 몇 시간 내에 생산할 수 있으며, 이같이 향상된 생산력은 소비를 미덕으로 삼아 과소비를 조장하게 된다. 이로 인해 쓰레기의 과다 배출과 유한자원과 에너지를 소비하게 되고, 이는 각종 오염물의 발생 등 환경문제에 직접 또는 간접적인 영향을 미치게 된다. 따라서 생산력과 소비량이 많은 지역에서 환경오염이 발생할 가능성이 크다.

(3) 지역개발

지역개발을 할 때 어쩔 수 없이 환경오염이 발생한다. 예를 들어, 다목적댐을 건설하면 홍수와 가뭄을 극복하고 농업용수 및 공업용수를 얻을 수 있으나, 댐의 건설로 생태계의 파괴와 자연스러운 물 흐름의 차단으로 수실오염이 생기며, 지역적인 기상변화 등 여러 가지 환경문제를 일으키기도 한다. 또한 대규모의 공업단지, 관광단지, 주택단지 개발 시 생활하수 및 폐수, 폐기물, 소음 등 여러 가지 환경문제가 일어난다. 그러므로 인위적인 환경파괴로 단기간에 큰 환경문제를 초래할 수 있는 지역개발은 환경을 최대한 보존하면서 실시하거나 환경오염에 대한 대책을 동시에 실행하면서 실시하여야 한다.

(4) 근시안적 사고방식

시간과 공간에 대한 인간의 근시안적 사고방식이 환경오염의 원인이 되고 있다. 즉 미래세대에 대한 책임감이 부족하며, 공간에 대해서도 근시안적 사고방식을 가지고 있다. 우리의 관심사는 가정, 사무실 등 직접적으로 사용하고 있는 좁은 공간에 집중되어 있고, 지역, 국가, 지구, 우주 등 보다 넓은 공간에 대해서는 큰 관심이 없다. 예를 들어, 서울의 올림픽대로에서는 담배꽁초를 하루에 트럭 2대분을 수거한다고 한다. 이것은 올림픽대로를 이용하는 대부분 사람의 공간적 사고 범위가 자신의 자동차에 한정되어 있기 때문이다. 이러한 근시안적 사고방식은 인류의 보편적인 속성이기는 하나, 이 때문에 환경문제가 계속 야기되고 있다.

3) 현대환경의 구조적 특성

현대환경은 우리가 생각하는 것보다 훨씬 복잡하게 이루어져 있다. 환경문제는 하나의 문제가 하나의 원인으로 발생하는 것이 아니라 상호 연결된 복합체이다. 현대환경의 구조적 특징은 상호관련성, 광역성, 시차성, 탄력성과 비가역성, 엔트로피 증가 등을 들 수 있다.

(1) 상호관련성

환경문제는 상호작용하는 여러 변수로 발생하므로 상호 간에 인과관계가 있어 문제 해결을 더욱 어렵게 하며, 또한 변수 간의 상승작용으로 인해 그 심각성을 더해 간다. 상승작용은 오염의 경우에 뚜렷하게 나타나는데, 각 오염물질은 서로 화학반응을 일으켜 더 큰 문제, 또는 새로운 문제를 유발한다. 예를 들어, 화석연료를 사용하면 연소생성물은 대기를 오염시키며, 오염된 대기는 물과 토양을 다시 오염시키고, 그 결과 그 토양에서 생산하는 농작물이 오염되고 음용수의 수질이 나빠진다. 이같이 환경의 여러 요소는 상호 간에 매우 밀접한 관련성을 가지고 있다. 따라서 어떤 환경문제를 해결하기 위해서는 그 문제뿐만 아니라 관련된 다른 환경 요소들과의 상호관련성까지도 고려하여야 한다.

(2) 광역성

오늘날의 환경문제는 어느 한 지역, 한 국가만의 문제가 아니라 범지구적,

국제간의 문제이며, 공간적으로 광범위한 영향권을 형성한다. 예를 들면, 헝가리의 알루미늄 공장 저수조에서 유출된 독성 찌꺼기가 작은 하천들을 거쳐 다뉴브강에 흘러들고, 이 강물이 흑해로 흘러들어 동유럽의 여러 나라에서 식수원으로 사용되었다. 이때 독성 제거 작업이 제대로 이뤄지지 않으면 그 피해의 범위가 크게 확대된다.

환경문제의 광역성은 문제 해결이 복잡하지만, 환경문제에 관한 인식을 넓히기도 한다. 환경문제 논의는 불특정한 다수와의 관계를 광범위하게 다루게 되며, 특정 지역의 문제가 아니라 전 지구적 차원에서 다루기도 하고, 환경문제를 일으킨 지역보다 오히려 인근지역에서 더 큰 피해를 보기도 한다. 이에 우리나라에서는 2013년 5월 24일부터 배출오염 위반행위의 처분 권한을 환경부 장관에서 시·도지사로 완전히 이양하고, 환경문제의 광역성에 대한 논의를 활발하게 하고 있다. 즉 오염물질을 배출하는 배출업소가 집적화되어 있는 지역과 그 피해를 받는 지역이 다르므로 인해 환경규제에 대한 강도와 집행구조가 달라진다는 것을 반영한 것이다. 광역 지방정부는 자신의 환경규제 역량은 물론 기초지방자치단체의 역량을 종합적으로 고려하여 가장 효율적인 집행구조에 대한 적극적인 검토를 하여야 한다. 이는 환경문제의 광역성을 고려한 환경관리 정책이 실행되어야 한다는 것을 시사한다.

환경문제 해결을 위해서는 하나뿐인 지구의 보호를 대전제로 하는 지구 보전의식과 광역적인 통제가 필요하며, 인접국과의 환경문제의 해결과 관리를 위한 국제협약 등 국가 간의 협력이 필요하다.

우리나라는 환경문제에 대한 국제협력이 매우 중요하다고 인식하고 있으며, 동북아지역의 환경문제에 대한 협력방안을 도출하기 위하여 1998년 우리나라의 제안으로 매년 정기적으로 한중일 환경부 장관회의를 개최하고 있다. 이 회의는 동북아지역의 유일한 환경분야 각료급 회의이며 2021년까지 총 22차례 개최되었다.

〈표 1-2〉 헝가리의 슬러지 유출사건의 광역성

	2010년 10월 4일에 헝가리 서부, 베스프렘 주 어이커(Ajkai)의 알루미늄 공장의 부식성 폐기물 저수지가 붕괴하여, 1백만㎥에 달하는 적니(red mud) 폐기물이 방출되었다. 3일 후 유출된 폐기물이 다뉴브강까지 도달하였다. 이에 직접 영향을 받은 토지만 40㎢에 달하며, 다뉴브강 하류에 위치하는 슬로바키아, 크로아티아, 세르비아, 루마니아, 불가리아, 우크라이나는 긴급 대책을 마련하였다. 특히 헝가리 정부는 부다페스트 지역 하수처리장 시설 건립에 나섰다. 이 사건은 현대환경의 광역성을 나타내는 것이다.

(3) 시차성

환경오염은 오염의 발생과 이로 인한 영향이 현실적으로 나타나는 데 상당한 시간이 걸린다. 예를 들어, 미국의 러브캐널 사건이나 일본에서 발생한 공해병인 미나마타병과 이타이이타이병 등은 그 피해가 오랜 시간이 지난 후 나타났다.

이같이 환경문제는 피해가 발현하는 데 시간이 오래 걸리며, 해로운 영향이 최종적으로 감소할 때까지 긴 시간이 소요되거나 원상회복되지 않기도 한다. 따라서 환경문제는 현재 나타나는 환경문제의 원인을 현재뿐만 아니라 과거에서부터 찾으려고 하여야 한다.

〈표 1-3〉 러브캐널 사건의 시차성

	1947년 대규모 화학회사인 후커화학은 러브캐널(Love Canal)을 인수해 약 10년간 공장에서 발생한 각종 산업폐기물 2만여 톤을 매립한 후 넓은 평지를 만들어, 시교육위원회에 기증하였다. 이 지역에 학교와 주택이 세워졌는데, 30년 후인 1977년에 토양과 지하수가 유독성 화학물질로 심하게 오염되고 각종 질병을 유발한다는 것이 밝혀져, 1978년 연방환경처(EPA)가 미국 역사상 처음으로 이 지역을 환경재난지역으로 선포하고 주민들을 모두 이주시키고, 주택과 학교를 모두 철거하였다.

(4) 탄력성과 비가역성

환경오염은 환경의 자체의 정화능력, 즉 자정작용을 통하여 원상으로 회복된다. 그러나 자정력(自淨力)을 초과하는 많은 오염물질이 유입되면 충분한 자정작용이 불가능해진다. 예를 들면, 수중에 오염물질이 축적되면 부영양화 현상이 일어나서 플랑크톤이 과도하게 번식하여 정화기능이 저하된다. 이런 경우 생태계의 부(negative)의 기능이 강화되고, 정(positive)의 기능이 약화하여 환경악화가 가속화되고, 심한 경우 원상회복이 어렵게 된다. 자연자원은 많을수록 회복탄력성이 좋지만 파괴될수록 복원력, 즉 자정능력이 떨어진다. 이것이 환경의 탄력성과 비가역성이다.

여러 원인으로 발생한 환경오염은 스스로 회복할 수 있는 탄력성의 범위 내에서는 문제가 되지 않는다. 환경의 회복탄력성은 기존의 환경 상황이나 범위, 오염되는 속도 등에 따라 다르므로 인간활동으로 생기는 환경오염의 발생과정별로 적정한 대책을 병행하는 것이 환경오염에 의한 피해를 줄일 수 있다.

(5) 엔트로피 증가

엔트로피(entropy)란 불확실성, 무질서의 정도, 쓸모없는 것으로 변하는 정도라는 뜻이다. 따라서 엔트로피가 증가한다는 것은 '사용 가능한 에너지'가 '사용 불가능한 에너지'로 바뀌는 현상을 말한다.

엔트로피 증가는 사용 가능한 에너지의 감소를 뜻하는데, 환경에서 무슨 일이 일어날 때마다 얼마간의 에너지는 사용 불가능한 에너지로 변화된다. 이런 사용 불가능한 에너지가 바로 환경오염이다. 대기오염, 수질오염, 쓰레기의 발생은 모두 엔트로피 증가를 뜻한다. 환경오염은 사용 불가능한 에너지에 대한 척도가 된다. 예를 들어, 공장에서 생산품을 만들어 낼 때마다 폐기물(오염)이 나오므로, 제품을 생산하면 할수록 엔트로피(오염, 쓰레기)는 계속 증가한다.

현대환경은 매우 복잡한 시스템으로 작동되고 있으며, 우리의 생활환경은 그 속에서 유기적으로 이루어진다. 따라서 생활환경의 사용과 소비에 있어 높은 수준의 환경인식을 가질 필요가 있으며, 이를 위해서는 지속적인 관심과 적극적인 실천 의지가 있어야 한다.

2 환경운동과 환경인식

1) 환경운동

우리나라에서는 경제개발 5개년 계획을 수립하여 공업화를 추진한 1960년대에 본격적인 환경문제가 제기되었으며, 이에 따른 환경운동이 시작되었다. 환경운동의 연대별 특징을 살펴보자.

(1) 환경운동 태동기(1960~1970년대)

1960년대부터 급속하게 추진된 공업화로 인하여 환경문제가 전국 각 지역에서 발생하였다. 이에 우리나라 최초의 환경법인 「공해방지법」이 1963년에 제정되었다. 이 법은 공장이나 사업장 또는 기계 또는 기구의 조업으로 인해 야기되는 대기오염·하천오염·소음·진동으로 인한 보건 위생상의 피해를 방지하여 국민 보건을 향상하는 것을 목적으로 한다.

급속한 산업화, 도시화가 이루어지던 1970년대에 환경문제가 더욱 심각하게 인식되었다. 이에 「공해방지법」을 폐지하고 이를 대체하는 「환경보전법」을 1977년에 제정하였다. 이 법은 대기오염·수질오염·토양오염·소음과 진동 또는 악취 등으로 인한 보건 위생상의 위해를 방지하고 환경을 적정하게 보전함으로써 국민 보건을 향상하는 것을 목적으로 한다. 이 법은 환경파괴 또는 환경오염의 예방뿐 아니라 오염된 환경을 개선하기 위한 환경영향평가제도, 환경기준, 오염물질의 총량규제제도 등을 새로이 도입한 것이다.

이같이 1960~1970년대에는 환경법이 새로 제정되고 환경운동이 시작되었으나, 당시의 성장주의적인 사회적 분위기로 인하여 환경운동이 활발하지는 않았다. 전문적인 환경운동단체는 결성되지 않았으나, 대학생들의 '공해연구회(1979)'가 조직되었고, 공해시설 주변 지역주민들의 풀뿌리 환경운동이 이때부터 시작되었다.

(2) 환경운동과 민주화운동과의 연계기(1980년~1987년)

1980년에 전부 개정된 「헌법」에 환경권에 관한 규정이 신설되었다. 즉 1980년의 「헌법」에는 '제33조 모든 국민은 깨끗한 환경에서 생활할 권리를 가지며, 국가와 국민은 환경보전을 위하여 노력하여야 한다'라고 명시되어 있다. 이후 1987년에 진부 개정된 「헌법」에는 '제35조 ① 모든 국민은 건강하고 쾌적한 환경에서 생활할 권리를 가지며, 국가와 국민은 환경보전을 위하여 노력하여야 한다. ② 환경권의 내용과 행사에 관하여는 법률로 정한다. ③ 국가는 주택개발정책 등을 통하여 모든 국민이 쾌적한 주거생활을 할 수 있도록 노력하여야 한다'라고 명시되어 있다.

특히 1980년대에는 정치구조가 민주적 정치구조로의 이행이 이루어진 시기로, 국민의 환경의식 확산을 가져온 환경사건이 많이 발생하였다. 예를 들어, 우리나라 공해문제의 대명사로 불리는 온산병(1983년)이 발생하였다. 온산병은 울산의 온산공업단지 일대에서 발생한 공해병으로, 우리나라에서 처음으로 공해피해에 대한 법원의 구체적인 인정을 받았다. 또한 88서울올림픽 개최로 국제사회의 관심이 우리나라에 쏟아지던 사회적 분위기에 발맞추어 1980년대에는 민주화운동이 활발하게 이루어졌으며, 민주화운동의 한 부분으로 반공해운동이 시작되었다. 이 시기에 오늘날 활동하는 전문 환경운동단체의 모체가 형성되기 시작하였다.

(3) 환경운동의 확산기(1988~1999년)

88서울올림픽 이후 1990년대에는 환경운동이 급격히 확산하였다. 법적 체계에도 많은 변화가 있었는데, 기존의 「환경보전법」이 「환경정책기본법」, 「대기환경보전법」, 「수질환경보전법」 등 6개 법(1990년 8월 1일)으로 분리되어 복수법 체계가 되었다. 그 후 독도를 비롯한 도서지역의 생물다양성과 수려한 경관을 보전하기 위한 「독도 등 도서지역의 생태계보전에 관한 특별법」, 「한강수계 상수원 수질개선 및 주민지원 등에 관한 법률」, 「습지를 효율적으로 보전, 관리하기 위한 습지보전법」 등이 제정되었으며, 「자연공원법 및 조수 보호 및 수렵에 관한 법률」이 환경부 관장업무로 이관되었다. 즉 민주화와 이에 따른 시민사회의 활성화로 환경운동이 빠르게 성장하여 기존 전문 환경운동단체의 재편성과 새로운 환경운동단체가 창립되었으며, 올림픽 개최 이후 국민의 환경에 대한 인식변화가 생겨나 환경운동단체의 사회적 영향력이 증대되었고, 리우환경회의(1992.6.3.) 이후 국제적 연대활동이 가속화되었다.

한편, 이 시기의 대표적인 환경사건은 낙동강 수질오염사건이다. 1991년 3월 구미시에 있는 두산전자에서 사용하던 페놀 원액이 대구 상수원인 다사취수장을 오염시키고 계속 낙동강을 타고 흘러 밀양과 함안, 칠서 수원지 등도 오염시켜 부산, 마산을 포함한 영남지역의 전체 상수원을 오염시켰다. 이 사고로 유례없는 문책 인사가 있었고 두산제품 불매운동이 확산하였다. 그런데 얼마 뒤 두산전자에서 또다시 페놀 원액 2t이 낙동강에 유입되는 2차 사고가 일어남으로써 두산그룹 회장이 물러나고, 환경처 장관과 차관이 경질되었고, 「환경범죄의 처벌에 관한 특별조치법」이 제정되었다. 이에 일반인들까지 환경에 대한 인식을 새로이 하는 계기가 되었고 환경운동이 확산하였다.

(4) 환경운동의 발전기(2000년 이후)

2000년 이후의 환경운동은 사후적인 환경관리의 틀을 벗어나 사전예방적인 환경관리정책의 기틀을 마련하였다. 즉 「수도권 매립지 관리공사의 설립 및 운영 등에 관한 법률」을 제정하였으며, 「호소수질관리법」이 「수질환경보전법」으로 통합되어, 환경부에서 직접 관장하는 환경법이 75개(2022년 1월 기준)에 이르게 되었다. 2000년대 이후 환경운동은 각 단체의 성격에 따른 차이를 나타내며, 우리나라에 적합한 환경운동의 모델을 찾는 과정에 있다.

한편, 환경운동의 발전이 정체기에 접어들었다고 보는 견해도 있다. 2000년대 초반까지 꾸준히 증가하던 환경운동조직의 회원 수와 회비가 정체되거나 줄어드는 경향을 보이면서 전문성과 대중성 강화를 통해 환경운동이 분화하는 경향을 보이기 때문이다. 또한 2000년대 들면서 환경단체의 일부 정치투쟁 성

〈표 1-4〉 우리나라 환경운동의 시대별 특징

구분	특징
환경운동의 태동기 (1960~1970년대)	• 피해보상 중심의 주민운동: 주로 공단지역 주민들이 재산상, 건강상 피해를 호소하고 이의 해결을 요구하는 주민 집단행동으로 나타남 • 자연보호운동: 1978년 '자연보호헌장' 선포함 정부는 환경피해보다 쓰레기 줍기 등의 자연보호운동을 펼침
민주화운동과의 연계기 (1980~1987)	• 환경청 발족: 1980년 환경청이 발족하였으나 역할은 미흡함 환경운동 세력은 독자적인 활동 영역으로써 반공해운동을 벌임 • 전문 환경운동 조직: 전문조직이 생기고 주민운동과 전문 환경운동조직과 연계되기 시작하나 국민에게 광범위하게 지지받지는 못함
환경운동의 확산기 (1988~1999년)	• 환경운동의 영역 확장: 환경운동의 영역이 물, 공기, 쓰레기 문제뿐만 아니라 생활의 문제, 소비의 문제를 포함하는 새로운 가치관과 삶의 방식을 모색하는 영역으로 확장됨 • 시민운동: 환경운동이 시민운동의 중요한 영역으로 자리 잡음 많은 환경단체가 지역 특성, 계층별 특성, 운동내용과 방식의 다양성을 가지고 창립하고 성장하기 시작함. 전국적인 규모의 환경운동단체가 결성됨 • 기존의 시민단체의 환경에 관한 관심: 경실련, YMCA연맹, YWCA연맹, 소비자단체, 여성단체 등 기존 사회단체들이 환경문제에 관심을 가짐 • 환경단체의 협력: 언론 및 기업의 환경캠페인이 확대되고, 환경단체와 언론, 정부, 기업과의 협력관계가 커짐
환경운동의 발전기 (2000년 이후)	• 국민생활의 변화: 건강과 지속성을 중시하는 새로운 가치관 확산 • 환경정책의 변화: 대기, 수질 등 매체별 관리중심에서 국민 건강보호에 중점을 둔 사전예방적 환경정책으로 전환 • 환경보건 원년(2006) 선언: 환경성 질환 위협이 없는 건강하고 안전한 사회를 만들기 위하여 위험인구를 최소화함

격의 활동이 환경운동에 대한 불신을 가져왔다는 견해도 있다. 국내 환경단체들은 대규모 국책사업뿐만 아니라 기업활동까지 간섭하는 등 다양한 분야에서 정치적 목소리를 높여 일반인의 무관심을 초래했다고 보는 것이다.

2) 환경법

환경법은「헌법」제35조에 의하여 보장된 환경권을 구체화한 법으로써 광의의 환경법은「환경정책기본법」제3조1항에서 규정하는 환경, 즉 자연환경과 생활환경에 관한 모든 법률을 포함한다. 협의의 환경법은 환경부에서 관장하는 법률, 즉 자연환경과 생활환경의 보전과 환경오염방지에 관한 법률을 의미하며, 2022년 1월 기준으로 총 75개의 법률이 환경부 소관 법령이다.

협의의 환경법은 환경정책 수립의 기본이 되는「환경정책기본법」과 이 법의 이념이 구현된 개별법으로 구성되어 있으며, 이러한 개별법에는 자연환경의 보전을 위한 법률, 오염인자에 따라 대기, 수질, 토양환경의 보전을 위한 법률, 폐기물, 소음, 진동, 유해화학물질의 관리를 위한 법률 등으로 나누어져 있다.

우리나라의 환경문제가 사회적으로 중요한 이슈로 인식되게 된 것은 정부가 경제개발 5개년 계획을 수립하여 공업화를 추진하기 시작한 1960년대부터라고 할 수 있다. 1963년에 우리나라 최초의 환경법이라고 할 수 있는「공해방지법」이 제정되었다. 이 법은 전문 21개이며, 1967년에 시행규칙이 제정된 소규모 입법이나, 공해방지구역 소재 공장이 공해 안전기준 초과 시 공해방지 조치를 명령할 수 있는 법적 근거가 되었다. 이 법의 제정으로 1960년대는 공해방지법의 시대라고 불리기도 한다.

1970년대에는 도시화, 산업화의 급진전에 따라 환경문제가 더욱 심각하게 인식되어 공해를 방지하는 소극적인 대처에서 더 적극적이고 종합적인 대책의 필요성이 대두되면서 1977년에「환경보전법」이 제정되었다. 또한 환경파괴 또는 환경문제에 대응하기 위한 환경영향평가제도, 환경기준 설정, 특별대책지역, 산업폐기물처리 등의 제도가 새로이 도입되었으며, 「해양오염방지법」, 「합성수지폐기물처리사업법」, 「환경오염방지사업법」 등 관련법도 제정되어 1970년대는 환경보전법의 시대라고 불리기도 한다.

1980년대에는 개정된 「헌법」에서 환경권에 관한 규정이 처음으로 신설된 이후 우리나라의 환경법은 복수법 체계로 이행되었다. 1980년대 이후는 개별 환경법의 시대라고 불린다.

1990년대에는 기존의 「환경보전법」이 「환경정책기본법」, 「대기환경보전법」, 「수질환경보전법」, 「소음·진동규제법」, 「유해화학물질관리법」, 「환경분쟁조정법」 등 6개 법으로 나누어졌다.

2000년 이후에는 더욱 많은 환경법이 제정되면서 매우 전문화, 세분되었다. 또한 「석면피해구제법」, 「가습기살균제 피해구제를 위한 특별법」 등과 같이 환경 사고에 대한 피해구제에 관한 특별법이 제정되는 등 국민의 환경권 보장에 관한 부분이 강화되었다.

헌법상 환경권 규정은 지난 40여 년간 환경에 관한 행정·입법·사법 발전의 기반이 되었다 그간의 발전 과정을 토대로 지속가능한 발전 기후변화 대응 환경정의 등, 새로운 환경 이슈를 환경권 규정에 반영하기 위한 사회적 논의가 필요한 시점이다.

국제사회에서는 환경정의(Environmental Justice)의 개념이 도입되고 있다. 미국은 환경정의를 '환경법·규제·정책의 수립·이행·집행에 있어 인종, 피부색, 국적 혹은 소득과 관계없이 모든 사람이 공정하게 대해지고 의미 있게 참여하는 것'이라고 정의하고 있다. 우리나라는 1990년대 후반부터 시민단체를 중심으로 환경정의의 개념에 대한 논의가 본격적으로 시작되었다. 우리나라는 미국과 달리 인종 관련 문제보다는 경제성장과 국토개발 과정에서 사회적 약자나 지역환경, 공동체, 생태계가 불공정하고 불평등하게 피해받거나 희생되는 문제가 주요한 화두로 다뤄진다. 그러나 아직 환경정의 정책은 초기 단계에 있으며, 환경정의 실현을 위한 관련 법과 정책도 미흡한 실정이다. 이에 제4차 국가환경종합계획(2016~2035)에서 환경정의 실현을 위한 정책 방향과 과제를 추진할 계획이다. 즉 환경정의 실태 모니터링 체계 구축 및 분석 도구를 마련하고, 취약한 인구집단 지역 보호를 위한 맞춤형 정책을 개발한다. 그리고 수용체 맞춤형 정보 생산·전달 및 환경정보 공개를 확대하고, 환경 거버넌스 등을 통해 주민의 실질적 참여를 보장한다. 또한 환경오염 훼손에 대한 단속강화 및 원인자 책임을 강화하고 환경오염 피해 구제제도 실효성을 강화할 예정이다.

〈표 1-5〉 환경부 소관 법령(2022.3.16. 기준)

일련번호	법률(75)
1	가습기살균제 피해구제를 위한 특별법('17.2.8. 제정)
2	가축분뇨의 관리 및 이용에 관한 법률('06.9.27. 제정)
3	건설폐기물의 재활용촉진에 관한 법률('03.12.31. 제정)
4	공공폐자원관리시설의 설치운영 및 주민지원 등에 관한 특별법('20.6.9. 제정)
5	국립공원관리공단법('16.5.29. 제정)
6	생물자원관의 설립 및 운영에 관한 법률('12.1.20. 제정)
7	국립생태원의 설립 및 운영에 관한 법률('13.6.12. 제정)
8	금강수계 물관리 및 주민지원 등에 관한 법률('02.1.14. 제정)
9	기후위기 대응을 위한 탄소중립녹색성장 기본법('21.9.24. 제정)
10	낙동강수계 물관리 및 주민지원 등에 관한 법률('02.1.14. 제정)
11	남극활동 및 환경보호에 관한 법률('04.3.22. 제정)
12	녹색융합클러스터의 조성 및 육성에 관한 법률('21.6.14. 제정)
13	녹색제품 구매촉진에 관한 법률('04.12.31. 제정)
14	대기관리권역의 대기환경개선에 관한 특별법('19.4.2. 제정)
15	대기환경보전법('90.8.1. 제정)
16	댐건설 및 주변지역지원 등에 관한 법률('99.9.7. 제정)
17	댐 주변지역 친환경 보전 및 활용에 관한 특별법('18.6.12. 제정)
18	독도 등 도서지역의 생태계보전에 관한 특별법('97.12.13. 제정)
19	동물원 및 수족관 관리에 관한 법률('16.5.29. 제정)
20	먹는물관리법('95.1.5. 제정, '07.4.11. 전부개정)
21	문화유산과 자연환경자산에 관한 국민신탁법('06.3.24. 제정)

일련번호	법률(75)
22	물관리기본법('18.6.12. 제정)
23	물관리기술 발전 및 물산업 진흥에 관한 법률('18.6.12. 제정)
24	물의 재이용 촉진 및 지원에 관한 법률('10.6.8. 제정)
25	물환경보전법('90.8.1. 제정)
26	미세먼지 저감 및 관리에 관한 특별법('18.8.14. 제정)
27	백두대간 보호에 관한 법률('03.12.3. 제정)
28	생물다양성 보전 및 이용에 관한 법률('12.2.1. 제정)
29	생활화학제품 및 살생물제의 안전관리에 관한 법률('18.3.20. 제정)
30	석면안전관리법('11.4.28. 제정)
31	석면피해구제법('10.3.22. 제정)
32	소음·진동관리법('90.8.1. 제정)
33	수도권매립지관리공사의 설립 및 운영 등에 관한 법률('00.1.21. 제정)
34	수도법('61.12.31. 제정)
35	수자원의 조사계획 및 관리에 관한 법률('17.1.17. 제정)
36	습지보전법('99.2.8. 제정)
37	실내공기질 관리법('96.12.30. 제정)
38	악취방지법('04.2.9. 제정)
39	야생생물 보호 및 관리에 관한 법률('04.2.9. 제정)
40	영산강·섬진강수계 물관리 및 주민지원 등에 관한 법률('02.1.14. 제정)
41	온실가스 배출권의 할당 및 거래에 관한 법률('12.5.14. 제정)
42	유전자원의 접근이용 및 이익 공유에 관한 법률('17.1.17. 제정)
43	인공조명에 의한 빛공해 방지법('12.2.1. 제정)
44	자연공원법('80.1.4. 제정)
45	자연환경보전법('91.12.31. 제정, '04.12.31 전부개정)
46	자원순환기본법('16.5.29. 제정)
47	자원의 절약과 재활용촉진에 관한 법률('92.12.8. 제정)
48	잔류성오염물질 관리법('07.1.26. 제정)
49	전기·전자제품 및 자동차의 자원순환에 관한 법률('07.4.27. 제정)
50	지속가능발전법('07.8.3. 제정)
51	지하수법('93.12.10. 제정, '97.1.13. 전부개정)
52	친수구역 활용에 관한 특별법('10.12.29. 제정)
53	토양환경보전법('95.1.5. 제정)
54	폐기물관리법('86.12.31. 제정)
55	폐기물의 국가 간 이동 및 그 처리에 관한 법률('92.12.8. 제정)

일련번호	법률(75)
56	폐기물처리시설 설치촉진 및 주변지역지원 등에 관한 법률('95.1.5. 제정)
57	하수도법('66.8.3. 제정, '06.9.27. 전부개정)
58	하천법('61.12.30. 제정, '07.4.6. 전부개정)
59	한강수계 상수원 수질개선 및 주민지원 등에 관한 법률('99.2.8. 제정)
60	한국수자원공사법('87.12.4. 제정)
61	한국환경공단법('09.2.6. 제정)
62	한국환경산업기술원법('15.12.1. 제정)
63	화학물질관리법('90.8.1. 제정)
64	화학물질의 등록 및 평가 등에 관한 법률('13.5.22. 제정)
65	환경개선비용 부담법('91.12.31. 제정)
66	환경교육진흥법('08.3.21. 제정)
67	환경기술 및 환경산업 지원법('94.12.22. 제정)
68	환경범죄 등의 단속 및 가중처벌에 관한 법률('91.5.31. 제정)
69	환경보건법('08.3.21. 제정)
70	환경분야 시험·검사 등에 관한 법률('08.10.4. 제정)
71	환경분쟁 조정법('90.8.1. 제정)
72	환경영향평가법('93.6.11. 제정)
73	환경오염시설의 통합관리에 관한 법률('15.12.22. 제정)
74	환경오염피해 배상책임 및 구제에 관한 법률('14.12.31. 제정)
75	환경정책기본법('90.8.1. 제정)

출처: 환경부(2022). 2021 환경백서.

3) 환경교육

(1) 환경교육

19세기 후반부터 과학과 산업기술의 발달로 인간중심의 무분별한 개발을 한 결과, 예상하지 못했던 복잡한 환경문제가 발생하고 그 피해 범위가 지구 전역으로 확대되었다. 그에 따른 악영향이 심각해지자 환경에 대한 새로운 가치관의 정립과 환경교육의 필요성이 대두된다.

환경문제는 일상생활 환경에서 비롯된다. 환경문제를 발생시키는 최초의 원인 제공은 개인이며, 모든 환경문제의 해결방안 또한 개인적 차원에서부터 시작되어야 한다. 이를 위해서는 지속적인 환경교육이 필요하다.

환경교육은 1972년 유엔인간환경회의(The United Nations Conference on the Human Environment)[1]에서 환경교육의 개발이 요청(유엔인간환경선언문 원칙 19)된 이후 1975년 베오그라드 헌장(Beograd charter)[2]에서 제기되었으며, 국제사회에서 본격적으로 논의되기 시작한 것은 1977년 소련의 트빌리시(Tbilisi)[3]에서 제1회 국제환경교육학 회의가 개최되면서부터이다. 그 후 1987년에 환경교육 및 훈련에 관한 UNESCO- UNEP회의[4]가 개최되었다.

미국 「환경교육법(Environmental Education Act, 1970)」에서 환경교육은 "인간에 있어서 자연환경과 인공환경의 관계를 다루는 과정으로써, 인구, 오염, 자원의 분배와 고갈, 자연보호, 교통, 기술, 도시나 지방의 개발계획 등 인간환경에 대한 모든 관계를 포함한다"라고 하였다. 우리나라에서 환경교육(환경교육진흥법 제2조)은 지속 가능한 발전을 목표로 국민이 환경을 보전하고 개선하는데 필요한 지식 · 기능 · 태도 · 가치관 등을 배양하고 이를 실천하도록 하는

1) 국제연합인간환경회의는 1972년 6월 5일부터 6월 7일까지 스톡홀름에서 회합하고, 인간환경의 보전과 향상에 관하여 세계의 모든 사람을 고무하고 인도하기 위한 공통의 사상과 원칙의 필요성을 인식하고 유엔인간환경선언문을 선언하였다.

2) 1975년 구 유고슬라비아의 수도 베오그라드에서 국제환경교육회의가 개최되었다. 환경교육의 경향과 시점을 검토하고 기본 지침을 명확히 한 이 회의에서 베오그라드 헌장을 채택하였다.
베오그라드 헌장에서는 환경교육의 철학적 기저와 골격, 평가, 환경 관련 행동의 최종 목표, 인간 상호 간의 관계 등에 대하여 밝히고 있다.

3) 1977년 소련의 트빌리시에서 UNESCO-UNEP 주관으로 환경교육에 관한 정부 간 회의를 개최하였다. 각국은 환경교육을 환경문제의 일환으로써 인구문제, 식량문제, 에너지 자원문제, 남북문제, 핵과 군비의 축소 문제와 같이 인류의 당면과제로서 강력히 추진할 것을 합의하였으며, 환경교육의 개념, 영역, 역할을 분명히 하고 국가 수준과 국제 수준을 적용할 수 있는 지침을 제시하였다.

4) 1987년 소련의 모스크바에서 UNESCO-UNEP 주관으로 환경교육과 훈련에 관한 국제회의가 열렸다. 트빌리시 회의에서 건의한 21개 항에 대한 회원국의 실천상태 점검과 1990년대의 환경교육 및 훈련 방안을 논의하였다.

교육으로 보고 있다.

우리나라의 환경교육은 지속 가능한 발전을 목표로 국민이 환경을 보전하고 개선하는데 필요한 지식, 기능, 태도, 가치관 등을 배양하고 이를 실천하도록 하는 교육으로 보고 있다. 이는 인간과 자연 간의 올바른 관계를 인식하고 지속 가능한 사회로 나아가는 데 필요한 지식과 역량을 학습하여 실천하는 시민 양성을 목적으로 한다.

환경교육은 1990년 8월 「환경정책기본법」에 환경교육의 추진 근거를 마련하였고, 1993년 10월 교육부의 6차 교육과정 개편에서 환경과목을 독립 선택 과목으로 채택하였다. 환경부는 1993년 환경부에 환경교육과를 신설하여 중앙 정부 차원의 환경교육 정책을 총괄하고, 2008년에는 「환경교육진흥법」을 제정하였다. 이 법은 학교 환경교육 활성화, 사회 환경교육 강화, 전문 인력양성 및 지원 확대, 환경교육 기반 구축을 내용으로 한다. 그리고 1999년 폐과되었던 환경교육 전담부서를 2018년 1월에 환경교육팀으로 다시 신설하여 환경문제를 근본적으로 해결하기 위한 환경교육 정책을 개발하고 다양한 사업을 추진하고 있다.

① 학교 환경교육

유치원에서는 2009년 개정 교육과정(2011년 고시)에 누리과정이 도입되면서 환경교육은 주로 '신체운동·건강', '자연탐구'영역에서 이루어지고 있다.

초등학교에서는 국어, 사회/도덕, 과학/실과 등 분산적 환경교육이 이루어져 왔으며, 2015년 개정 교육과정(2015년 고시)에 따라 창의적 체험활동 등을 통해 다양한 환경교육을 하고 있다.

중고등학교에서는 제6차 교육과정(1992년 고시)에 환경과목이 독립교과로 신설되었으며, 중학교는 선택, 고등학교는 교양 선택과목이다. 2021년 기준 중학교 6.9%, 고등학교 24.1%, 총 797개교(14.1%)가 환경과목을 선택하였다.

〈표 1-6〉 학교 환경교육의 내용

① 만 3~5세 유아를 대상으로 한 탐방 및 방문형 유아환경교실 운영
② 8톤 트럭 및 대형버스를 이동교육차량으로 개조하여 환경교사와 함께 초등학교를 찾아가는 푸름이 이동환경교실 운영
③ 체험 및 놀이형 환경교육이 가능하도록 환경교육 교구를 무료로 대여하는 사업
④ 환경교과목을 선택하고 유휴교실이 있는 학교를 공모, 선정하여 환경교실을 조성하고 환경교육 프로그램 운영, 교육컨설팅을 지원하는 꿈꾸는 환경학교
⑤ 초중고 환경동아리 100여 개를 선정하여 교육활동비 지원, 우수사례 발표 및 활동포스터 공모전 개최 등을 하는 환경동아리 지원사업
⑥ 환경교육 관련 기관, 단체, 대학 중 공모를 통해 선정된 기관인 초중고등학교와 연계하여 방과 후 및 정규 교과 시간에 환경교육 프로그램을 운영할 수 있도록 지원하는 학교-민간 연계 환경교육 지원사업
⑦ 지속가능한 그린캠퍼스 조성 및 친환경 대학문화 확산을 지원하는 그린캠퍼스 지원사업 (www.greencampus.or.kr).

② 사회 환경교육

학교 환경교육이 활성화되기 이전의 초창기에는 민간단체와 종교계를 중심으로 시민운동 또는 종교운동 차원에서 환경교육이 이루어졌으며, 최근에는 민간단체뿐 아니라 정부, 기업 차원에서의 환경교육도 활성화되고 있다. 이와 같은 환경교육을 통해서 우리는 환경과 환경문제에 대해 정확하게 알고, 환경을 보호하고 개선하는 데에 적극적으로 참여하고, 실제로 문제를 해결하는 방법을 배우게 된다.

〈표 1-7〉 사회 환경교육의 내용

① 사회환경교육지도사 제도 운영
② 우수 환경교육프로그램 지정제도 운영
③ 우수 환경도서 및 독후감 선정
④ 사회환경교육프로그램 지원사업
⑤ 자연환경연수원을 활용한 청소년 환경교육프로그램
⑥ 국가환경교육지원단 운영
⑦ 환경교육포털 사이트(www.keep.go.kr)
⑧ 대한민국 환경교육 한마당 행사 개최

(2) 민간환경단체

환경문제에 대한 올바른 이해와 친환경적인 생활습관을 체득하기 위해 일반인과 청소년을 대상으로 생활환경교육이 중요하다. 사회환경교육을 하는 기관은 그 성격에 따라 전문환경단체, 일반사회단체, 종교기관, 기업, 지방자치단체 등으로 나누어 볼 수 있다. 특히 주요 민간환경단체에서 실시하는 환경 프로그램은 저탄소 녹색성장에 대한 대국민 교육, 홍보와 친환경 녹색생활양식의 확산을 위해서 지속적이고 체계적인 노력을 위해 환경전문가, 민간단체 환경지도자 등으로 환경교육 홍보단을 구성하여 녹색생활 양식의 범국민적 확산을 위하여 환경교육 홍보강사단을 선발하여 활동하고 있다. 또한 전국 국립공원에서 제공하는 탐방 프로그램을 비롯한 학생을 대상으로 한 자연생태 체험학습과 녹색문화 확산 실천 수기 및 그림대회, 한중일 대학생 환경캠프 등을 실시하고 있다.

민・관 환경 거버넌스는 주요 환경정책 및 환경 현안에 대한 협의, 주요 공동조사 및 연구를 도모하기 위해 1994년 '민간환경단체 정책협의회(2006년 민관환경정책협의회로 명칭 변경)'를 구성하여 운영하고 있다.

민간환경단체 현황을 살펴보면, 2006년 293개(허가법인: 206개, 비영리 등록단체: 87개)에서 2010년은 468개(허가법인: 391개, 비영리 등록단체: 186개), 2015년 6월 기준으로 695개(비영리법인: 504개, 비영리 등록단체: 187개, 사회적 협동조합: 4개)로 증가하였다. 2021년 기준 환경부에 등록된 비영리민간단체는 184개이며, 그 외 지자체에 등록된 단체는 2016년 현재 약 1,700개이다.

이 외에도 종교계와 함께 환경문제 해결을 위한 구체적인 논의와 실천방안 마련을 위해 2000년부터 종교단체 환경정책실천협의회(환경부 훈령 제448호)를 운영하고 있다. 현재 불교・기독교・천주교 등 7개 종단에서 참여하고 있으며, 2021년 6월까지 총 55차례의 협의회를 통해 주요 환경 현안에 대해 논의하고 실천방안을 모색하였다.

4) 환경인식

(1) 자연관

① 동양의 자연관

동양인은 예로부터 자연을 경외하는 마음을 가지고 있어 자연을 이성적이기보다는 정서적으로 판단하였다. 또한 인간은 자연의 일부로서 자연과 더불어 살아가야 하므로 자연에 존재하는 기(氣)의 흐름을 차단해서는 안 된다는 것이 동양인의 기본 사고이다. 이러한 동양의 자연관은 동양철학이나 동양의 종교에서 잘 나타나 있다.

불교의 중심사상은 연기법(緣起法)이다. 연기법은 "이것이 있으므로 저것이 있고 저것이 있으므로 이것이 있다"라는 깨달음으로 이 세상 만물이 변화하지 않는 것이 없고, 연관되지 않는 것이 없다는 것이다. 모든 실상은 무상하며 모든 만물이 그물망처럼 얽혀 있어서 상호 관련되어 있다고 생각하는 불교의 사상은 환경 의식에서 생태계를 이루는 요소들의 상호의존성과 매우 유사하다.

유교에서는 인간과 자연을 대립하는 것으로 보지 않고, 인간은 자연의 일부라고 생각한다. 이러한 사상은 천지인(天地人: 하늘, 땅, 사람)의 조화를 목표로 하는 자연관이다. 즉 인간의 역할은 자연을 정복하는 것이 아니라 자연과 조화롭게 살아가는 것이다. 그러므로 존재하는 모든 것에 대한 일체감이 강조되며, 순환하는 자연은 인간의 근본으로서 만물을 자라게 하는 원동력이라고 본다. 이러한 동양적인 환경의 개념은 철학적인 의미가 있다. 공자와 맹자의 유교사상에서부터 노자의 자연관에 이르기까지 동양철학에서는 눈에 보이는 것은 물론이고 눈에 보이지 않는 형이상학적 요소까지 환경의 범주에 포함하고 있다. 예를 들어, 천자문에서는 하늘(天)과 땅(地)을 첫 글자로 배우면서 우주(宇宙), 인륜, 도덕 등 철학적 사상을 환경의 한 요소로써 다루고 있어, 동양적인 환경의 개념은 궁극적으로 경천애지(敬天愛地) 사상이라고 할 수 있다.

도가사상은 특히 노자와 장자의 노장사상을 의미하는데, 노자도덕경을 보면 무위자연(無爲自然)을 강조한다. 즉 도가의 자연은 아무것도 하지 않는 것이 아니라 필요한 최소한의 행위만을 자연의 이치에 순응해서 하라는 것이다. 자연이란 '스스로 그러한 것'이라는 의미이며, 이는 인위적이지 않다는 것이다. 이처럼 도가사상의 무위자연 또한 유교와 마찬가지로 자연과의 조화를 중요시하고 있다.

이처럼 동양의 자연관은 인간을 자연의 일부로 보고, 자연 속에서 인간이 살아감에 있어 자연과의 조화를 가장 중요하게 생각한다. 따라서 우리나라를 비롯한 동양에서는 개발로 인한 자연 훼손이나 환경오염에 대한 강한 거부감을 가지고 있어 필요한 개발행위도 하기 어려운 때도 있다.

② 서양의 자연관

서양의 중세 자연관은 물활론적(animistic) 경향이 있다. 물활론이란 물질 속에는 어떤 경이로운 생명력이 있다고 보는 것이다. 즉 중세의 우주론에서는 우주를 구성하는 모든 요소가 모두 하나의 거대한 사슬에 의해 서로 연결되어 있으며, 사슬의 제일 위쪽에 자리한 존재가 신이라고 믿었다. 이들은 이미 결정된 위계질서에 의해 결합하여 인간과 자연이 함께 존재 사슬에 포함되어 있다고 생각하였다. 이는 인간과 자연이 매우 친밀한 관계이며, 인간이 자연을 조정할 수 없으므로 자연에 대해 겸손해야 한다는 것을 의미한다.

중세의 물활론적 자연관이 근대의 기계론적 자연관으로 바뀌어 간 시점은 기독교가 로마의 국교로 전파된 이후이다. 기독교의 교리를 어떻게 해석하느냐에 따라 자연을 정복의 대상으로 삼을 것인지 아니면 자연을 인간과 더불어 살아가야 할 존재로 볼 것인지 달라진다. 기독교에서 말하는 현세의 삶이란 어떤 일이 일어나거나 일어나지 않거나 하는 것은 모두 다 신의 뜻이며, 이 세상에서의 삶은 오로지 내세를 위해 잠시 머무는 것에 불과하다는 것이다. 즉 모든 것이 신의 뜻인데, 신이 인간에게 자연을 다스릴 것을 명하였으며, 인간이 만물의 영장이므로 이제까지 자연을 경외하였던 것과는 다르게 자연을 다스리는 존재로 생각하였다. 이러한 생각이 무분별한 환경개발을 하고 그로 인해 환경위기가 초래된 것으로 볼 수 있다.

이에 생태학적 위기를 극복하고 환경문제를 해결하기 위해서 자연에 대한 새로운 가치관이 요구된다. 오늘날의 환경문제, 생태학적 위기, 생명 경시는 자연과 인간, 정신과 물질의 이분법적 사고방식과 자연을 인류를 위한 도구로써 이용 가치로만 생각해 온 결과이다. 따라서 자연과 인간의 공생개념으로 새로운 환경인식을 가져야만 환경문제를 최소화하고, 자연과 더불어 지속해서 인류의 삶을 유지할 수 있을 것이다.

(2) 우리나라 국민의 환경의식

환경문제는 국제사회가 공동으로 해결하고자 하는 가장 중요한 과제이며, 우리나라에서도 1980년대 이후 본격적인 환경정책 마련을 위한 노력을 하고 있다. 예를 들어, 세계환경의 날인 6월 5일을 법정기념일인 환경의 날로 지정(1996년)하여 국민의 환경보전 의식 향상을 도모하고 있다. 또한 문화예술 활동을 통한 환경보전 의식 진작을 위해 각종 환경문화행사를 지원하고 있다. 이러한 국민의 환경의식은 국가 이미지 및 경쟁력을 좌우하는 문제로 대두되고 있다.

이에 환경부에서는 환경 전반에 대한 국민의 의식 및 관련 정책수요를 파악하기 위해 2012년 이후 매년 환경보전에 관한 국민의식을 조사하고 있다. 2018년 조사는 만 15세 이상 국민 1,500명과 전문가(학계, 연구기관, 기업체, 시민단체 등) 205명을 대상으로 하였다. 조사항목은 환경 상황에 대한 의식, 환경주체의 노력, 분야별 환경개선, 미세먼지, 재활용관리에 대한 인식이다. 그 결과는 다음과 같다.

〈표 1-8〉 환경보전에 관한 국민의식

(단위: %)

		1995년	2000년	2003년	2008년	2013년	2018년
환경문제에 대한 관심도		82.4	88.8	82.3	79.0	91.8	
중앙정부 환경문제 노력	일반국민	63.4	42.2	37.6	40.8	37.5	78.6
	전문가	–	–	–	58.1	80.0	100.0
분야별 환경오염 심각도	자연환경 및 생태계	57.3	93.7	90.6	79.9	92.3	72.6
	대기	80.9	97.1	93.4	70.8	92.8	78.6
	물(지하수 포함)	80.0	97.4	94.2	68.4	86.6	55.3
	토양	–	91.3	88.1	63.2	78.9	50.9
	생활쓰레기	68.0	95.4	92.6	89.7	93.5	77.1
	산업쓰레기	–	94.6	94.1	88.7	95.8	79.6
	소음/진동	63.4	83.4	80.6	67.9	80.1	57.3
	악취	50.3	72.9	69.4	63.3	63.1	49.6
	유해화학물질	–	90.3	88.2	83.5	90.1	77.1
	지구온난화/기후변화	–	92.0	–	90.9	94.0	85.1
	환경문제 전반	–	96.9	93.4	88.5	95.0	81.4

출처: 환경부(2019), 2018년 환경보전에 관한 국민의식 조사.

① 환경상황에 대한 의식

일반국민 78.6%, 전문가 100%가 환경문제에 관심이 있으며, 일반국민은 '지구온난화, 기후변화', 전문가는 '대기'를 가장 심각한 환경문제라고 생각한다. 우리나라 환경상황에 대해 일반국민은 54.8점, 전문가는 45.2점으로 평가하며, 우리나라 국민의 환경의식 수준보다 본인의 환경의식 수준을 높게 평가하고 있다. 그리고 5년 전 대비 국민의 환경의식 수준은 '좋아졌다'라고 인식하고 있으며, 일반국민 및 전문가 모두, '자연환경 및 생태계'와 '대기'를 환경문제 중 정부의 우선적 개선 분야로 인식한다. 향후 우리나라 환경 상황에 대해 일반국민은 '물', 전문가는 '악취'가 가장 개선될 것으로 생각한다.

정부의 환경보전을 위한 재원 조달 방법으로 일반국민은 '오염 유발제품 부담금 부과 강화, 전문가는 '오염물질 배출기업에 관세'가 가장 바람직하다고 생각하며, 정부가 발표하는 환경오염 관련 통계에 대한 신뢰도는 일반 국민의 64.1%, 전문가의 75.1%가 신뢰하고 있다.

② 환경주체의 노력

일반국민은 환경단체(78.7%)〉일반국민(65.1%)〉중앙정부(60.1%), 전문가는 환경단체(88.8%)〉중앙정부(76.6%)〉일반국민(44.4%) 순으로 환경문제 해결을 위해 노력하고 있다고 생각하며, 일반국민 및 전문가 모두 '중앙정부 주도, 지자체 협력'이 환경문제 해결을 위해 가장 필요하다고 생각한다.

일반국민과 전문가 모두, 지자체는 환경보전보다 '지역개발'에 더 관심이 많다고 인식하며, 지자체의 환경오염물질 배출업소 단속에 대해 일반국민의 28.5%, 전문가의 11.7%가 단속을 철저히 하는 것으로 인식한다.

③ 분야별 환경개선

환경보건에 대해 일반국민 80.1%, 전문가 95.6%가 관심이 있다.

5년 전 대비 우리나라 자연환경 상태에 대해 일반국민은 '차이 없음', 전문가는 '좋아졌다'라는 의견이 다수이다.

공기 상태에 대해 일반국민의 9.7%, 전문가의 11.7%가 '좋아졌다'라고 인식하는 것으로 나타났으며, 공기개선을 위한 정부의 중점관리 분야로 일반국민은 '미세먼지', 전문가는 '중국 등 주변국가와 국제협력'을 들고 있으며, 기후변화 억제를 위해 가장 중요한 역할 담당자는 '중앙정부'라고 인식한다.

우리나라 하천의 수질은 최근 개선되었다고 생각하며, 수돗물에 대해서는 일반국민, 전문가 모두 만족(각각 75.9%, 85.9%)하고 있다. 수돗물에 대한 국민 신뢰도 향상을 위해서는 '노후 수도관의 교체 등 급/배수 시설 개선'이 우선되어야 한다고 생각하며, 수도요금 인상에 대해서는 일반국민은 찬성 40.7%, 전문가는 찬성 77.6%로 나타났다.

하수도 서비스에 대해 일반국민의 52.3%, 전문가의 72.7%는 만족하며, 하수도에 대한 국민 신뢰 향상을 위해 '오염물질 배출 저감을 위한 처리시설 고도화'가 시급하다고 생각한다.

폐기물 재활용 실태에 대해 일반국민은 '만족', 전문가는 '불만족'이며, 1회용품 감소에 대해서는 대부분 동의한다. 종량제 봉투 가격 조정에 대해 일반국민은 '유지', 전문가는 '인상' 선호하며, 대형 폐가전제품 무상수거에 대해서는 대부분 인지하고 있고, 만족하고 있다. 재활용품 분리수거제도의 가장 큰 문제로 일반국민은 '분리해 배출해도 마구 섞어 수거', 전문가는 '재활용이 되는 품목과 되지 않는 품목의 구분 모호'라고 생각한다.

④ 미세먼지

미세먼지는 일반국민과 전문가 모두 매우 심각한 문제이며, 중국, 북한 등 외부 유입이 주요 원인이라 생각하며, 미세먼지 관리를 위해 정부는 '석탄발전 비중 축소', '미세먼지 저감 협력사업 확대'를 우선 시행해야 한다고 생각한다. 그리고 정부의 미세먼지 정책에 대한 만족도(일반국민 27.3%, 전문가 12.7%)는 낮은 수준이다.

⑤ 재활용관리

재활용폐기물 대란 사태에 대해 일반국민의 84.3%가 인지하고 있으며, 재발 방지를 위해 '제조할 때부터 재활용에 적합한 형태로 제조'하는 것이 가장 중요하다고 생각하며, 재활용 폐기물 관리 종합대책 달성을 위해서는 '국민 대상 재활용 실천 유도', '제조단계에서 생산자의 적극적인 참여'를 가장 중요하게 생각한다. 플라스틱 폐기물을 줄이는데 가장 효과적인 방법은 '커피전문점, 패스트푸드점에서 개인컵 사용 시 인센티브 확대'라고 생각한다.

3 자연환경과 생활환경

1) 자연환경과 생활환경의 관계

「환경정책기본법」에서 환경을 자연환경과 생활환경으로 구분하고 있으나 이 둘은 분리된 것이 아니라 종이의 앞면과 뒷면과 같이 항상 동시에 존재하며, 생활환경의 각종 환경문제는 자연환경의 상황에 따라 원인과 해결 방법이 다르게 나타나기도 한다. 특히 생활환경의 하위영역인 토양은 자연환경과 가장 밀접한 관련성을 가지고 있다. 그뿐만 아니라 대기, 물, 폐기물, 일조 등도 자연환경과 관련성이 깊다. 또한 개발과정에서 발생하는 각종 생활환경의 변화에 따라 자연환경의 특성이 변하기도 한다. 따라서 환경분야에서는 자연환경과 생활환경을 동시에 고려하고 포괄적으로 다루는 관점이 중요하다.

우리나라는 아시아 대륙의 북·동부에서 서·남쪽으로 뻗어 나온 기다란 내륙과 3,200여 개의 도서로 구성되어 있으며, 총면적 약 22.3만㎢ 중 남한 면적은 10.0만㎢로 전체의 약 45%를 차지한다. 또한 전형적인 동고서저(東高西低)의 지형으로 동쪽은 급경사면이며 짧은 하천이 급류를 이루고 있고, 서·남쪽은 완경사면이며 큰 하천이 완만하게 흐르고 있다.

지리적으로는 중위도 온대성 기후대에 위치하여 사계절이 뚜렷하다. 겨울에는 한랭 건조한 대륙고기압의 영향을 받아 춥고 건조하고, 여름에는 고온 다습한 북태평양고기압의 영향으로 무더운 날씨를 보이며, 봄과 가을에는 이동성 고기압의 영향으로 맑고 건조한 날이 많다.

이러한 자연환경의 특성을 가진 우리나라는 한국전쟁 이후 놀라운 압축 성장을 하였으나, 그만큼 자연환경에 대한 환경부하가 증가하였다. 이에 1987년 처음으로 국가단위의 종합환경계획인 「환경보전장기종합계획(1987~2001)」을 수립하여 환경개선 노력을 하였으며, 1992년 브라질 리우에서 개최되었던 유엔인간환경회의(UNCED)에서 '환경적으로 건전하고 지속가능한 발전(ESSD)'이 지구 환경 보전의 명제로 확산함에 따라 이에 부합하는 환경정책을 수립하였다.

특히 제3차 국가환경종합계획(2006~2015)에서는 한반도 환경용량의 보전과 지속적인 확충을 추진목표의 하나로 선정하여 국토환경관리의 기틀을 마련하였다. 또한 제4차 국가환경종합계획(2016~2035)에서는 사전예방적 국토환경 관리강화의 추진방안이 마련되었다. 즉 국토환경에 영향을 미치는 각종 개발 사업은 원칙적으로 환경의 질을 유지하고 스스로 수용·정화 및 복원할 수 있는 한계인 환경용량(Environmental Capacity)의 범위 내에서 이루어져야 한다는 사전예방적 국토환경관리 기능을 강화하였다. 그리고 환경친화적 개발사업 추진을 위한 제도적 지원을 강화하고, 효율적 국토 환경보전을 위한 관리체계의 선진화를 추진하고 있다.

2) 토양환경

(1) 토양환경의 기준과 오염원

토양오염이란 "사업활동이나 그 밖의 사람의 활동에 의하여 토양이 오염되는 것으로서 사람의 건강·재산이나 환경에 피해를 주는 상태"(토양환경보전법 제2조)를 말한다. 토양오염물질은 토양오염의 원인이 되는 물질로서 환경부령으로 정하는 것으로, 2022년 현재 23개 물질이 지정되어 있다. 그리고 사람의 건강·재산이나 동물·식물의 생육에 지장을 줄 우려가 있는 토양오염의 기준(우려기준)은 1~3지역으로 지정하여 관리하고 있다.

(2) 토양오염의 현황

환경부는 1987년도에 250개 지점의 토양측정망(전국망)을 설치하고 토양오염도를 상시 측정하기 시작한 후, 2014년부터는 2,000개 지점으로 확대하여 격년제 형태로 매년 1,000개 지점씩 운영 중이다. 즉 농경지, 산업지역 등 토양의 용도별로 전국을 일정단위로 구획한 측정망(2,000개)을 설치하여 농경지는 3~4월에, 기타지역은 5~6월에 시료 채취한 후 중금속(카드뮴 등 8개 항목), 일반항목(PCB 등 14개 항목) 및 토양산도(pH) 등 총 23개 항목에 대하여 오염도를 측정하고 있다.

2020년 토양오염 측정 결과, 1개 지점에서 토양오염우려기준을 초과했으며, 항목별 평균오염도는 불소가 우려기준의 55.0% 범위로 기준 대비 가장 높게 검출되고, 카드뮴 등 중금속류는 우려기준의 0.8%(수은)~30.5%(아연) 범위로 검출되었다. 또한 PCB, CN, 페놀류, 벤젠, 톨루엔, 에틸벤젠, TCE, PCE는 모든 지점에서 불검출되었으며, pH 범위는 3.0~9.9로 평균값은 6.5로 나타났다(자연토양은 pH 5.7).

2020년 전국 2,619개 지역의 토양오염실태를 조사한 결과, 39개 지점(1.5%)에서 토양오염우려기준을 초과하였다. 초과발견율은 부산, 경기, 서울 순으로 높게 나타났고, 대구, 대전, 울산, 세종, 충북, 전북, 경북, 경남, 제주 지역은 초과지역이 나타나지 않았다. 토양오염우려기준을 초과한 39개 지역은 산업단지 및 공장지역(10개소, 25.6%), 교통관련시설지역(8개소, 20.5%), 폐기물처리 및 재활용관련지역(6개소, 15.4%) 순으로 나타났다. 조사항목별로는 아연 14개소, 구리 8개소, 납과 TPH 7개소 순으로 우려기준을 초과하였다.

특정토양오염관리대상시설은 만 리터 이상 석유류 제조 및 저장시설, 유해화학물질 제조 및 저장시설, 송유관 시설, 기타 환경부장관이 고시한 시설 등이다. 2020년 말 기준 전국의 특정토양오염관리대상시설 설치신고 업소 수는 21,228개소이다. 저장시설 종류별로는 석유류가 20,802개소(98.0%)를 차지하고 있고, 유독물은 426개소로 2.0%에 불과하다. 석유류 저장시설 중에서는 주유소가 13,277개소(63.8%)로 가장 많고, 산업시설 5,078개소(24.4%), 기타(난방시설 등) 2,447개소(11.8%) 순이다. 지역별로는 경기도가 4,670개(22.0%)로

〈표 1-9〉 토양오염물질과 우려기준

물질	오염 기준 (단위: mg/kg. 다이옥신의 경우에는 pg-TEQ/g)		
	1지역	2지역	3지역
1. 카드뮴	4	10	60
2. 구리	150	500	2,000
3. 비소	25	50	200
4. 수은	4	10	20
5. 납	200	400	700
6. 6가크롬	5	15	40
7. 아연	300	600	2,000
8. 니켈	100	200	500
9. 불소	400	400	800
10. 유기인화합물	10	10	30
11. 폴리클로리네이티드비페닐	1	4	12
12. 시안	2	2	120
13. 페놀	4	4	20
14. 벤젠	1	1	3
15. 톨루엔	20	20	60
16. 에틸벤젠	50	50	340
17. 크실렌	15	15	45
18. 석유계총탄화수소(TPH)	500	800	2,000
19. 트리클로로에틸렌(TCE)	8	8	40
20. 테트라클로로에틸렌(PCE)	4	4	25
21. 벤조(a)피렌	0.7	2	7
22. 1,2-디클로로에탄	5	7	70
23. 다이옥신(퓨란을 포함한다)	160	340	1,000

※ 비고

1. 1지역: 지목이 전·답·과수원·목장용지·광천지·대(주거의 용도로 사용되는 부지만 해당한다)·학교용지·구거(溝渠)·양어장·공원·사적지·묘지인 지역과 어린이 놀이시설(실외에 설치된 경우에만 적용한다) 부지
2. 2지역: 지목이 임야·염전·대(1지역에 해당하는 부지 외의 모든 대를 말한다)·창고용지·하천·유지·수도용지·체육용지·유원지·종교용지 및 잡종지인 지역
3. 3지역: 지목이 공장용지·주차장·주유소용지·도로·철도용지·제방·잡종지(2지역에 해당하는 부지 외의 모든 잡종지를 말한다)인 지역과 국방·군사시설 부지

* 벤조(a)피렌 항목은 유독물의 제조 및 저장시설과 폐받침목을 사용한 지역(예: 철도용지, 공원, 공장용지 및 하천 등)에만 적용한다.

출처: 토양환경보전법 시행규칙 별표3, 개정 2022.1.21.

가장 많았으며, 경북 2,247개(10.6%), 경남 2,055개(9.7%), 충남 1,932개(9.1%) 순이었다.

2020년도에 석유류의 제조 및 저장시설 전체 20,802개소 중 7,645개소를 검사한 결과 154개소(2.0%)가 토양오염우려기준을 초과하였다. 시설별로는 주유소가 5,343개 중 124개가 초과하였고, 산업시설은 1,554개 중 13개, 기타시설은 748개 중 17개가 초과하였다. 누출검사는 1,017개 업소를 검사한 결과, 22개소(2.2%)가 부적합 판정을 받았다.

우리나라 광산은 크게 석탄광산, 금속광산, 비금속광산으로 구분되며 비금속광산에는 석면광산, 석회석광산 등이 포함된다. 금속광산은 광석에 포함된 중금속성분과 제련과정에서 사용되는 시안(CN) 등 화학약품, 갱구에서 유출되는 갱내수 등이 토양오염을 유발하며, 석면광산은 채굴과 가공과정에서 발생한 석면이 광산 주변지역의 토양오염원으로 작용한다.

전국의 폐광산 현황은 2020년 기준으로 폐금속광산 2,428개소, 폐석탄광산 423개소, 폐석면광산 38개소이며, 대부분 1940년대 이전에 개발되었으나 경제성 저하 등의 이유로 방치되고 있다.

2020년까지 1,956개 폐금속광산 토양오염 실태조사 결과, 1,172개소의 폐금속광산 및 주변 토양에서 비소, 카드뮴 등의 중금속이 토양오염우려기준을 초과하였다.

(3) 토양오염 방지대책

주유소는 특정 토양오염관리 대상시설의 60% 이상을 차지하고, 유류저장탱크를 지하에 매설하여 토양오염에 매우 취약하다. 이에 토양환경보전을 위하여 환경부는 4대 정유사(SK에너지, GS칼텍스, S-Oil, 현대오일뱅크)와 자율적인 토양오염도검사와 정화책임 이행을 핵심으로 하는 자발적 협약을 체결하여 운영하고 있으며, 이중벽탱크, 이중배관, 탱크 및 주유기 펌프 등을 설치하여 오염예방기능을 강화한 '토양안심주유소(클린주유소)'를 2020년 말 기준, 총 1,054개를 지정·운영하고 있다. 토양안심주유소로 지정된 주유소는 15년간 토양오염검사의 면제, 지정현판 수여, 방지시설 설치자금 융자 및 세액공제 등 인센티브를 제공한다.

한편, 환경부는 휴폐금속광산에 대한 정밀조사를 실시하고 그 결과를 산업통상자원부, 농림축산식품부 등 관계기관에 통보하며, 산업통상자원부는 토양오염방지사업을 포함한 광해방지사업을 추진한다. 그리고 환경부는 광해방지사업 종료 후에도 5년간 시설물 관리실태, 토양과 수질의 오염도 현황, 오염물질 유실 여부 등에 대한 사후환경영향조사를 추진하고 있다. 2020년에는 전국의 197개 폐광산의 사후 환경오염영향조사를 하였고, 오염이 확인된 농경지 등에 대해서는 지속해서 광해방지대책 등이 추진한다.

그밖에 토양오염원 인벤토리(inventory) 및 토양오염평가 기반 구축, 골프장 농약사용 제한, 상수원보호구역의 잔류농약조사 등을 실시하여 토양환경을 보전하고 있으며, 토양환경지도를 제작하고 있다.

최근에는 반환된 미군기지의 토양에 대한 환경오염 여부에 관한 관심이 높아지고 있다. 예를 들어, 오염 정화가 끝나고 반환되어 개발 중이던 캠프 시어즈에서 기름 찌꺼기인 석유계총탄화수소(TPH)가 기준치의 12배를 초과해 발견되어 정화 책임을 가리기 위한 논의가 있다. TPH는 인체에 오래 노출되면 피부질환 등을 유발하는 것으로 알려졌다. 이에 2020년 의정부시는 국방부와 사업자 공동으로 정화하라고 행정명령을 내렸으며, 오염정화 비용은 100억 원이 넘을 것으로 추정하고 있다. 캠프 시어즈는 1960년대 유류 탱크 9기가 설치돼 경기 북부 미군기지에 기름을 공급하는 역할을 해 온 곳으로, 한미연합토지관리계획(LPP)에 따라 2007년 우리나라에 반환된 뒤 국방부가 관리해 오다가, 민간사업자가 국방부로부터 사들여 미래직업체험시설과 호텔, 아파트 조성 등을 추진 중이다.

〈표 1-10〉 토지 용도별 토양측정망 현황(2020년)

계	임야	답	전	과수원	목장용지	잡종지	대지	공장용지
	222 (22.2)	167 (16.7)	93 (9.3)	6 (0.6)	4 (0.4)	13 (1.3)	141 (14.1)	36 (3.6)
1,000 (100%)	학교용지	공원	체육용지	유원지	도로용지	철도용지	하천부지	종교부지
	137 (13.7)	23 (2.3)	40 (4.0)	9 (0.9)	35 (3.5)	9 (0.9)	21 (2.1)	44 (4.4)

출처: 환경부(2021). 2020 환경백서.

〈표 1-11〉 전국 평균 토양오염도 현황

구분	Cd	Cu	As	Hg	Pb	Cr^{6+}	Zn	Ni	F	유기인	PCBs
2015년	0.28	18.6	6.07	0.03	26.0	0.2	87.9	13.2	209	0.02	0.00
2020년	0.12	20.9	5.45	0.03	18.9	0.15	91.7	14.0	219	0.00	0.00
우려기준 (1지역)	4	150	25	4	200	5	300	100	400	10	1
자연 함유량	0.04	0.48	0.08	0.08	3.06	0.09	54.2	17.2	–	–	–
구분	CN	페놀	유류					TCE	PCE	1–2 디클로 로에탄	벤조(a) 피렌
			벤젠	톨루 엔	에틸 벤젠	크실 렌	TPH				
2015년	0.00	0.00	0.00	0.00	0.0	0.10	104	0.00	0.00	–	0.04
2020년	0.00	0.02	0.00	0.00	0.0	0.00	61.1	0.00	0.00	0.00	
우려기준 (1지역)	2	4	1	20	50	15	500	8	4	5	0.7
자연 함유량	–	–	–	–	–	–	–	–	–	–	–

출처: 환경부(2021). 2020 환경백서. 환경부(2018). 2017 환경백서.

참고자료

참고문헌

강치구 (2008). **환경과 인간**. 파주: 동화기술.

곽홍탁 (2007). **21세기를 위한 환경학**. 파주: 신광문화사.

구도완 외 (2013). 한국 환경운동의 성장과 분화. ECO, 17(1), 79~120.

박순애 (2013). 지방정부의 환경규제집행 영향요인 연구, 서울대 행정대학원 박사학위논문.

오마이뉴스 (2018). 옛주유소 신축공사장 토양오염 확인.

월간조선 (2012). 한국 환경운동의 잘못된 진화.

전호철, 안소은 (2019), 2018 국민환경의식조사, KEI포커스, 7(8), 2019.9.15. 한국환경정책평가연구원.

한겨레 (2020), 의정부시 미군기지 오염, 국방부·사업자 공동 정화하라.

환경부 (2018). 2017 환경백서.

환경부 (2019). 2018년 환경보전에 관한 국민의식조사.

환경부 (2022). 2021 환경백서.

사이트

- 그린캠퍼스 http://www.greencampus.or.kr
- 러브 캐널 사건
  http://www.pressian.com/article/article.asp?article_num=50110524100918
- 산성비
  http://cpimage.kids.daum.net/sigong/data/jpg_service/2007/s2070803k2947846.jpg
- 엔트로피 증가
  http://www.holon.se/folke/kurs/DistansEkofys/fysbas/LOT/LOT.shtml
- 헝가리의 슬러지 유출사건
  http://www.munhwa.com/news/view.html?no=2010100601032632071002
- 환경교육센터 http://www.edutopia.or.kr
- 환경부 http://www.me.go.kr/index.jsp
- 환경운동연합 http://www.kfen.or.kr

CHAPTER 02

깨끗한 공기환경

□ Contents

CHAPTER

02 깨끗한 공기환경

공기는 기본적으로 대기를 뜻한다. 대기가 실내공간에 있으면 실내공기가 되고, 악취물질에 오염되면 악취가 된다. 이러한 공기의 오염(Air Pollution)은 일부 지역에 한정된 것이 아니라 전 지구적이라는 것이 가장 큰 문제이다. 즉 대기오염은 기류에 따라 확산하므로 다른 형태의 오염과는 달리 그 규모가 크고 기류로 유동성을 가지며 피해지역을 확대할 수 있다. 더욱이 인근지역의 수질오염과 토양오염과도 밀접한 관계가 있으며, 그 지역의 지세, 입지조건, 미기상학적인 기류, 온도, 습도 등의 기상요소의 영향으로 오염물질이 넓은 지역에 영향을 미친다. 이같이 대기오염은 산성비, 오존층 파괴, 이산화탄소에 의한 지구온난화현상 등 광범위한 환경문제와 연관이 있으므로 전 지구적 차원에서 매우 중요하게 다루어지고 있다. 또한 공기는 우리가 취사선택하기 어렵다. 오염된 공기를 호흡하기 싫다고 깨끗한 공기만을 선택해서 호흡할 수는 없다는 어려움이 있다. 즉 공기환경은 전 지구적인 문제임과 동시에 전체를 양호하게 조성하지 않는 한 오염된 공기를 피할 수 없이 호흡하게 된다. 따라서 공기환경은 거시적이면서 동시에 미시적인 관점에서 다루어야 한다.

본 장에서는 깨끗한 공기환경에 대하여 알아보기 위하여 대기환경, 실내공기환경, 그리고 악취환경에 대하여 살펴본다.

1 대기환경

1) 대기환경의 기준과 오염원

(1) 대기환경의 기준

사람은 음식을 먹지 않고는 5주, 물을 마시지 않고는 3~5일을 견딜 수 있지만, 호흡하지 않고는 5분도 살지 못한다. 우리는 하루에 1.5kg의 음식물을 섭취하고 2.3kg의 물을 마시며, 공기는 15kg 정도를 호흡한다. 음식물이나 음용수와 달리 호흡하기 위한 공기는 선택할 수 없으며, 특정 지역의 문제가 아니라 지구환경 차원에서 다루어져야 하는 것이 큰 특징이다. 그러므로 대기환경은 거시적이며, 미시적인 차원 모두에서 고려하여야 한다.

대기의 구성 성분은 질소 78%, 산소 21%, 그 외 1%로 이루어져 있으며, 우리가 정상적인 생리기능을 유지하는 데 필요한 대기 속의 산소농도는 21%이다.

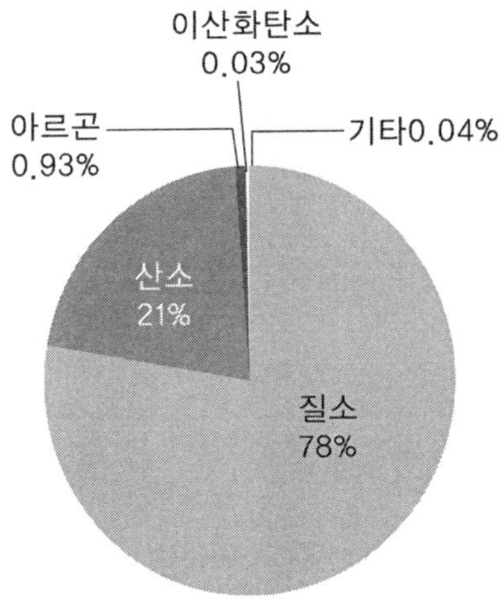

[그림 2-1] 대기의 구성요소

우리나라의 「대기환경보전법」에서는 대기오염에 대하여 정의 내리고 있지 않지만, 세계보건기구(WHO)에서는 "대기 중에 인위적으로 배출된 오염물질이 한 가지 또는 그 이상 존재하여 오염물질의 양, 농도 및 지속시간이 어떤 지역의 불특정 다수에게 불쾌감을 일으키거나 해당 지역에 공중보건상 위해(危害)를 끼치고, 인간이나 동·식물의 활동에 해를 주어 생활과 재산을 향유할 정당한 권리를 방해받는 상태"를 대기오염으로 규정하고 있다. 즉 인위적으로 배출되어 대기 중에 있는 오염물의 양, 농도 및 지속시간의 과잉으로 어느 지역의 다수에게 불쾌감을 주거나 공중위생상 인간, 동물, 식물 및 재산에 유해하고 쾌적한 생활을 방해하는 상태가 대기오염이다.

대기환경기준 항목은 아황산가스, 일산화탄소, 이산화질소, 미세먼지(PM10, PM2.5), 오존, 납, 벤젠의 7개로 구성되어 있으며, 이들 항목의 1시간, 8시간, 24시간, 연평균 등 지속시간에 따른 농도를 기준으로 삼고 있다.

〈표 2-1〉 대기환경기준

항목(단위)		1시간 평균	8시간 평균	24시간 평균	연평균
아황산가스(ppm)		0.15 이하		0.05 이하	0.02 이하
일산화탄소(ppm)		25 이하	9 이하		
이산화질소(ppm)		0.1 이하		0.06 이하	0.03 이하
미세먼지 (㎍/㎥)	PM10			100 이하	50 이하
	PM2.5			50 이하	25 이하
오존(ppm)		0.1 이하	0.06 이하		
납(㎍/㎥)					0.5 이하
벤젠(㎍/㎥)					5 이하

주: 1. 1시간 평균치는 999천분위수의 값이 그 기준을 초과하면 안 되고, 8시간 및 24시간 평균치는 99백위수의 값이 그 기준을 초과해서는 안 된다.
2. 미세먼지 PM10은 입자의 크기가 10㎛ 이하인 먼지를 말한다.
3. 미세먼지 PM2.5는 입자의 크기가 2.5㎛ 이하인 먼지를 말한다.

출처: 환경부(2018). 2017 환경백서.

〈표 2-2〉 가스 형태의 대기오염물질의 배출허용기준

대기오염물질	배출시설	배출허용기준
암모니아 (ppm)	1) 비료 및 질소화합물 제조시설	12~30 이하
	2) 무기안료·염료·유연제·착색제 제조시설	12 이하
	3) 폐수·폐기물·폐가스 소각처리시설 및 동물화장시설(소각보일러 포함)	20(12) 이하
	4) 고형연료제품 사용시설	15(12) 이하
	5) 시멘트 제조시설 중 소성시설	20(13) 이하
	6) 그 밖의 배출시설	30 이하
일산화탄소 (ppm)	1) 폐수·폐기물·폐가스 소각처리시설(소각보일러 포함)	50(12)~200(12) 이하
	2) 석유 정제품 제조시설 중 중질유분해시설의 일산화탄소 소각보일러	200(12) 이하
	3) 고형연료제품 제조·사용시설 및 관련시설	50(12)~300(15) 이하
	4) 화장로시설	80(12)~200(12) 이하
염화수소 (ppm)	1) 기초무기화합물 제조시설 중 염산 제조시설(염산 및 염화수소 회수시설 포함) 및 저장시설	4 이하
	2) 기초무기화합물 제조시설 중 폐염산 정제시설(염산 및 염화수소 회수시설을 포함) 및 저장시설	9 이하
	3) 1차 금속제조시설, 금속가공제품·기계·기기·운송장비·가구 제조시설의 표면처리시설 중 탈지시설, 산·알칼리 처리시설	3 이하
	4) 폐수·폐기물·폐가스 소각처리시설 및 동물화장시설(소각보일러 포함)	12(12)~15(12) 이하
	5) 유리 및 유리제품 제조시설 중 용융·용해시설	2(13) 이하
	6) 시멘트·석회·플라스터 및 그 제품 제조시설, 기타 비금속광물제품 제조시설 중 소성시설(예열시설 포함), 용융·용해시설, 건조시설	9(13) 이하
	7) 반도체 및 기타 전자부품 제조시설 중 증착시설, 식각(蝕刻)시설 및 표면처리시설	4 이하
	8) 고형연료제품 사용시설	10(12)~15(12) 이하
	9) 화장로시설	10(12) 이하
	10) 그 밖의 배출시설	4 이하
황산화물 (SO2로서) (ppm)	1) 일반보일러(흡수식 냉·온수기를 포함)	10(4)~210(4) 이하
	2) 발전시설	20(15)~200(6) 이하
	3) 1차 금속제조시설, 금속가공제품·기계·기기·운송장비·가구 제조시설의 용융·용해로 또는 열처리시설	45~180(8) 이하
	4) 기초무기화합물 제조시설 중 황산제조시설	180(8) 이하
	5) 비료 및 질소화합물 제조시설 중 혼합시설, 반응시설, 정제시설 및 농축시설	90 이하
	6) 석유정제품 제조시설	80(4)~250(12) 이하
	7) 기초유기화합물 제조시설 중 가열시설	210(4) 이하
	8) 석탄가스화 연료 제조시설	30(8)~180(8) 이하
	9) 코크스 제조시설 중 연소시설	85(7) 이하

대기오염물질	배출시설	배출허용기준
	10) 폐수·폐기물·폐가스 소각처리시설 및 동물화장시설(소각보일러 포함)	20(12)~35(12) 이하
	11) 시멘트 및 그 제품 제조시설 중 시멘트 소성시설(예열시설 포함), 용융·용해시설, 건조시설	15(13)~80(13) 이하
	12) 석회·플라스터 및 그 제품 제조시설 중 소성시설(예열시설 포함), 용융·용해, 건조시설	10(13)~80(13) 이하
	13) 유리 및 유리제품 제조시설(재생용 원료가공시설 포함) 중 용융·용해로	230(13)~65(13) 이하
	14) 고형연료제품 제조 사용시설 및 관련 시설	20(12)~70(15) 이하
	15) 화장로시설	20(12)~50(12) 이하
	16) 그 밖의 배출시설	200 이하
질소산화물 (NO2로서) (ppm)	1) 일반보일러(흡수식 냉·온수기를 포함)	50(4)~140(4) 이하
	2) 발전시설	10(15)~250(15) 이하
	3) 폐수·폐기물·폐가스 소각처리시설 및 동물화장시설(소각보일러 포함)	50(12)~70(12) 이하
	4) 1차금속 제조시설, 금속가공제품 제조시설의 용융·용해로 또는 열처리시설	60~170(15) 이하
	5) 석유 정제품 제조시설	50(4)~130(4) 이하
	6) 기초유기화합물 제조시설	50(4)~130(4) 이하
	7) 유리·유리제품 제조시설(재생용 원료가공시설 포함) 중 용융·용해시설	135~250(13) 이하
	8) 시멘트 소성시설(예열시설 포함), 용융·용해시설, 건조시설	80(13)~270(13) 이하
	9) 석회·플라스터 및 그 제품 제조시설 중 소성시설(예열시설 포함), 용융·용해시설, 건조시설	80(13)~210(13) 이하
	10) 석탄가스화 연료 제조시설	115(7)~150(8) 이하
	11) 코크스제조시설 및 관련 제품 저장시설 중 연소시설	115(7)~190(7) 이하
	12) 고형연료제품 제조·사용시설 및 관련 시설	50(12)~90(12) 이하
	13) 화장로시설	60(12)~75(12) 이하
	14) 그 밖의 배출시설	150 이하
이황화탄소 (ppm)	모든 배출시설	10 이하
폼알데하이드 (ppm)	모든 배출시설	8 이하
황화수소 (ppm)	1) 폐수·폐기물·폐가스 소각처리시설 및 동물화장시설(소각보일러 포함)	2(12)~4(12) 이하
	2) 시멘트제조시설 중 소성시설	2(13) 이하
	3) 석유 정제품 제조시설 및 기초유기화합물 제조시설 중 가열시설, 황산화물제거시설 및 폐가스소각시설	4(4) 이하
	4) 펄프·종이 및 종이제품 제조시설	4 이하
	5) 고형연료제품 사용시설	2(12)~3(12) 이하

대기오염물질	배출시설	배출허용기준
	6) 석탄가스화 연료 제조시설	5(4)~5(8) 이하
	7) 그 밖의 배출시설	6 이하
불소화합물 (F로서) (ppm)	1) 도자기·요업제품 제조시설의 소성시설(예열시설 포함), 용융·용해시설	2(13) 이하
	2) 기초무기화합물 제조시설과 화학비료 및 질소화합물 제조시설의 습식 인산 제조시설, 복합비료 제조시설, 과인산암모늄 제조시설, 인광석·형석의 용융·용해시설 및 소성시설, 불소화합물 제조시설	3 이하
	3) 폐수·폐기물·폐가스 소각처리시설 및 동물화장시설(소각보일러 포함)	2(12) 이하
	4) 시멘트제조시설 중 소성시설	2(13) 이하
	5) 반도체 및 기타 전자부품 제조시설 중 표면처리시설(증착시설, 식각시설 포함)	2~3 이하
	6) 1차금속 제조시설, 금속가공제품 제조시설의 표면처리시설 중 탈지시설, 산·알칼리처리시설, 화성처리시설, 건조시설, 불산처리시설, 무기산 저장시설	2 이하
	7) 고형연료제품 사용시설	2(12) 이하
	8) 그 밖의 배출시설	2 이하
시안화수소 (ppm)	1) 아크릴로니트릴 제조시설의 폐가스 소각시설	8 이하
	2) 그 밖의 배출시설	4 이하
브롬화합물 (ppm)	모든 배출시설	3 이하
벤젠(ppm)	모든 배출시설(내부부상 지붕형 또는 외부부상 지붕형 저장시설은 제외)	6 이하
페놀화합물 (ppm)	모든 배출시설	4 이하
수은화합물 (Hg로서) (mg/Sm^3)	1) 폐수·폐기물·폐가스 소각처리시설, 동물화장시설(소각보일러 포함) 및 고형연료제품 사용시설	0.05(12) 이하
	2) 발전시설(고체연료 사용시설만 해당)	0.04(6) 이하
	3) 1차 금속제조시설 중 배소로, 소결로, 용광로(용광용반사로 포함), 용해로, 전로 및 건조로	0.04(15) 이하
	4) 시멘트·석회·플라스터 및 그 제품 제조시설 중 시멘트 소성시설	0.05(13) 이하
	5) 그 밖의 배출시설	0.1 이하
비소화합물 (As로서) (ppm)	1) 폐수·폐기물·폐가스 소각처리시설, 동물화장시설(소각보일러 포함) 및 고형연료제품 사용시설	0.2(12) 이하
	2) 시멘트제조시설 중 소성시설	0.2(13) 이하
	3) 그 밖의 배출시설	0.5 이하
염화비닐 (ppm)	이염화에틸렌·염화비닐 및 폴리염화비닐 제조시설 중 중합반응시설	10~90 이하
탄화수소 (THC) (ppm)	1) 연속식 도장시설(건조시설과 분무·분체·침지도장시설 포함)	40 이하
	2) 비연속식 도장시설(건조시설과 분무·분체·침지도장시설 포함)	110 이하
	3) 인쇄 및 각종 기록매체 제조(복제)시설	110 이하

대기오염물질	배출시설	배출허용기준
	4) 시멘트 제조시설 중 소성시설(예열시설 포함하며, 폐기물을 연료로 사용하는 시설만 해당)	110 이하 60(13) 이하
	5) 세정시설(탈지시설, 산·알칼리 처리시설, 화성처리시설을 포함한다), 건조시설, 저장시설(내부부상 지붕형 또는 외부부상 지붕형 저장시설은 제외한다)	200 이하
디클로로메탄(ppm)	모든 배출시설	50 이하
트리클로로에틸렌(ppm)	모든 배출시설	50 이하
1,3-부타디엔(ppm)	모든 배출시설	6 이하
아크릴로니트릴(ppm)	모든 배출시설(저장시설 제외)	3 이하
	저장시설	20 이하
1,2-디클로로에탄(ppm)	모든 배출시설	12 이하
클로로포름(ppm)	모든 배출시설	5 이하
테트라클로로에틸렌(ppm)	모든 배출시설	10 이하
스틸렌(ppm)	모든 배출시설	23 이하
에틸벤젠(ppm)	모든 배출시설	23 이하
사염화탄소(ppm)	모든 배출시설	3 이하
아닐린(ppm)	기초유기화합물제조시설(방향족 공정 제외), 의료용 물질 및 의약품제조시설	25 이하
프로필렌옥사이드(ppm)	기초유기화합물제조시설(방향족 공정 제외)	90 이하
아세트알데히드(ppm)	석유정제품 제조시설 및 관련제품 저장시설, 기초유기화합물제조시설, 폐수·폐기물·폐가스 소각시설, 고형 및 기타연료제품 제조시설	10 이하
이황화메틸(ppm)	기초유기화합물제조시설, 의료용 물질 및 의약품 제조시설, 폐수·폐기물·폐가스 소각시설	3 이하
히드라진(ppm)	기초유기화합물제조시설(방향족 공정 제외)	15 이하
에틸렌옥사이드(ppm)	기초유기화합물제조시설(방향족 공정 제외)	3 이하
벤지딘(ppm)	무기안료·염료·유연제 및 기타 착색제 제조시설 중 벤지딘을 사용하는 시설	2 이하

*위의 내용에도 불구하고 단일한 특정대기유해물질을 연간 10톤 이상 배출하는 사업장에 대하여 해당 특정대기유해물질의 배출허용기준을 적용할 때는 별도의 기준을 따른다.
*배출허용기준란의 ( )는 표준산소농도(O2의 백분율을 말한다.

출처: 대기환경보전법 시행규칙 별표8, 개정 2022.5.3.

〈표 2-3〉 입자 형태의 대기오염물질의 배출허용기준

대기오염물질	배출시설	배출허용기준
먼지 (mg/Sm³)	1) 일반보일러(흡수식 냉·온수기 포함)	10(4)~30(4) 이하
	2) 발전시설	5(6)~20(6) 이하
	3) 폐수·폐기물·폐가스 소각처리시설 및 동물화장시설(소각보일러 포함)	10(12)~25(12) 이하
	4) 1차금속 제조시설·금속가공제품·기계·기기·운송장비·가구 제조시설의 용융·용해시설 또는 열처리시설	10~30 이하
	5) 화학비료 및 질소화합물 제조시설 중 소성시설, 건조시설	25(10) 이하
	6) 코크스 제조시설 및 저장시설	15~20(4) 이하
	7) 아스콘(아스팔트를 포함한다) 제조시설 중 가열·건조·선별·혼합시설	25(10) 이하
	8) 석유 정제품 제조시설, 기초유기화합물 제조시설	15(4)~30(12) 이하
	9) 석탄가스화 연료 제조시설	15(7)~25(8) 이하
	10) 유리 및 유리제품 제조시설(재생용 원료가공시설 포함)의 용융·용해시설	30~30(13) 이하
	11) 도자기·요업제품 제조시설 중 용융·용해시설, 소성시설 및 냉각시설	50(13) 이하
	12) 시멘트·석회·플라스터 및 그 제품 제조시설	15(13)~30 이하
	13) 그 밖의 비금속광물제품 제조시설의 석면 및 암면제품제조 가공시설	20~30 이하
	14) 도장시설(분무·분체·침지도장시설, 도장의 경우 동력을 이용한 연마시설을 포함) 및 부속 건조시설	30 이하
	15) 반도체 및 기타 전자부품 제조시설 중 표면가공 및 처리시설(증착시설, 식각시설을 포함한다)	30 이하
	16) 연마·연삭시설, 고체입자상물질 포장·저장·혼합시설, 탈사시설 및 탈청시설	30 이하
	17) 선별시설 및 분쇄시설	30 이하
	18) 고형연료제품 제조·사용시설 및 관련 시설	10(12)~25(15) 이하
	19) 금속 표면처리시설	30 이하
	20) 화장로시설	15(12)~30(12) 이하
	21) 그 밖의 배출시설	30 이하
카드뮴 화합물 (Cd로서) (mg/Sm³)	1) 폐수·폐기물·폐가스 소각처리시설 및 동물화장시설(소각보일러 포함)	0.02(12)~0.15(12) 이하
	2) 고형연료제품 사용시설	0.02(12)~0.06(12) 이하
	3) 시멘트제조시설 중 소성시설	0.02(13) 이하
	4) 그 밖의 배출시설	0.2 이하
납화합물 (Pb로서) (mg/Sm³)	1) 폐수·폐기물·폐가스 소각처리시설 및 동물화장시설(소각보일러 포함)	0.2(12)~0.8(12) 이하
	2) 시멘트제조시설 중 소성시설	0.2(13) 이하
	3) 1차금속 제조시설, 금속가공제품 제조시설의 용융·제련 및 열처리시설 중 용융·용해로, 용광로, 도가니로, 전해로	1.5 이하
	4) 고형연료제품 사용시설	0.3(12)~0.15(12) 이하

대기오염물질	배출시설	배출허용기준
	5) 그 밖의 배출시설	0.8 이하
크롬화합물 (Cr로서) (㎎/S㎥)	1) 폐수·폐기물·폐가스 소각처리시설 및 동물화장시설(소각보일러 포함)	0.2(12) 이하
	2) 고형연료 사용시설	0.15(12) 이하
	3) 시멘트제조시설 중 소성시설	0.2(13) 이하
	4) 그 밖의 배출시설	0.4 이하

출처: 대기환경보전법 시행규칙 별표8, 개정 2022.5.3.

(2) 대기오염원과 오염물질

① 대기오염원

대기오염은 석탄, 석유 등의 화석연료 사용, 자동차 배기가스 등에서 나오는 다섯 가지 1차 오염물질인 일산화탄소, 탄화수소, 질소산화물, 황산화물 및 분진과 1차 물질 간의 화학반응으로 생긴 2차 오염물질에 의해서 발생한다. 이러한 대기오염은 지구온난화현상 초래, 농작물 피해, 산성비 피해(물의 탈색, 고사, 금속과 건물의 부식, 물고기 떼죽음), 인체 건강장애(호흡기질환, 폐렴, 결막염, 대사장애, 정신이상, 노이로제) 등을 일으킨다. 특히 인체에 대한 피해를 보면, 급성 영향으로는 시야 감축, 정신적 영향(생활의 불쾌감, 불쾌한 취기, 정신적·육체적 피로 촉진), 생리적 영향, 중독피해, 심폐성 환자의 병세 악화, 이차 세균 감염 촉진 등이며, 만성적 영향은 성장장애, 만성 호흡기질환(폐렴, 기관지염, 발작성 천식, 폐기종), 심장이상비대 등을 발생시킨다.

대기오염에 대한 피해는 오염물질의 농도와 폭로시간에 비례하여 커진다. 그리고 단일오염물질보다 혼합오염물에 노출되면 상승작용으로 피해가 크며, 노년층과 유아의 피해가 심하다. 피해지역은 주택지역보다 공장지역 주변에서 많이 발생하고 풍속이 낮고, 기온역전이 많은 날에 피해가 증가한다. 즉 대기오염물은 풍속이나 기온 등에 따라 발생지역 범위가 달라진다.

「대기환경보전법」에서는 사람의 건강뿐만 아니라 동·식물의 생육에 나쁜 영향을 미칠 수 있는 비산먼지, 즉 일정한 배출구 없이 대기 중에 직접 배출되는 먼지를 발생하는 사업장에 대하여 지자체 또는 지방환경관서에 신고하도록 하고 있다. 비산먼지 발생사업(대기환경보전법 시행규칙 별표 13)은 시멘트 등 제조 및 가공업, 비금속물질 채취·제조·가공업, 1차 금속제조업, 비료 및 사료제품의 제조업, 건설업, 시멘트 등 운송업, 운송장비 제조업, 저탄시설의 설치가 필요한 사업, 고철 등 하역업 또는 보관업, 금속제품 제조가공업, 폐기물 매립시설 설치·운영사업 등 11개이다.

〈표 2-4〉 대기오염물의 발생원

구분		내용
자연적 발생원 (Natural Source)		• 황사와 같이 바람에 의해 토양의 흙먼지 • 산불이나 화산에 의해 먼지나 매연 • 인간의 활동과 관계없는 배출원
인위적 발생원 (Anthropogenic Source)	점오염원 (Point Source)	• 발전소나 대규모 공장과 같이 하나의 시설이 대량의 오염물질을 배출하는 것
	선오염원 (Line Source)	• 자동차, 기차, 비행기, 선박 등과 같이 이동하면서 오염물질을 연속적으로 배출하는 것
	면오염원 (Area Source)	• 주택과 같이 일정 면적 내에 소규모 발생원 다수가 모여 오염물질을 발생함으로써 해당 지역 내에 오염문제를 발생시키는 것

② 대기오염물질

대기오염을 유발하는 물질은 매연(연소할 때에 생기는 유리(遊離) 탄소가 주가 되는 미세한 입자상 물질), 먼지(대기 중에 떠다니거나 흩날려 내려오는 입자상 물질), 가스 및 악취 등으로 사람의 건강상 또는 재산상에 해를 미치거나 동식물의 생육환경(生育環境) 등 자연환경에 악영향을 미치는 물질을 말한다. 「대기환경보전법」에서 대기오염물질을 "대기오염의 원인이 되는 가스·입자상 물질로서 환경부령으로 정하는 것"으로 규정하고 있으며, 일산화탄소 등 총 64개 물질(개정 2017.1.26.)을 정하고 있다.

그리고 대기오염물질 중 지속해서 측정이나 감시, 관찰 등이 필요하다고 인정된 물질은 유해성대기감시물질로 지정하여 카드뮴 및 그 화합물 등 총 43개

물질(신설 2017.1.26.)을 정하고 있다.

또한 저농도에서도 장기적인 섭취나 노출에 따라 사람의 건강이나 동식물의 생육에 직접 또는 간접으로 위해를 끼칠 수 있어 대기 배출에 대한 관리가 필요하다고 인정된 물질은 특정대기유해물질로 지정하여 카드뮴 및 그 화합물 등 총 35개 물질을 정하고 있다.

한편, 지구온난화 등으로 생태계의 변화를 가져올 수 있는 기체상 물질로서 온실가스와 환경부령으로 정하는 것을 기후·생태계 변화 유발물질로 지정하고 있다. 즉 온실가스(적외선 복사열을 흡수하거나 다시 방출하여 온실효과를 유발하는 대기 중의 가스 상태 물질)인 이산화탄소(CO2), 메탄(CH4), 아산화질소(N2O), 수소불화탄소(HFCs), 과불화탄소(PFCs), 육불화황(SF6)과 환경부령(대기환경보전법시행규칙 제3조)으로 정한 염화불화탄소(CFC)와 수소염화불화탄소(HCFC)의 8개 물질이 기후·생태계 변화 유발물질이다.

이러한 대기오염물질은 가스상 물질과 입자상 물질로 분류할 수 있다. 가스상 물질은 연소과정에서 방출되기도 하고, 액체에서 기체 상태로의 기화과정에서 생성되기도 하며, 대기에서 화학반응을 통해 만들어지기도 하는데, 황산화물, 질소산화물, 일산화탄소 및 오존 등을 말한다.

입자상 물질은 물질의 파쇄, 선별 등 기계적 처리 또는 연소·합성·분해 시에 발생하는 고체상 또는 액체상의 미세한 물질을 말한다. 크기는 일반적으로 0.001~500㎛(대부분 0.1~10㎛)이며, 크기로 분류하면 부유입자상 물질과 강하분진으로 나눌 수 있고, 생성과정으로 보면 1차 입자와 2차 입자로 나뉜다. 부유입자상 물질은 대기 중에 부유하는 입자상 물질 중에서 10㎛ 이하의 것으로, 비교적 장기간에 걸쳐 대기 중에 부유한다. 강하분진이란 중력 또는 강우로 쉽게 강하하는 분진이다. 그리고 1차 입자는 발생원으로부터 대기 중에 직접 방출되는 입자이며, 2차 입자는 발생원에서 대기 중에 방출된 가스상의 물질의 광화학 또는 열화학 반응으로 생성된 황산염, 질산염 및 유기물질을 말한다.

〈표 2-5〉 대기오염물질

1. 입자상물질 2. 브롬 및 그 화합물 3. 알루미늄 및 그 화합물 4. 바나듐 및 그 화합물 5. 망간화합물 6. 철 및 그 화합물 7. 아연 및 그 화합물 8. 셀렌 및 그 화합물 9. 안티몬 및 그 화합물 10. 주석 및 그 화합물 11. 텔루륨 및 그 화합물 12. 바륨 및 그 화합물 13. 일산화탄소 14. 암모니아 15. 질소산화물 16. 황산화물 17. 황화수소 18. 황화메틸 19. 이황화메틸 20. 메르캅탄류 21. 아민류 22. 사염화탄소 23. 이황화탄소 24. 탄화수소 25. 인 및 그 화합물 26. 붕소화합물 27. 아닐린 28. 벤젠 29. 스타이렌 30. 아크롤레인 31. 카드뮴 및 그 화합물 32. 시안화물 33. 납 및 그 화합물 34. 크롬 및 그 화합물 35. 비소 및 그 화합물 36. 수은 및 그 화합물 37. 구리 및 그 화합물 38. 염소 및 그 화합물 39. 불소화물 40. 석면 41. 니켈 및 그 화합물 42. 염화비닐 43. 다이옥신 44. 페놀 및 그 화합물 45. 베릴륨 및 그 화합물 46. 프로필렌옥사이드 47. 폴리염화비페닐 48. 클로로포름 49. 포름알데히드 50. 아세트알데히드 51. 벤지딘 52. 1,3-부타디엔 53. 다환 방향족 탄화수소류 54. 에틸렌옥사이드 55. 디클로로메탄 56. 테트라클로로에틸렌 57. 1,2-디클로로에탄 58. 에틸벤젠 59. 트리클로로에틸렌 60. 아크릴로니트릴 61. 히드라진 62. 아세트산비닐 63. 비스(2-에틸헥실)프탈레이트 64. 디메틸포름아미드

출처: 대기환경보전법시행규칙 별표1, 개정 2017.1.26.

〈표 2-6〉 유해성대기감시물질

1. 카드뮴 및 그 화합물 2. 시안화수소 3. 납 및 그 화합물 4. 폴리염화비페닐 5. 크롬 및 그 화합물 6. 비소 및 그 화합물 7. 수은 및 그 화합물 8. 프로필렌옥사이드 9. 염소 및 염화수소 10. 불소화물 11. 석면 12. 니켈 및 그 화합물 13. 염화비닐 14. 다이옥신 15. 페놀 및 그 화합물 16. 베릴륨 및 그 화합물 17. 벤젠 18. 사염화탄소 19. 이황화메틸 20. 아닐린 21. 클로로포름 22. 포름알데히드 23. 아세트알데히드 24. 벤지딘 25. 1,3-부타디엔 26. 다환 방향족 탄화수소류 27. 에틸렌옥사이드 28. 디클로로메탄 29. 스타이렌 30. 테트라클로로에틸렌 31. 1,2-디클로로에탄 32. 에틸벤젠 33. 트리클로로에틸렌 34. 아크릴로니트릴 35. 히드라진 36. 암모니아 37. 아세트산비닐 38. 비스(2-에틸헥실)프탈레이트 39. 디메틸포름아미드 40. 일산화탄소 41. 알루미늄 및 그 화합물 42. 망간화합물 43. 구리 및 그 화합물

출처: 대기환경보전법시행규칙 별표1의2, 신설 2017.1.26.

〈표 2-7〉 특정대기유해물질

1. 카드뮴 및 그 화합물 2. 시안화수소 3. 납 및 그 화합물 4. 폴리염화비페닐 5. 크롬 및 그 화합물 6. 비소 및 그 화합물 7. 수은 및 그 화합물 8. 프로필렌 옥사이드 9. 염소 및 염화수소 10. 불소화물 11. 석면 12. 니켈 및 그 화합물 13. 염화비닐 14. 다이옥신 15. 페놀 및 그 화합물 16. 베릴륨 및 그 화합물 17. 벤젠 18. 사염화탄소 19. 이황화메틸 20. 아닐린 21. 클로로포름 22. 포름알데히드 23. 아세트알데히드 24. 벤지딘 25. 1,3-부타디엔 26. 다환 방향족 탄화수소류 27. 에틸렌옥사이드 28. 디클로로메탄 29. 스타이렌 30. 테트라클로로에틸렌 31. 1,2-디클로로에탄 32. 에틸벤젠 33. 트리클로로에틸렌 34. 아크릴로니트릴 35. 히드라진

출처: 대기환경보전법시행규칙 별표2, 신설 2017.1.26.

지구 차원의 온실가스 감축 노력이 필요하다는 공감대 속에 UN 주관으로 브라질 리우데자네이루에서 열린 환경회의(1992년)에서 기후변화협약(UNFCCC)이 채택되었다. 이 협약은 지구온난화를 방지할 수 있는 수준으로 온실가스의 농도를 안정화하는 것이 목적이다. 기후변화협약은 1994년 3월 50개국 이상이 가입함에 따라 발효되었고, 우리나라는 1993년 12월 47번째로 가입하였다. 기후변화협약에 가입한 국가를 당사국(Party)이라고 하는데, 제3차 당사국 총회(1997년)에서 온실가스 배출량 감축 의무화를 다룬 교토의정서가 채택되었다. 그 후 제21차 당사국 총회(2015년)에서 기존 교토의정서를 대체하는 파리협정을 채택하였다.

196개국 만장일치로 합의한 신기후협약인 파리협약은 2020년 말 교토의정서가 만료되는 직후인 2021년 1월부터 적용된다. 파리협약이 교토의정서와 다른 점은 지구온난화 억제 목표를 강화하여, 지구 평균기온 상승을 산업혁명 이전에 비해 2℃ 상승 이내로 억제하고, 1.5℃ 이하까지 상승을 제한하는 국제사회 공동의 장기목표를 제시하였다. 그리고 선진국만의 의무사항이었던 온실가스 감축 행동을 선진국·개도국·극빈국 등 모든 국가로 확대하며, 5년마다 상향된 감축 목표를 UN에 제출해 그 이행 여부를 검증하고, 2025년 이후 개도국에 대한 자금 지원을 늘린다는 것이다.

온실가스는 지구의 복사열인 적외선을 흡수하거나 지구로 다시 방출하는 가스상태의 물질이다. 이는 두 가지 이상의 원자가 결합된 분자로 잔류수명이 길어 온실효과에 영향을 준다. 이 온실가스가 전혀 없으면 낮과 밤의 기온 차가 커져 생물이 살기 힘들어질 수도 있으나, 현재는 너무 많아서 문제가 되고 있다.

교토의정서에서 제재하고 있는 6가지의 온실가스는 이산화탄소(CO2), 메탄(CH4), 아산화질소(N2O), 과불화탄소(PFCs), 수소불화탄소(HFC), 육불화황(SF6)이다. 이들 6가지 대기오염물질에 대하여 살펴보자.

〈표 2-8〉 교토의정서와 파리협정

교토의정서	구분	파리협정
온실가스 배출량 감축 (1차: 5.2%, 2차: 18%)	목표	2℃ 목표 1.5℃ 목표 달성 노력
주로 온실가스 감축에 초점	범위	온실가스 감축만이 아니라 적응, 재원, 기술이전, 역량배양, 투명성 등을 포괄
주로 선진국	감축 의무국가	모든 당사국
하향식	목표 설정 방식	상향식
징벌적(미달성량의 1.3배를 다음 공약기간에 추가)	목표 불이행 시 징벌 여부	비징벌적
특별한 언급 없음	목표 설정 기준	진전원칙
공약기간에 종료 시점이 있어 지속가능한지 의문	지속가능성	종료 시점을 규정하지 않아 지속가능한 대응 가능
국가 중심	행위자	다양한 행위자의 참여 독려

출처: 환경부, 파리협정 길라잡이, 2016.

〈표 2-9〉 파리협정의 주요 내용

조항	주요 내용
2조(목표)	산업화 이전 대비 온도 상승을 2℃ 이하로 유지하고 더 나아가 1.5℃까지 억제하기 위하여 노력
3조(총칙)	진전원칙으로 각 분야에 대한 NDC(스스로 정한 감축 목표) 제출
4조(감축)	세계적으로 조속하게 배출정점 달성 5년마다 NDC 제출 의무/이행은 국내에 맡김
5조* (REDD+; 산림조항)	산림을 포함하여 온실가스 흡수원과 저장고 보전
7조(적응)	기후복원력을 높이고 기후변화에 대한 취약성을 감소시키기 위하여 적응 능역을 배양
9조(재원)	선진국은 선도적으로 개발도상국을 위한 재원을 조성, 제공하고 다른 국가는 자발적으로 참여
10조(기술)	감축과 적응을 위하여 기술을 개발하고 개발한 기술을 이전하는 행위의 중요성 강조
14조(글로벌 이행점검)	5년 단위로, 세계적으로 이행을 점검

* REDD(Reducing Emissions from Deforestation and forest Degradation; 산림을 전용하거나 황폐하는 것을 방지)에 산림보전, 지속가능한 관리, 탄소 흡수능력 향상 개념을 추가(+)

출처: 환경부, 파리협정 길라잡이, 2016.

가. 이산화탄소

이산화탄소(CO_2)는 화석연료의 연소, 삼림파괴 등으로 대기에 방출되어 온실효과를 일으키며 대기 중에 100년간 잔류한다. 전체 온실가스 배출량 중 약 80% 이상을 이산화탄소가 차지하고 있어 일반적으로 배출권이라 하면 탄소배출권을 말한다. 특히 1990년대에 들어 우리나라의 이산화탄소 방출량 증가율을 보면, 1990년~1996년 사이 세계 평균 이산화탄소 방출량 증가는 7%에 불과하지만, 한국은 75%의 증가율을 보여 세계 최고를 기록하였다. 한국 다음으로 높은 증가율을 보인 나라는 인도(44%), 중국(33%), 터키(22%) 등의 순이다. 같은 기간 중 미국의 이산화탄소 방출량은 9% 늘어났으며, 유럽연합(EU)은 2.5% 증가에 그쳤다. 이렇게 선진공업국들의 증가율은 비교적 안정세를 보이고 개발도상국의 증가율은 급증하나, 개도국 전체의 방출량은 아직도 선진국에 비해 훨씬 낮은 수준이다. 따라서 이산화탄소 방출량의 증가율은 물론이고 방출량 자체를 억제하기 위한 노력을 하여야 한다.

나. 메탄

메탄(CH_4)은 각종 유기물질의 분해에서 발생하는 것으로 지구온난화의 주범이기도 하지만 바이오매스에너지의 일종인 바이오가스로 사용되기도 한다. 메탄의 연간 총배출량은 약 5억t이고 매년 10% 정도씩 증가하고 있는데, 산업혁명 이전에 비해 대기 중 메탄 농도가 150% 이상 증가했으며, 이산화탄소보다 분자당 10배 이상 온실효과가 크다. 메탄은 주로 각종 유기물질의 분해에서 발생하는 것으로, 동식물이 썩으면서 박테리아 등 미생물이 수소와 이산화탄소를 결합해 생산한다. 소 같은 반추동물의 경우 되새김질할 때 위에서 메탄가스가 나오는데, 이 메탄가스는 전 세계 메탄가스 배출량의 약 1/4을 차지할 정도로 심각한 수준이다. 쓰레기매립장 등에서도 메탄가스가 발생하는데 그대로 방치하면 땅 위로 새어 나와 대기 속에 섞기거나 폭발을 일으키기도 한다. 그 외 화석연료 사용 시에도 발생한다.

다. 아산화질소

아산화질소(N2O)는 질산암모늄을 열분해할 때 생기는 투명한 기체이다. 물질이 연소할 때 및 질소비료를 뿌릴 때 토양과 물 사이에서 일어나는 세균학적 과정에서 생성되는 것이 대부분이며, 환경 내 질소 순환과정에서의 중요한 구성성분이다. 질소가 첨가된 합성비료나 가축의 분뇨 등에서 배출되며, 소량 사용하면 진정 효과가 있어 통증 완화를 위해 사용하기도 한다.

라. 과불화탄소

과불화탄소(PFC)는 탄소와 불소의 화합물로 기름에 쉽게 오염되지 않는 특징이 있으며, 냉매, 소화기 및 폭발방지물, 분무액, 솔벤트용제, 발포제 등으로 쓰이는 가스이다. 오존층을 파괴하는 염화불화탄소(CFC)를 대체하여 쓰이고 있다. 국내에서도 전체 온실가스 중 과불화탄소가 차지하는 비중이 해마다 늘고 있다.

마. 수소불화탄소

수소불화탄소(HFC)는 불소 및 수소 원자를 함유한 유기화합물로, 오존층 파괴물질인 프레온가스, 즉 염화불화탄소(CFC)의 대체물질로 개발되었다. 불연성 무독성 가스로 취급이 쉬우며 냉장고와 에어컨의 냉매로 사용된다. 그러나 수소불화탄소 또한 이산화탄소보다 강력한 온실가스 효과가 있는 것으로 확인되어 전 세계적으로 감축이 추진되었다.

바. 육불화황

육불화황(SF6)은 대기 중에 이산화탄소의 1% 미만으로 매우 적은 양이 존재하지만 지구온난화지수(이산화탄소가 지구온난화에 기여하는 정도를 1로 봤을 때 같은 양의 온실가스가 지구온난화에 기여하는 정도)는 이산화탄소보다 평균 22,000배 높다. 그리고 한 번 배출되면 대기 중에 최대 3,200년까지 남아 지구의 기온을 상승시키며 시간이 지날수록 온난화 기여도가 높아지는 물질이다. 한편, 육불화황은 전기를 통과시키지 않는 특성이 있으므로 반도체 생산공정에서 다량 사용되며, 전기 전자산업이 발달한 우리나라는 육불화황 배출이 많다.

〈표 2-10〉 온실가스의 온난화 지수

이산화탄소	1
메탄	21
아산화질소	310
수소불화탄소	140~11,700
과불화탄소	6,500~92,000
육불화황	23,900

열섬현상

인구와 건물이 밀집된 도심지는 일반적으로 다른 지역보다 온도가 높게 나타나는데, 이처럼 주변 온도보다 높은 기온 현상을 나타내는 지역을 열섬이라 한다.

도시에서는 ① 건축물, 포장도로 등의 증대에 따른 지표면 열수지의 변화, ② 연료 소비에 따른 인공열, 오염물질의 방출량 증가, ③ 도시를 덮은 대기오염물질에 의한 온실효과, ④ 도심부에는 고층건물이 많고 요철(凹凸)이 심해서 환기가 어렵다는 점 등이 열섬의 원인이 되고 있다.

열섬현상을 막기 위해서는 고층건물군(群) 사이에 충분한 바람길을 만들어야 한다. 그래야 외부 공기가 쉽게 흘러들고 나가면서 도심의 열기를 식히고 오염물을 흩트릴 수 있다. 또 도심 내 녹지를 유지, 확대하고 건물 옥상의 정원화 작업 등을 병행해 냉각효과를 꾀하여야 한다.

2) 대기오염 현황

대기환경기준 항목인 일산화탄소, 이산화질소, 아황산가스, 미세먼지(PM10, PM2.5), 오존, 납, 벤젠의 7개 항목의 오염현황과 대기오염의 종합적인 현상이라고 할 수 있는 산성비에 대하여 살펴보자.

(1) 일산화탄소, 이산화질소, 아황산가스 오염도

일산화탄소(CO)는 무색, 무취의 유독성 가스로, 산소가 부족한 상태에서 연료가 불완전 연소할 때 주로 발생하며, 혈액 중의 헤모글로빈과 결합하여 산소공급을 저해하고 두통과 현기증을 유발하는 특성이 있다. 우리나라 대기 중 일산화탄소의 비율은 감소하고 있으며, 대기오염 배출량 중 일산화탄소의 30.8%는 자동차에서 배출되고 있다.

이산화질소(NO2)는 적갈색의 반응성이 큰 기체로, 자동차 배기가스에 포함되어 있기도 하고 연료의 고온 연소 시 공기 중 질소와 산소가 결합하여 생성되기도 하는데, 코와 목을 자극하며 호흡기에 나쁜 영향을 미치는 한편, 탄화수소와 함께 광화학스모그를 발생시키는 원인이 되기도 한다. 우리나라 대기 중 이산화질소의 비율은 전반적으로 증가하고 있어 2007년부터 기준을 강화하여 관리하고 있다.

아황산가스(SO2)는 물에 잘 녹는 무색의 자극성 있는 불연성 가스로, 연료 중 함유된 황 성분이 연소과정에서 산소와 결합하여 발생한다. 아황산가스는 점막을 자극하거나 기관지염이나 천식 등 인체 호흡기질환을 가져오며 식물의 성장을 저해하는 특성이 있다. 우리나라 대기 중 아황산가스의 비율은 비슷하거나 다소 감소하고 있다.

일산화탄소, 이산화질소, 아황산가스의 오염도는 모든 지역에서 환경기준을 초과한 지역이 없다.

〈표 2-11〉 일산화탄소, 이산화질소, 아황산가스 오염도

(단위: ppm)

구분(환경기준) \ 시·도		서울	부산	대구	인천	대전	광주	울산
2000년	CO (9/8시간)	1.0	0.9	0.9	0.8	1.2	0.6	0.8
	NO_2(0.05/년)	0.035	0.024	0.029	0.024	0.023	0.020	0.021
	SO_2 (0.02/년)	0.006	0.010	0.009	0.008	0.007	0.006	0.013
2005년	CO (9/8시간)	0.6	0.5	0.8	0.6	0.7	0.7	0.5
	NO_2(0.05/년)	0.034	0.023	0.023	0.025	0.020	0.021	0.024
	SO_2 (0.02/년)	0.005	0.006	0.006	0.007	0.005	0.004	0.008
2010년	CO (9/8시간)	0.5	0.4	0.5	0.6	0.5	0.5	0.5
	NO_2(0.03/년)	0.034	0.021	0.025	0.030	0.023	0.020	0.023
	SO_2 (0.02/년)	0.005	0.006	0.006	0.007	0.004	0.004	0.008
2015년	CO (9/8시간)	0.5	0.4	0.4	0.6	0.5	0.5	0.5
	NO_2(0.03/년)	0.032	0.020	0.021	0.026	0.019	0.019	0.022
	SO_2 (0.02/년)	0.005	0.006	0.003	0.006	0.004	0.003	0.007
2020년	CO (9/8시간)	0.5	0.4	0.4	0.5	0.4	0.4	0.5
	NO2(0.03/년)	0.024	0.016	0.017	0.020	0.018	0.014	0.018
	SO2 (0.02/년)	0.003	0.004	0.002	0.004	0.002	0.003	0.004

주: NO2의 환경기준은 2007년 1월 1일부터 0.03/년을 적용함

출처: 환경부(2018, 2022). 환경통계포털.

광화학 스모그

스모그(smog)는 연기(smoke)와 안개(fog)의 합성어로 매연이 안개와 섞여 있는 것이다. 런던형 스모그는 아황산가스, 일산화탄소 등이 안개와 합쳐져서 만들어지고, LA형 스모그는 이산화질소와 탄화수소가 자외선과 화학반응을 일으켜 만들어진다.

[런던형 스모그]

[로스앤젤레스형 스모그]

(2) 먼지 오염도

삼국시대(174년) 신라의 기록에 하늘에서 우토(雨土)가 내렸다는 내용이 있을 정도로 황사현상은 오래전부터 우리나라에서 있었다. 황사현상이란 사막과 황토(黃土)지대의 작은 모래나 먼지가 상층바람을 타고 멀리 이동해 낙하하는 현상인데, 우리나라에 영향을 미치는 황사의 주요 발원지는 높새바람으로 매우 건조하고 비가 거의 오지 않는 중국과 몽골 사막지대이다. 우리나라는 편서풍 지역에 있어 상시로 중국으로부터 황사, 미세먼지 영향(약 50%)을 받고 있으며, 미세먼지를 씻어내는 강우가 여름철에 편중되어 있으며, 대륙성 고기압으로 대기 정체가 많아 고농도 미세먼지가 발생하는 등 기상적 여건이 불리하다.

2000년 이후 황사현상이 점점 더 심각해지고 있다. 1999년에는 6일간이었던 황사현상이 2000년에는 무려 27일이나 된다. 그리고 2015년에는 가시거리가 14.7km로 감소하였다. 또한 현재 황사현상은 봄철뿐 아니라 겨울과 여름 등 계절을 가리지 않고 나타난다. 한번 황사가 발생하면 중국과 우리나라, 일본의 하늘이 약 100만 톤의 먼지로 뒤덮인다. 이 가운데 우리나라에는 46,000~86,000t 정도의 먼지가 쌓인다.

〈표 2-12〉 황사와 미세먼지

황사	미세먼지
• 자연현상인 흙먼지 • 상대적으로 오염물질이 덜 포함되어 있다. • 발원지의 겨울철 강수량과 통과지역의 기압의 영향을 받는다. • 기상청이 관리한다. • 옅은 황사: 400㎍/㎥ 이하 • 짙은 황사(황사주의보): 400~800㎍/㎥인 상태로 2시간 이상 지속 • 매우 짙은 황사(황사주의보): 800㎍/㎥ 이상인 상태로 2시간 이상 지속	• 산업시설과 자동차 배기가스 등 인위적인 활동의 결과로 생성되며, 중금속 등 유해물질이 많이 포함되어 있다. • 배출 후 대기에 오래 잔류하여 토양의 산성화에 영향을 준다. • 오염물질 배출과 대기안정도의 영향을 받는다. • 환경부가 관리한다. 총먼지: 입자 크기가 50㎛ 이하 미세먼지: 입자 크기가 10㎛ 이하 초미세먼지: 입자 크기가 2.5㎛ 이하

주: 2017년부터 환경-기상 통합예보실이 예보결과를 공동 생산하고, 미세먼지 예보에 황사 예보결과를 포함해 미세먼지주의보 → 미세먼지경보 → 황사경보 순으로 발령

한편, 공기 중에 부유하는 고체의 미립자를 분진이라고 한다. 부유분진 중 5㎍ 이하는 호흡과 동시에 체내에 흡입되어 폐 세포에 침착하여 건강에 여러 가지 영향을 미친다. 먼지(total suspended particulate: TSP)는 대기 중의 아황산가스와 복합적으로 작용하여 호흡기질환을 유발할 수 있으며, 대기 중 150㎍/㎥의 농도가 존재할 때 시정거리를 8㎞ 정도까지 감소시킨다. 특히 2013년 국제암연구소(IARC)가 1군 발암물질로 미세먼지를 신규 지정하였고, 세계보건기구(WHO)는 2014년 한 해에 미세먼지로 인해 일찍 사망한 사람이 700만 명에 이른다고 발표하여 경각심이 높아졌다. 환경부는 미세먼지에 대한 용어의 혼란을 막기 위해 환경부(2017년 3월)는 국제적인 기준과 같이 미세먼지(PM10)는 부유먼지, 초미세먼지(PM2.5)는 미세먼지로 각각 변경하였다.

주요 도시의 먼지 오염도를 보면, 개정된 대기환경기준에서는 총먼지 항목이 삭제되어 2001년도부터는 측정하지 않고 있다. PM10 오염도는 1990년에 비해 2000년에는 상당히 개선되었으며, 20년 후인 2020년에도 약간 더 개선되었으며, 주요 도시 모두 기준 이하이다.

〈표 2-13〉 주요 도시의 연평균 미세먼지 오염도

(단위 : ㎍/㎥)

연도(항목, 기준) \ 시·도		서울	부산	대구	인천	광주	대전	울산
1990(PM10, 50)		150	140	134	170	109	115	122
2000(PM10, 50)		65	62	63	53	58	51	52
2005(PM10, 50)		58	58	55	61	49	48	50
2010(PM10, 50)		49	49	49	51	55	45	48
2015	(PM10, 50)	45	46	46	53	43	46	43
	(PM2.5, 25)	26	27	24	26	23	21	23
2020	(PM10, 50)	42	35	42	40	33	40	33
	(PM2.5, 25)	25	21	22	23	23	22	20

출처: 환경부(2018, 2022). 환경통계연감.

(3) 오존 오염도

오존(O_3)은 세 개의 산소원자로 구성된 단순 분자로서 지상에서 60㎞까지의 대기에서 다른 농도로 존재하고 있는데, 특히 오존의 약 90% 이상이 지상에서 15㎞~35㎞의 상공에 고농도의 오존층을 이루고 있다. 오존층은 대기 중에 있는 산소가 태양에서 나오는 자외선[5]을 받아 화학작용을 일으켜 형성되며, 생물의 중요한 세포 분자를 파괴하는 짧은 파장의 자외선을 대부분 흡수, 차단하는 여과장치의 역할을 함으로써 생명체를 보호하고 지구의 온도를 적절히 조절해 주는 중요한 기능을 하고 있다. 그런데 1966년 영국의 남극탐사팀이 남극 성층권의 오존층이 얇아진 사실을 발견한 이래 해마다 20~30㎞ 상공의 성층권에서 오존이 감소하고 있다. 세계기상기구(WMO)는 2006년의 오존층 구멍이 2,950만㎢에 달한다고 보고하고 있다.

오존층의 파괴물질은 주로 프레온가스(CFCs)와 소화기에 사용되는 할론가스(halon gas) 등이다. 프레온가스는 염화불화탄소로 냄새, 독성이 없으며 불에 타지 않고 화학적으로 매우 안정된 물질로 냉장고, 에어컨 등의 냉매, 드라이클리닝 용제, 반도체나 정밀부품 세척제, 스프레이 같은 분사제 등에 이용된다. 프레온가스는 탄소원자를 염소와 불소원자가 둘러싸고 있는 형태인데, 자외선을 받으면 분해되어 반응성이 큰 염소분자를 방출하게 되고, 이 염소원자가 결합력이 약한 오존분자를 파괴하는 것이다. 즉 오존(O3)은 특유의 비린내가 나는 희미한 청색을 지닌 기체로써 주로 이산화질소(NO2)와 탄화수소류(HC) 등이 태양광선과 반응하여 생성된다. 광화학스모그의 주성분으로서 강한

5) • 파장 320~400㎚의 자외선(UV-A)은 인체에 해가 없는 것으로 전량 오존층을 통과하여 지상에 도달한다.
 • 파장 280~320㎚의 자외선(UV-B)은 오존층 상태에 따라 일부가 지상에 도달하여 인체에 비타민D를 생성시켜 준다. 양이 많으면 피부암을 유발한다.
 • 파장 280㎚ 이하의 자외선(UV-C)은 생물제의 유전자를 파괴하는 자외선(260㎚) 영역을 포함하고 있으므로 오존층 파괴로 지상에 도달하면 심각한 위험을 초래한다.

산화작용으로 인해 공기의 정화, 물의 정화, 탈취, 탈미, 탈색, 표백 등에 이용된다. 단기간 고농도에 노출되면 인체에 해로운 영향을 미치며, 특히 어린이와 노인의 경우에는 오존 오염으로 인한 피해가 크다. 오존 0.02ppm은 사람 10명 중 9명이 냄새를 맡을 수 있으며 3ppm에서 몇 시간 노출되면 폐에 출혈과 폐수종이 생긴다.

농도가 높으면 시정장애, 인체 및 동·식물, 재산상의 피해를 주는데, 오존 농도(ppm)가 0.18이면 호흡이 가쁘고, 기침이 나며, 0.37이면 가벼운 운동 중에도 호흡이 곤란해진다. 0.50이면 안정 시에도 호흡이 곤란해진다. 또한 오존 농도(ppm) 0.1~0.3인 곳에서 1시간 동안 노출되면 호흡기 자극, 기침, 눈 자극을 일으키며, 0.3~0.5인 곳에서 2시간 동안 노출되면 운동 중 폐기능이 감소한다. 그리고 0.5 이상인 곳에서 6시간 동안 노출되면 마른기침이 나며 흉부 불안을 일으킨다.

오존 오염도는 모든 도시에서 기준 이하를 나타내고 있으나 증가추세이다. 이는 자동차 등록대수의 변화 경향과 유사하다. 오존은 단기간 고농도에 노출되면 인체에 나쁜 영향을 미치기 때문에 8시간 평균기준(0.06ppm/8시간)보다는 단기기준(0.1ppm/시간)에 대한 측정을 지속해서 해야 하며, 도시지역에서의 자동차 증가로 인한 오존의 농도증가에 대한 대책도 수립되어야 한다.

〈표 2-14〉 오존 오염도

(단위: ppm)

시·도 / 연도(환경기준)	서울	부산	대구	인천	광주	대전	울산
2000(0.06/8시간)	0.017	0.022	0.019	0.019	0.017	0.020	0.021
2005(0.06/8시간)	0.017	0.023	0.022	0.022	0.022	0.021	0.022
2010(0.06/8시간)	0.019	0.026	0.022	0.021	0.024	0.021	0.023
2015(0.06/8시간)	0.022	0.029	0.026	0.025	0.028	0.025	0.028
2020(0.06/8시간)	0.025	0.031	0.028	0.029	0.029	0.027	0.032

출처: 환경부(2016). 대기환경연보, 환경통계포털(2022).

(4) 납과 벤젠 오염도

① 납

납(Pb)은 푸르스름하면서 회색빛이 나는 금속으로, 음식물, 공기, 마시는 물, 강, 호수, 바다, 먼지, 토양 등 우리 주변 어느 곳에서나 찾아볼 수 있다. 특히 공기 중에 있는 납은 먼지와 함께 먼 거리를 이동하며, 오랫동안 토양 속에 잔류하고, 홍수가 나면 하천이나 강으로 흘러 들어간다. 1986년까지는 자동차 연료가 납의 주요 배출원이었으나, 그 후 무연휘발유를 사용하면서 배출량이 감소하였고 최근에는 금속공정(철이나 비철 제련공장, 배터리 제조업 등)이 주요 배출원이다. 많은 양의 납에 비록 짧은 기간이라도 노출되면 뇌와 콩팥(신장)에 나쁜 영향을 미친다. 그리고 납은 태아가 성숙하는 동안 태아에게 해를 끼치므로, 임산부가 납에 노출되면 조산이나 저체중아를 출산하고 유산할 수도 있으며, 어린아이가 납에 노출되면 지능이 낮아지고 성장이 늦어지며 청각 장애를 일으키기도 한다.

전국 주요 도시의 연도별 대기 중 납의 오염도(기준 연평균 0.5㎍/㎥)를 보면, 모든 도시가 기준 미만의 오염도를 나타내고 있다. 이는 무연휘발유의 보급으로 오염도가 감소한 것으로 보인다.

〈표 2-15〉 납의 오염도

(단위: ㎍/㎥)

연도 \ 도시	서울	부산	대구	인천	광주	대전	울산
1995	0.1844	0.0705	0.0138	0.2427	0.0487	0.3666	0.0457
2000	0.0825	0.1004	0.0269	0.1203	0.0435	0.0806	0.0673
2005	0.0442	0.0464	0.0454	0.0895	0.0300	0.0696	0.0547
2010	0.0271	0.0463	0.0364	0.0666	0.0223	0.0353	0.0652
2015	0.0239	0.0223	0.0253	0.0281	0.0143	0.0274	0.0281
2019	0.0420	0.0200	0.0390	0.0420	0.0120	0.0230	0.0250

출처: 환경부(2022). 환경통계포털.

② 벤젠

벤젠(benzene)은 휘발성이 강하고 가연성이 있으며 무색으로 특유의 냄새가 난다. 주로 석유로부터 생산되지만, 코크스를 생산하는 과정에서 부산물로 얻어지기도 한다. 고무·합성수지·염료 등의 유기용매(有機溶媒)로 많이 쓰이는데, 유기물질에 대하여 강한 용해성 및 흡수성을 갖기 때문에 호흡 및 피부접촉을 통해서도 인체에 흡수되기 쉬우며 일단 체내에 흡수되면 지방이 많은 뇌와 신경이나 부신 등 신체의 중요기관에 침범하여 피로, 두통, 현기증, 의식 소실, 경련 등을 일으킨다.

벤젠은 국제적으로 인정된 1급 발암물질로 골수종, 백혈병, 비호지킨 림프종을 일으키는 원인으로 지목된다. 국제보건기구(WHO)에서는 10～5의 발암확률(10만 명 중 1명 이하)로 0.01ppm을 식수 용도로 사용하면 벤젠의 발암성을 제시하고 있다. 산업안전보건법상 8시간 노동하는 직장에서의 노출농도는 10ppm(제곱미터당 30㎎)이다. 벤젠을 다량 흡입하였을 때는 즉시 신선한 공기가 있는 장소로 옮기고, 피부가 오염되었을 때도 오염된 피부를 깨끗이 씻어야 한다. 주요 노출 경로는 벤젠이 함유된 음식물, 담배연기나 자동차 배기가스, 아교·접착제·가정용 세제·페인트 제거제, 쓰레기 매립지에서 나오는 침출수, 벤젠을 사용하는 산업체로부터 정화되지 않고 흘러나오는 폐수, 에틸벤젠이나 스타이렌을 제조하는 공장에서 나오는 연기 등이다. 그 밖에 고무·정유·화학약품·구두제조 등의 공장과 휘발유 저장소·주유소에 근무할 때도 벤젠에 노출될 수 있다.

2007년에 벤젠의 대기환경기준이 설정되었으며, 2010년부터 유해대기물질 측정망의 측정소별 연평균 벤젠 농도로 대기환경기준 달성 여부를 확인하고 있다. 벤젠은 연평균 환경기준 5㎍/㎥(1.5ppb)가 적용된다. 대체로 기준 이하를 유지하고 있으나 지역에 따른 차이가 있다. 예를 들어, 울산 여천동은 2010년 이후 계속 대기환경기준을 초과하였으며, 2016년에도 2.82ppb로 대기환경기준을 초과하였다. 또한 상시적인 측정 장소는 아니지만, 미군 반환기지에서도 벤젠이 확인되어 문제가 되고 있다. 2015년 용산 미군기지의 환경오염 여부를 알아보기 위해 14개 지점의 지하수를 조사한 결과, 7곳에서 허용기준치 이상의 벤젠이 확인되었으며, 특히 1곳은 기준의 162배를 넘었고, 2곳은 100배에 육박하였다.

〈표 2-16〉 벤젠의 연평균 농도

(단위: ppb(μg/㎥))

연도	2007년	2010년	2012년	2014년	2016년	2018년	2020년
벤젠 연평균	0.57 (1.9)	0.35 (1.1)	0.42 (1.4)	0.45 (1.5)	0.31 (1.0)	0.21 (0.7)	0.20 (0.65)

출처: 국립환경과학원(2021). 대기환경연보 2020.

중국 송화강 벤젠오염 사고

2005년 11월 13일, 중국 지린성 지린석화공사의 벤젠공장 폭발사고로 100t 규모의 벤젠이 송화강으로 유입되었다. 이에 하얼빈시와 인근의 900만 명의 식수 공급이 중단되었으며 인접 국가인 러시아의 아무르강을 식수원으로 하는 하바로프스크주 정부도 비상사태를 선포하였다. 이 사고로 수계, 생태계, 토양오염은 벤젠의 독성과 난분해성을 고려할 때 향후 지속적인 피해가 예상된다.

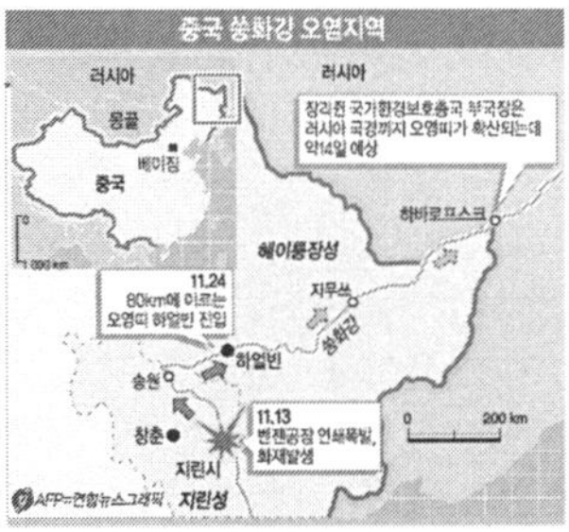

[폭발사고로 연기가 하늘로 치솟고 있는 중국 지린시 지린석유화학공장]

(5) 산성비

비는 원래 자연계에서 발생한 이산화탄소(CO_2)를 흡착하여 pH5.6~6.5 정도의 약산성을 띠고 있다. 그러나 대기오염원으로부터 배출된 황산화물 및 질소산화물이 공기 중의 물방울에 녹아들게 되면 비는 강산성화 된다. 즉 산성비(Acid Rain)의 원인은 자동차에서 배출되는 질소산화물과 공장 등에서 사용하는 화석연료가 연소하면서 나오는 황산화물이 대기 중에 있는 수증기나 다른 혼합물과 만나 황산이나 질산으로 변하기 때문이다.

우리나라에서는 보통 pH5.6 이하의 빗물을 산성비[6)]라고 한다. 산성비는 인체에는 눈이나 호흡기계통을 자극하며, 건물이나 교량 등 구조물을 부식시키고, 식물의 수분흡수를 억제해 식물을 고사시키며, 토양의 유기물 분해를 방해하는 등 토양과 수질을 오염시키고 생태계에 손상을 입힌다. 산성비로 인해 미국과 유럽에서는 공업지대 주변의 침엽수림이 말라 죽었고, 미국 전체 호수의 1/5 이상이 산성화되어 물고기가 살기 어렵게 되었다.

우리나라의 산성비 측정은 1983년 8월부터 시작하였으며, 대기오염이나 빗물의 산성화가 진행되고 있음에도 외국의 사례와 같은 심각한 피해 보고는 별로 없다. 그 이유는 우리나라 토양은 산성에 강하여 산성에 약한 외국의 지질과 다르며, 하천의 물매가 급하고 짧아 우수로부터 오염된 물질이 하천에 정체되지 않고 바다로 빠져나가며, 호소가 폐쇄되어 있지 않고 물의 교환이 빠르기 때문으로 보고 있다. 그러나 지리적 영향으로 중국으로부터 아황산가스 등 오

---

6) 우리나라의 빗물은 초기 빗물보다 후속 빗물의 산성도가 더 높은 특징이 있다. 그 이유는 초기 강우에서 제거되기 쉬운 먼지가 대기 중에 존재하다가 강우 시 흡수되어 빗물을 중화시키기 때문이다. 계절적 변화를 보면 가을, 겨울에는 pH가 4.8 부근으로 비교적 낮고, 여름(5.5), 봄(6.2)에는 상대적으로 높다. 여름철은 강수량이 집중되고 강우 강도가 높아서 초기 강우의 산도가 낮으나 후속 강우의 산도는 5.6 근방을 보이기 때문이며, 봄철에는 강우 강도가 적고 가뭄에 의해서 토양 먼지와 장거리 이동하는 황사의 영향으로 빗물 중 양이온이 풍부하게 존재하기 때문이다. 황사가 있거나 대기 중 먼지 성분이 다량 존재하면 pH7 이상인 알칼리 비가 내리기도 한다.

염물질이 편서풍을 타고 날아와서 산성비의 문제는 심각해지고 있으므로 그 대책이 필요하다.

〈표 2-17〉 주요 도시의 연도별 강우 중 산도

(단위: pH)

연도 \ 도시	서울	부산	대구	인천	광주	대전	울산
1990	5.0	5.2	5.7	5.9	5.5	5.4	5.6
2000	4.8	4.9	5.8	5.0	5.2	4.7	5.0
2005	4.4	4.8	5.3	4.5	4.8	4.6	5.2
2010	4.8	4.5	4.6	5.0	5.4	4.8	4.6
2015*	4.8	5.5	5.2	4.9	5.1	5.0	5.0
2020*	4.9	5.3	5.3	4.9	6.0	5.4	5.3

*2015년 이후 자료는 각 도시의 한 지점의 결과임
출처: 국립환경과학원(2022). 대기환경연보 2020.

3) 대기오염 저감

기후변화 내응을 위하여 국제사회에서는 적극적인 노력을 하고 있다. 1992년 환경개발회의(UNCED)에서는 기후변화협약(1994년 발표)을 채택하였다. 이는 개별 국가의 능력을 고려하여 선진국과 개발도상국에 다른 기후변화 대응 의무를 부과하였다. 1997년에는 교토의정서를 채택(2005년 발효)하였다. 이는 2012년까지 선진국의 온실가스 배출량을 1990년도 수준에 비하여 평균 5.2% 감축하도록 규정하고 있다. 2015년에 신기후체제의 기반이 되는 파리협정을 채택하였다. 이러한 국제적인 노력과 함께 대기오염을 줄이기 위한 궁극적인 방법은 대기오염물질을 줄이는 것이며, 배출원별로 그 특성을 고려하여 관리하여야 한다.

(1) 대기오염물질의 관리

대기오염물질을 지정하고 그 배출허용기준을 설정하여 대기오염물질을 관리하는 것은 대기환경을 개선하는 가장 기본적인 방법이다. 우리나라에서도 대기오염물질을 정하여 관리하고 있으며, 특히 특정대기유해물질 등은 특별히 관리하고 있다.

한편, 석유나 석탄과 같은 화석연료에는 상당량의 황이 함유되어 있는데, 이것이 연소, 특히 고온 연소과정에서 아황산가스가 되어 대기 중에 방출된다. 따라서 대기 중의 아황산가스는 황 함유량이 적은 연료의 사용, 대기오염물질 배출사업자에 대한 배출허용기준제도 강화를 통하여 줄이고 있다. 또한 저황유 사용 의무를 시행하고 있으며, 석탄류, 코크스, 땔나무 등 고체연료 사용을 금지하고, 2000년 이후에는 업무용 보일러, 공동주택, 지역냉난방시설 및 발전시설을 대상으로 청정연료(LNG 등)의 사용을 의무화하고 있다. 즉 저황유 사용 의무, 고체연료 사용금지, 청정연료 사용 의무를 통하여 대기오염물질을 관리하고 있다.

(2) 대기오염물질 배출사업장 관리

울산이나 수도권 등 산업단지가 있거나 대기오염이 심한 지역은 대기보전특별대책지역으로 지정하여 더 엄격한 배출허용기준을 적용하고 있다. 또한 대기오염물질 배출시설을 27개에서 37개로 더 세분하여 관리를 강화하고 있다. 그리고 굴뚝원격감시체계를 통하여 대형배출사업장에서 배출되는 대기오염물질을 상시 측정하여 대기질 개선을 위하여 관리하고 있다. 2021년 말 기준 2,524개 굴뚝에 굴뚝자동측정기기를 부착하여 배출시설에서 나오는 오염물질(먼지, 황산화물, 질소산화물, 탄화수소, 일산화탄소, 암모니아)을 24시간 실시간(5분 간격으로 연속 측정)으로 관리하고 있다.

그리고 비산먼지 발생사업장도 관리하고 있다. 비산먼지는 다른 대기오염물질에 비하여 국민의 체감오염도가 크고 많은 민원을 초래한다. 비산먼지 발생사업장은 비산먼지 발생을 억제하기 위하여 시설(비산먼지 저감공법 등)이나 필요한 조치(사업장 종사자에 대하여 비산먼지 저감교육의 주기적 시행)를 하고, 비산먼지 발생사업장 외에 도로(도로 청소), 나대지(꽃밭 조성, 잔디 또는 수목 식재) 등 비산먼지 발생원의 관리를 통하여 비산먼지를 줄일 수 있다.

(3) 미세먼지 관리

깨끗한 대기환경을 위해서는 미세먼지의 관리가 매우 중요하다. 미세먼지의 관리를 위하여 단기적 대책(2017.9.~2018. 상반기)으로는 미세먼지 고농도 시즌인 봄철에는 노후 화력발전소(5기) 가동을 일시적으로 중단하고, 미세먼지 심각 상황 시 차량 2부제, 사업장 운영 조정 등 비상저감조치 시행하는 등, 고농도 미세먼지 대응 응급 감축 조치를 우선 시행하고 있다. 그리고 어린이 통학차량을 친환경차로 교체, 체육관이 없는 초중고(979개)에 실내체육시설 설치, 실내공기질 개선을 위한 공기정화장치 설치 지원사업, 학교 주변을 중심으로 도시대기측정망을 지속해서 확충하는 등, 민감계층 건강 보호를 최우선으로 꼼꼼한 보호 대책을 시행하고 있다.

중장기적 대책(2018. 하반기~2022)으로는 먼저 사회 전 분야 획기적 감축 시행을 한다. 발전 부문에서는 발전소 관리 강화, 30년 이상 노후 석탄발전소(7기) 모두 폐기, 현재 운영 중인 석탄발전소(61기) 중 39기는 방지시설 개선하여 배출허용기준을 약 2배 강화한다. 산업부문에서는 수도권에만 실시되는 배출총량제를 수도권 외 사업장까지 확대해 시행하고, 질소산화물에 대한 배출부과금 제도 도입한다. 수송부문에서는 5등급 경유 자동차 조기 퇴출, 선박 또는 건설기계 등 사각지대에 대한 관리 강화, 2022년까지 친환경차(전기, 수소차 등) 200만 대 보급 및 전기 충전 인프라 1만기 구축을 한다.

그리고 국제협력 강화로 국외 영향에 대한 실효적 저감방안 마련한다. 즉 미세먼지 발생원인 규명을 위해 국내 영향이 큰 중국지역(베이징, 바오딩, 다롄 등)에 대한 대기질 공동 조사 및 연구 확대, 장기적으로 동북아 미세먼지 협약체결을 추진한다.

또한 민간계층 대상 강화된 국민 보호 서비스 제공한다. 어린이집, 유치원, 요양시설 등이 밀집된 지역을 미세먼지 프리존으로 지정하여, 노후 경유 차 출입제한, 사업장 조업단축 조치 등 특별관리, 예방물품을 제공하는 서비스를 한다.

그뿐만 아니라 미세먼지 저감 및 관리에 관한 특별법을 제정(2018.8.14. 공포, 2019.2.15. 시행)하고, 미세먼지 문제 해결을 위한 국가기후환경회의 출범(2019.4.29.)하여 근본적인 해법을 정부에 제안하고, 동북아시아 지역국가들과 내실이 있게 협력하는 방안을 마련한다.

〈표 2-18〉 미세먼지경보 발령기준

대상 물질	경보단계	발령기준
미세먼지 (PM10)	주의보	시간당 평균농도가 150㎍/㎥ 이상 2시간 이상 지속인 때
	경보	시간당 평균농도가 300㎍/㎥이상 2시간 이상 지속인 때
미세먼지 (PM2.5)	주의보	시간당 평균농도가 90㎍/㎥ 이상 2시간 이상 지속인 때
	경보	시간당 평균농도가 180㎍/㎥ 이상 2시간 이상 지속인 때

* 해당 지역의 대기자동측정소 PM10 또는 PM2.5의 권역별 평균 농도가 경보단계별 발령기준을 초과하면 해당 경보를 발령할 수 있다.

(4) 오존층 파괴 방지

오존 원인물질 및 오존은 기류를 따라 이동하므로 고농도의 오존이 나타났을 경우 지속시간을 예측하기 어려우므로 실효성 있는 저감방안을 마련하기 어렵다. 따라서 오존 오염의 피해를 줄이기 위해서는 오존이 일정 기준 이상 높게 나타났을 때 피하는 것이 인체 및 생활환경 상의 피해를 최소화하는 차선책이다.

고농도의 오존 발생 시 그 내용을 국민에게 신속히 알려 인체 및 생활환경에 미치는 영향을 최소화하고 차량 운행 자제 등 시민의 협조를 유도하기 위하여 오존경보제를 실시하고 있다. 오존주의보가 발령되면 실외활동을 자제하고,

경보가 발령되면 자동차 사용자제와 사업장의 연료 사용량을 감축하여야 하며, 중대경보가 발령되면 자동차 통행금지와 사업장의 조업시간을 단축하여야 한다. 그러나 아직 경보나 중대경보를 발령한 경우는 없다.

오존층 파괴를 막는 가장 좋은 방법은 파괴물질인 프레온가스 등의 사용을 줄이고 대체물질을 개발하는 것이다. 오존층 파괴 예방을 위한 국제적인 협약으로는 비엔나협약(1992년)과 몬트리올 의정서(1987년)가 있다. 비엔나협약은 선언적인 협약으로 실효성이 없으나, 오존층 파괴물질의 생산 및 소비 감축에 대한 구체적인 내용을 포함하고 있다. 몬트리올 의정서는 프레온가스 사용을 1997년까지 15% 감소하고, 2000년에는 전면 규제하는 내용을 포함하고 있다. 우리나라도 비엔나협약과 몬트리올 의정서에 모두 가입하고 있으며, 1999년 1월 이후 국내에서는 프레온가스 사용이 전면 금지되었다.

〈표 2-19〉 오존경보 발령기준

구분	기준	조치내용
주의보	오염도 0.12ppm/시간 이상	• 실외 운동 및 노약자 활동 자제 • 자동차 사용자제 및 대중교통 이용
경보	오염도 0.3ppm/시간 이상	• 유치원, 학교의 실외활동 억제 • 노약자 등 실외활동 자제 • 해당 지역 차량 운행 자제
중대경보	오염도 0.5ppm/시간 이상	• 해당 지역 유치원, 학교 휴교 권장 • 노약자의 불필요한 활동 중지 • 해당 지역 차량 진입 억제

주: 오존 농도는 1시간당 평균농도를 기준으로 하며, 해당 지역의 대기자동측정소 오존 농도가 1개소라도 경보 단계별 발령기준을 초과하면 해당 경보를 발령할 수 있다.

(5) 산성비의 저감

산성비는 대기 중의 황산화물 및 질소산화물 등에 의해 주로 유발된다. 산성비 저감 대책은 결국 산성비 원인물질을 줄이는 것으로, 이는 일반 대기오염물질 저감 대책과 큰 차이는 없다. 즉 저황유 및 청정연료의 공급 확대, 저공해차의 보급 등 대기오염물질의 배출량을 줄이면 산성비도 줄어든다. 이에 화석연료의 사용을 줄이고 청정연료 및 저유황유 사용을 확대하고 있다.

한편, 산성비의 원인인 황산화물, 질소산화물 등은 기류에 의해 장거리까지 이동하는 특성이 있어, 중국 동해안지역에서 배출되는 대기오염물질이 우리나라에 영향을 미칠 수 있을 것으로 추정되고 있다. 이에 대처하기 위하여 국제협력을 강화하여야 한다. 또한 대기오염물질 장거리 이동과 산성강하물 조사를 위하여 산성강하물 국가 모니터링을 추진하고 있으며, 전국적으로 산성비 측정망에서 산성비의 실태를 파악하고 있다.

(6) 친환경자동차 보급

2016년 기준 전국 대기오염배출량 중 일산화탄소(CO)의 30.8%, 질소산화물(NOx)의 36.3%, 미세먼지(PM10)의 9.7%가 자동차에서 배출되고 있다. 특히 경유차에서 주로 배출되는 질소산화물과 미세먼지가 문제가 되고 있다.

우리나라 국토 면적 대비 자동차 대수가 많아 자동차 오염물질 관리에 어려움이 많다. 2012년 기준 도로 연장(1㎞) 당 자동차 수는 178대로 미국 38대, 프랑스 77대, 일본 61대, 독일 36대에 비해 많으며, 2017년 기준 국내 여객 수송 분담율도 자동차가 84.6%, 지하철 10.8%, 철도 4.5%, 항공 0.1%, 해운 0.1% 순으로 자동차의 의존율이 매우 높다. 또한 연료별 자동차 등록 규모는 휘발유, 경유, LPG의 순이다. 경유차의 경우 2006년 36.9%에서 2020년 42.1%로 점차 늘어나고 있다. 자동차 배출가스 등급 분류제도는 인증 기준, 유종, 연식 등을 고려한 오염물질 배출정도에 따라 5개 등급으로 분류하고 있다. 2021년 12월 기준으로 배출가스 5등급 차량(노후 차량) 대수는 131만 대이며, 이중 아직 저공해 조치가 이루어지지 않은 5등급 차량 대수는 95만 대이다. 이에 미세먼지 비상저감조치 시 배출가스 5등급 차량을 대상으로 한 운행 제한이 도입되었으며, 조기 폐차, 매연저감장치(DPF) 부착, 엔진 개조 등 저공해화 지원사업을 적극적으로 추진하고 있다.

전기차 1대 보급은 연간 이산화탄소(CO2) 2t 감축의 효과가 있다. 이에 2011년부터 오염물질의 배출이 없는 전기자동차를 보급하고 있으며, 2013년부터는 수소연료전지차(FECV)를 시범 보급하고 있다. 2016년 기준 전기자동차는 11,767대, 공공 급속충전기 491기를 보급하였으며, 2020년까지 전기차 20만대, 공공 급속충전시설 1,400기, 1회 충전 주행거리 300km로 확대한다. 중장기적으로 민간부문의 충전 인프라 참여를 유도하고 신규 공동건물의 충전기 설치 의무화, 이동형 충전기 보급 등을 추진 중이다. 그리고 하이브리드자동차 보급, 수소연료전지차 보급 등을 확대하는 등 자동차 배기가스로 인한 대기오염의 증가를 줄이기 위한 노력을 하고 있다.

(7) 탄소배출권과 탄소포인트제도

탄소시장이란 온실가스 배출권을 거래하는 시장을 의미하는 것으로서, 지구온난화 방지를 위해 국제협약이 체결되면서 이산화탄소 등 온실가스 배출에 소유권이 설정되고, 배출권을 사고파는 수급 상황에 따라 배출권 가격이 형성된다. 이러한 시장의 형성은 1997년 교토의정서 체결 시 도입된 시장 메커니즘인 교토 유연성체제(Kyoto flexible mechanism)에 기인하며, 탄소시장은 크게 할당베이스(allowance-based)시장과 프로젝트베이스(project-based)시장으로 크게 나뉜다.

할당베이스시장은 기업별로 온실가스 배출허용량이 할당되면 할당량 대비 잉여분 및 부족분을 거래하는 개념이다. 예를 들어, 교토의정서에서 국가별 감축 목표가 할당되면, 해당 국가는 그 목표를 다시 자국 기업에 할당하여 할당량 대비 감축량의 부족분 및 잉여분을 거래하도록 하는 것이 이에 해당한다.

프로젝트베이스시장은 배출량 감축 프로젝트를 실시해 거둔 성과에 따라 획

득한 신용(credit)을 배출권 형태로 거래한 개념이다. 신용은 유효성 검사 및 인증을 거친 후에 비로소 발생하게 된다.

한편, 환경부와 지방자치단체에서 추진하고 있는 탄소포인트제는 국민 개개인이 온실가스 감축활동에 직접 참여하도록 유도하는 제도로 가정, 상업시설, 기업이 자발적으로 감축한 온실가스 감축분에 대한 인센티브를 지자체로부터 받는 범국민적 기후변화 대응 활동(Climate Change Action Program)이다.

탄소포인트제의 도입 배경은 '우리 모두의 노력으로 기후변화의 주범인 온실가스를 줄일 수가 있다'라는 취지에서 출발하였다. 기후변화에 대한 정부 간 패널(Intergovernmental Panel on Climate Change: IPCC) 4차 평가보고서(2007)에 의하면 건물, 가정과 상업 부문의 온실가스 감축 잠재량이 가장 큰 것으로 분석되었다. 이에 따라 정부(환경부)는 그간 산업부문에 치중해 온 온실가스 감축정책을 가정 및 상업시설에까지 확대하여 시행하고자 탄소포인트제도를 도입하게 된 것이다. 또한 탄소포인트제는 지방자치단체가 가정, 상업 부분의 관리를 통해 국가 기후변화 온실가스 대등에 주체적인 역할을 할 수 있는 제도이기도 하다. 탄소포인트제를 통한 성공적인 기후변화 대응을 위해서는 지자체뿐만 아니라 국민 개개인의 적극적인 참여가 필요하다.

2 실내공기환경

실내공기의 주성분은 근본적으로 대기와 차이가 없으나, 미량성분인 특정 오염물질은 대기와 차이가 있으며 실내공간의 사용인원, 사용시간, 사용설비 등에 따라 특정 대기오염물질이 많다. 그리고 일반 성인의 경우 하루 중 70~80%의 시간을 실내에서 지내고 있으며, 유아나 노약자는 거의 모든 시간을 실내에서 생활하므로 실내의 공기 상태는 건강에 매우 중요한 요인이다. 특히 현대건물의 밀폐성 증가와 건축자재의 다양성은 실내공기질을 악화시키는 원인이 되기도 하는데, 신축건물일수록 실내공기의 질이 나쁠 가능성이 크다.

실내공기의 오염과 그로 인한 건강상의 문제는 세계보건기구(WHO)의 주요 관심사이다. 세계보건기구의 보고서에 따르면 공기오염에 의한 사망자는 연간 최대 600만 명에 이르며, 특히 실내공기오염에 의한 사망자는 280만 명으로 추정되고 있다. 그리고 실내에 방출되는 오염물질이 실외보다 사람의 폐에 전달될 확률이 1천 배가 높으며, 실내오염도를 20%만 줄여도 급성기관지질환 사망률을 4~8% 줄일 수 있는 것으로 보고되고 있다. 이에 세계보건기구는 '건강한 실내공기에 대한 권리'를 채택하였다(2000년). 이 선언문을 보면 사람은 누구나 건강한 실내공기를 호흡할 권리가 있으며, 건축물과 관계되는 자는 실내공기질을 유지할 책임이 있으며, 관련 기관은 건축물의 실내공기질과 그에 따른 건강 및 환경영향을 평가할 수 있는 분명한 기준을 마련하여야 한다는 것을 포함하고 있다.

1) 실내공기환경의 기준과 오염원

(1) 실내공기의 기준

1996년에 실내공기질을 관리하기 위하여 「지하생활공간공기질관리법」을 제정하였으며, 이를 「다중이용시설 등의 실내공기질관리법」으로 전면개정(2003년)하였고, 2015년에 「실내공기질관리법」으로 다시 개정하였다. 즉 처음에는 실내공기질의 관리가 필요한 지하공간만을 대상으로 하다가 그 범위를 넓히고, 다시 오염물질을 방출하는 자재관리까지를 포함하는 것으로 확대되었다.

「실내공기질관리법」의 적용대상은 불특정 다수가 사용하는 다중이용시설, 신축 공동주택, 대중교통수단으로 분류되는 총 31개 시설이다.

〈표 2-20〉 실내공기질 관리법 적용대상 시설

시설명	규모
1. 지하역사(출입통로, 대합실, 승강장 및 환승통로와 이에 딸린 시설 포함)	규모 한정 없음
2. 지하도상가(지상건물에 딸린 지하층의 시설 포함)	연면적 2,000㎡ 이상
3. 철도역사 대합실	연면적 2,000㎡ 이상
4. 여객자동차터미널 대합실	연면적 2,000㎡ 이상
5. 항만시설 중 대합실	연면적 5,000㎡ 이상
6. 공항시설 중 여객터미널	연면적 1,500㎡ 이상
7. 도서관	연면적 3,000㎡ 이상
8. 박물관 및 미술관	연면적 3,000㎡ 이상
9. 의료기관	연면적 2,000㎡ 이상이거나 병상 수 100개 이상
10. 산후조리원	연면적 500㎡ 이상
11. 노인요양시설	연면적 1,000㎡ 이상
12. 국공립어린이집, 법인어린이집, 직장어린이집, 민간어린이집	연면적 4,300㎡ 이상
13. 대규모점포	규모 한정 없음
14. 장례식장(지하에 위치한 시설로 한정)	연면적 1,000㎡ 이상
15. 영화상영관(실내 영화상영관으로 한정)	규모 한정 없음
16. 학원	연면적 1,000㎡ 이상
17. 전시시설(옥내시설로 한정)	연면적 2,000㎡ 이상
18. 인터넷컴퓨터시설 제공업의 영업시설	연면적 300㎡ 이상
19. 실내주차장	연면적 2,000㎡ 이상
20. 건축법에 따른 업무시설	연면적 3,000㎡ 이상
21. 건축법에 따른 둘 이상의 용도에 사용되는 건축물	연면적 2,000㎡ 이상
22. 실내공연장 / 23. 실내 체육시설	객석 수 1천 석 이상
24. 목욕장업의 영업시설	연면적 1,000㎡ 이상
25. 그 밖에 대통령령으로 정한 시설	–
26. 아파트 / 27. 연립주택 / 28. 기숙사	100세대 이상
29. 도시철도차량 / 30. 철도차량 / 31. 자동차(고속형 시외버스, 직행형 시외버스)	–

출처: 실내공기질관리법 제3조, 실내공기질관리법시행령 제2조.

실내공기질의 관리를 위해 다중이용시설에 대해서는 미세먼지 PM10, PM2.5, 이산화탄소, 폼알데하이드, 총부유세균, 일산화탄소에 대하여 유지기준을 설정하고 있으며, 외부에 오염원이 있거나 위험도가 비교적 낮은 이산화질소, 라돈, 총휘발성유기화합물, 곰팡이에 대하여 권고기준을 설정하고 있다.

새집증후군이 특히 문제가 되는 100세대 이상 신축 공동주택의 실내공기질의 관리를 위해 폼알데하이드, 벤젠, 톨루엔, 에틸벤젠, 자일렌, 스티렌, 라돈에 대하여 권고기준을 설정하고 있다.

〈표 2-21〉 실내공기질 유지기준

<table>
<tr><th>오염물질 항목
다중이용시설</th><th>미세먼지
(PM10)
(㎍/㎥)</th><th>미세먼지
(PM2.5)
(㎍/㎥)</th><th>이산화
탄소
(ppm)</th><th>폼알데
하이드
(㎍/㎥)</th><th>총부유
세균
(CFU/㎥)</th><th>일산화
탄소
(ppm)</th></tr>
<tr><td>가. 지하역사, 지하도상가, 철도역사의 대합실, 여객자동차터미널의 대합실, 항만시설 중 대합실, 공항시설 중 여객터미널, 도서관·박물관 및 미술관, 대규모점포, 장례식장, 영화상영관, 학원, 전시시설, 인터넷컴퓨터게임시설제공업의 영업시설, 목욕장업의 영업시설</td><td>100
이하</td><td>50
이하</td><td rowspan="3">1000
이하</td><td>100
이하</td><td>–</td><td rowspan="2">10 이하</td></tr>
<tr><td>나. 의료기관, 산후조리원, 노인요양시설, 어린이집, 실내어린이놀이시설</td><td>75
이하</td><td>35 이하</td><td>80 이하</td><td>800
이하</td></tr>
<tr><td>다. 실내주차장</td><td>200
이하</td><td>–</td><td>100
이하</td><td>–</td><td>25
이하</td></tr>
<tr><td>라. 실내 체육시설, 실내공연장, 업무시설, 둘 이상의 용도에 사용되는 건축물</td><td>200
이하</td><td>–</td><td>–</td><td>–</td><td>–</td><td>–</td></tr>
</table>

비고: 1. 도서관, 영화상영관, 학원, 인터넷컴퓨터게임시설제공업 영업시설 중 자연환기가 불가능하여 자연환기설비 또는 기계환기설비를 이용하는 경우에는 이산화탄소의 기준을 1,500ppm 이하로 한다.

2. 실내 체육시설, 실내 공연장, 업무시설 또는 둘 이상의 용도에 사용되는 건축물로서 실내 미세먼지(PM10)의 농도가 200㎍/㎥에 근접하여 기준을 초과할 우려가 있는 경우에는 실내공기질의 유지를 위하여 다음 각목의 실내공기정화시설(덕트) 및 설비를 교체 또는 청소하여야 한다.

가. 공기정화기와 이에 연결된 급 · 배기관(급 · 배기구를 포함한다) / 나. 중앙집중식 냉 · 난방시설의 급 · 배기구 / 다. 실내공기의 단순배기관 / 라. 화장실용 배기관 / 마. 조리용 배기관

출처: 실내공기질관리법 시행규칙 별표2, 개정 2020.4.3.

그리고 접착제, 페인트, 실란트, 퍼티, 벽지, 바닥재, 목질판상제품 등 건축자재에 대하여 폼알데하이드, 톨루엔, 총휘발성유기화합물의 방출기준을 정해 놓고 있다.

대중교통 차량의 실내공기질의 관리를 위하여 혼잡시간대와 비혼잡 시간대로 구분하여 초미세먼지(PM2.5)와 이산화탄소에 대하여 권고기준을 설정하고 있다.

〈표 2-22〉 실내공기질 권고기준

<table>
<tr><th>오염물질 항목
다중이용시설</th><th>이산화질소
(ppm)</th><th>라돈
(Bq/m^3)</th><th>총휘발성
유기화합물
(μg/m^3)</th><th>곰팡이
(CFU/m^3)</th></tr>
<tr><td>가. 지하역사, 지하도상가, 철도역사의 대합실, 여객자동차터미널의 대합실, 항만시설 중 대합실, 공항시설 중 여객터미널, 도서관·박물관 및 미술관, 대규모점포, 장례식장, 영화상영관, 학원, 전시시설, 인터넷컴퓨터게임시설제공업의 영업시설, 목욕장업의 영업시설</td><td>0.1
이하</td><td rowspan="3">148
이하</td><td>500
이하</td><td>-</td></tr>
<tr><td>나. 의료기관, 어린이집, 노인요양시설, 산후조리원</td><td>0.05 이하</td><td>400
이하</td><td>500
이하</td></tr>
<tr><td>다. 실내주차장</td><td>0.30
이하</td><td>1,000
이하</td><td>-</td></tr>
</table>

출처: 실내공기질관리법 시행규칙 별표3, 개정 2020.4.3.

〈표 2-23〉 신축공동주택 실내공기질 권고기준

항목 대상	폼알데하이드	벤젠	톨루엔	에틸벤젠	자일렌	스티렌	라돈
100세대 이상 신축 공동주택	210μg/m^3 이하	30μg/m^3 이하	1,000μg/m^3 이하	360μg/m^3 이하	700μg/m^3 이하	300μg/m^3 이하	148Bq/m^3 이하

출처: 실내공기질관리법 시행규칙 별표4의2, 개정 2018.10.18.

〈표 2-24〉 건축자재의 오염물질 방출기준

구분 \ 오염물질 종류		폼알데하이드	톨루엔	총휘발성 유기화합물
1. 접착제		0.02 이하	0.08 이하	2.0 이하
2. 페인트		0.02 이하	0.08 이하	2.5 이하
3. 실란트		0.02 이하	0.08 이하	1.5 이하
4. 퍼티		0.02 이하	0.08 이하	20.0 이하
5. 벽지		0.02 이하	0.08 이하	4.0 이하
6. 바닥재		0.02 이하	0.08 이하	4.0 이하
7. 목질 판상제품	2021년 12월31일까지 적용기준	0.12 이하	0.08 이하	0.8 이하
	2022년 1월1일부터 적용기준	0.05 이하	0.08 이하	0.4 이하

비고: 위 표에서 오염물질의 종류별 측정단위는 mg/m²·h로 한다. 다만, 실란트의 측정단위는 mg/m·h로 한다.
출처: 실내공기질관리법 시행규칙 별표5, 개정 2017.12.27.

〈표 2-25〉 대중교통 차량의 관리·운행 권고기준

오염물질	기준	
	혼잡시간대	비혼잡시간대
이산화탄소	2,500ppm	2,000ppm
초미세먼지(PM-2.5)	50㎍/㎥	

비고: 1. 위 권고기준은 오염물질 항목별 농도의 노선 1회 운행 시 평균값(해당 대중교통 차량 운송사업자별 소속 차량의 각 노선의 출발지에서 도착지까지 연속으로 측정한 값의 평균)을 말한다.
2. 혼잡시간대는 도시철도의 경우 주중 7시 30분부터 9시 30분까지 또는 18시부터 20시까지를, 철도 및 시외버스의 경우 토·일요일, 설날 및 추석날 등 명절과 공휴일을 말하고, 비혼잡시간대는 혼잡시간대 외의 시간대를 말한다.

출처: 실내공기질관리법 시행규칙 별표4의3, 신설 2020.4.3.

(2) 실내공기의 오염원과 오염물질

① 실내공기의 오염원

실내공기는 실내에서 발생한 오염물질뿐만 아니라 외부로부터 오염물질이 유입되는 등 이중의 부담을 안고 있어서 대기에 비해 오염될 가능성이 더 크다. 또한 대기와 비교할 수 없을 정도로 작은 용적이므로 오염된 실내공기에 의한 피해를 많이 받게 된다.

일반적으로 실내에서 발생하는 오염원은 재실자, 담배, 연소기구 및 취사, 그 외 생활활동, 건축자재 등이다. 그 발생량은 재실자 수와 활동상황, 실내에 있는 연소기구의 사용상황, 취사 및 세탁의 여부, 건축자재의 종류 등에 따라 크게 달라진다.

재실자가 공기오염의 직접 원인이 되는 것은 호흡으로 생기는 이산화탄소의 증가와 산소의 감소, 체열에 의한 기온의 상승, 증발에 의한 습도의 증가, 신체로부터 나오는 냄새, 각종 병균의 분포 등이다. 재실자가 간접 원인이 되는 것은 흡연에 의한 공기오염, 의복 등에 의한 먼지의 분포이다.

또한 재실자 이외의 원인은 보일러, 난로 등의 사용에 의한 이산화탄소, 일산화탄소의 발생, 가전제품이나 각종 기계류의 사용에 의한 발열 및 유해가스 발생, 가구나 건축자재 등이다.

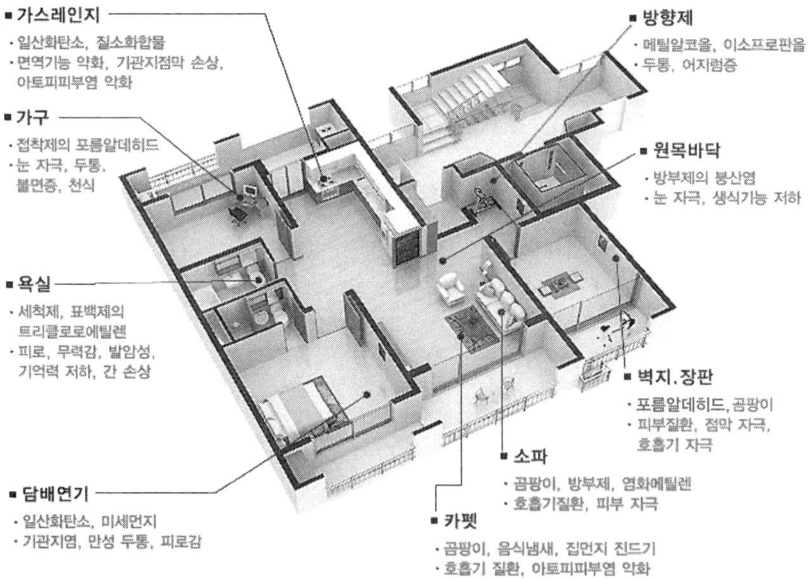

[그림 2-2] 실내공기오염 발생원

출처: 에코후레쉬(ecofresh.tistory.com/entry)

가. 호흡과 체취

건조공기는 이산화질소 78.09%, 산소 20.95%, 이산화탄소 0.03%, 기타 0.93%로 조성되어 있으므로, 이 분포를 유지하는 것이 청정한 공기의 기준이 된다. 사람이 호흡한 후의 공기는 산소가 16.02%로 감소하고, 이산화탄소는 4.38%로 증가하므로, 사람의 호흡만으로 실내공기는 오염된다.

또한 체취가 실내의 열과 수증기가 함께 섞여 실내공기를 오염시킨다. 체취는 인종과 생활습관에 따라 다르며, 이러한 체취는 사람만이 오염발생 원인이 되는 실내에서는 외기의 도입량을 계산하기 위한 기준이 된다.

나. 담배연기

대기 중의 먼지는 대부분 탄소의 입자와 재의 입자이다. 그러나 담배연기는 니코틴과 타르가 주성분이며, 이 중에는 발암물질이 포함될 수 있다. 즉 담배연기는 입자뿐만 아니라 일산화탄소와 질소산화물에 의해 여러 종류의 생리적 악영향을 주는 오염물질이 포함되어 있으며, 카드뮴(Cd), 페놀(C6H5OH)과 같은 유해물질이 들어 있다.

담배연기의 오염물질 발생량은 분진 20mg/개피, 일산화탄소(CO) 60ml/개비, 이산화탄소(CO2) 2,200ml/개비이다. 금연하지 않는 사무실에서 흡연자와 피흡연자 모두 1시간에 약 1.3개비를 피우는 것과 같은 효과가 있으므로 외기에 의한 희석(환기)만으로 담배연기를 처리하기 위해서는 1인당 매시간 130㎥/h의 공기가 필요하다.

다. 분진

분진은 큰 입자는 코털이나 신체기관에서 제거되나 작은 입자는 폐에 들어가 침적되는데, 청정한 시골에도 0.05~0.5mg/㎥ 정도 있으며, 활동량이 많은 공장이나 작업장에는 0.5~10.0mg/㎥ 정도 있다. 분진의 발생원인은 사람의 보행, 청소, 난방기구 사용, 실내공기 건조, 흡연 등이다. 분진은 알레르기를 일으키고 세균에 의해 파상풍, 디프테리아를 일으키며, 실내공간이나 공조설비, 내장재 등을 더럽힌다. 또한 시력 저하로 인한 작업능률의 저하를 초래하게 된다.

라. 연소폐기

폐기를 실내에 방출하는 기구를 사용하면 실내의 산소를 연소과정에서 소비하고 다량의 이산화탄소, 수증기, 일산화탄소, 질소산화물, 탄화수소류, 그을음, 악취 등을 실내에 방출한다. 이러한 연소폐기가 많으면 일산화탄소에 의한 중독사고까지 일으키게 된다. 특히 연탄을 연료로 사용할 때는 일산화탄소 중독의 위험성이 크며, 석유를 사용할 때는 이산화황이 발생하므로 주의하여야 한다.

따라서 연소폐기를 실내에 방출시키는 연소기기의 사용을 자제하여야 한다. 또한 주택에서는 개방형 난로와 온수기를 병용하는 일이 많은데, 이때 실내에 생기는 이산화탄소, 일산화탄소는 실내공기오염의 주요 원인이므로 주의하여야 한다. 그리고 석유스토브 등의 배기구 냄새는 이웃에게 불쾌감을 주므로 그 위치를 높여 피해를 주지 않도록 하여야 한다.

마. 건축재료

건축재료 중 합판이나 요소수지계의 단열재, 접착제, 새로 구매한 카펫 등에서 발생하는 폼알데하이드는 공기오염의 주요 원인이 된다. 이는 수개월 동안 계속 배출되는데, 눈과 피부가 따갑고 목이 쓰린 증상이 나타나며, 기침, 구토, 어지러움, 두통, 설사, 불면증, 피부질환, 정서불안, 기억력 상실을 유발하고, 다량 또는 장시간 맡으면 여성은 빈혈과 생리불순을 일으킬 수 있다.

따라서 공기오염물질을 배출하지 않는 건축자재를 사용하거나, 최소한 건축자재의 오염물질 방출기준을 초과하지 않는 자재를 사용하여야 한다.

바. 공중미생물

공중에는 각종 미생물이 떠다닌다. 실내공기 1㎥ 중에 생존하고 있는 미생물은 100~1,000개 이상으로 대부분 비병원균이며, 실내공기의 세균 수는 실외공기의 1~10배 정도이다. 이러한 공중미생물은 공조기가 없거나 냉각탑의 오염으로 발생하는 빌딩병의 원인이 되거나 알레르기를 유발하기도 하며, 폐결핵이나 홍역 같은 전염성 질환을 옮기는 매개체 역할을 하기도 한다. 에어컨 냉각수에서 많이 발견되는 레지오넬라균은 호흡기, 신장에 주로 침범하는데, 이에 감염되면 고열, 폐렴 등을 일으키고 20%가 사망하는 치명적인 세균이다. 따라서 가습기에 사용하는 물은 음료수와 같은 수준의 물을 사용하여 실내공기오염을 예방하여야 한다.

② 실내공기의 오염물질

「공기질관리법」에서는 미세먼지(PM10)를 비롯하여 총 17개 항목을 실내공기의 오염눌질로 정해서 관리하고 있다.

〈표 2-26〉 실내공기의 오염물질

1. 미세먼지(PM-10)	10. 오존(O_3: Ozone)
2. 이산화탄소(CO_2: Carbon Dioxide)	11. 미세먼지(PM-2.5)
3. 폼알데하이드(Formaldehyde)	12. 곰팡이(Mold)
4. 총부유세균(TAB: Total Airborne Bacteria)	13. 벤젠(Benzene)
5. 일산화탄소(CO: Carbon Monoxide)	14. 톨루엔(Toluene)
6. 이산화질소(NO_2: Nitrogen dioxide)	15. 에틸벤젠(Ethylbenzene)
7. 라돈(Rn; Radon)	16. 자일렌(Xylene)
8. 휘발성유기화합물(VOCs: Volatile Organic Compounds)	17. 스티렌(Styrene)
9. 석면(Asbestos)	

출처: 실내공기질관리법 시행규칙 별표1.

여기에서는 실내공기의 질을 관리를 위해 유지기준(미세먼지, 이산화탄소, 폼알데하이드, 총부유세균, 일산화탄소)의 5개 오염물질과 권고기준(이산화질소, 라돈, 총휘발성유기화합물, 석면, 오존)의 5개 오염물질 중에서 대기환경에서 언급한 것(미세먼지, 일산화탄소, 이산화질소)을 제외하고, 이산화탄소, 폼알데하이드, 총부유세균, 라돈, 총휘발성유기화합물, 곰팡이에 대하여 알아보자.

가. 이산화탄소

실내의 이산화탄소(CO2)는 주로 인간의 호흡 때문에 생성된다. 대기 중 이산화탄소는 보통 0.04% 정도이며, 무색무취이다. 이산화탄소는 탄소화합물이 연소할 때 물과 함께 생성되기도 하며 생물체가 유기물을 분해하는 과정에서도 만들어진다. 생명체는 호흡을 통해 유기물을 분해하면서 생활에 필요한 에너지를 얻는데, 이때 이산화탄소가 만들어지고 날숨을 통해 다시 공기 중으로 배출된다. 이산화탄소는 실내공기의 질을 관리 측면에서 환기상태의 적절성 판단지표로 사용되고 있다. 실내공간에서 이산화탄소의 농도가 증가하면 호흡곤란이 일어나므로, 일산화탄소와 함께 실내오염물질의 중요한 잣대이다.

나. 폼알데하이드

폼알데하이드(CH2O)는 공기와 같은 밀도를 가지며, 실온에서 자극성이 강한 냄새를 띤 무색의 기체로 물과 메틸알코올의 혼합물이므로 메탄알(methanal)이라고도 한다. 탄소가 포함된 물질이 불완전연소할 때에 쉽게 만들어지며 공기 중에서는 메테인과 같은 탄화수소에 햇빛과 산소가 가해지면서 합성된다. 폼알데하이드는 생물표본 보존액, 플라스틱, 수지 및 접착제 제조에 많이 사용되며, 요소나 페놀과 같은 화학물질과 반응하여 고체를 만들며, 점막에 자극을 주는 발암물질로 규정되어 있다. 실내에서 폼알데하이드 오염을 유발하는 제품은 폼알데하이드 접착제를 사용한 직물, 건축용 섬유판 등이 있다.

다. 총부유세균

부유세균은 일반세균과 병원성 세균으로 항상 실내에 생존하며, 분진과 물방울에 부착되어 존재하며, 그 대부분은 분열균이나 사상균(곰팡이류), 야생균(효모) 등의 비병원균이다. 다른 실내공기 오염물질과 달리 스스로 번식하는 생물학적 오염물질이기 때문에 실내공기의 관리가 소홀하면 순식간에 고농도로 증식한다. 부유세균은 음식물쓰레기나 애완동물의 분뇨 같은 유기물질과 가습기나 공기청정기 등과 같은 물이 고여 있거나 습기가 있는 곳에서 발생하고 잘 번식하며, 습도 65%와 온도 20~35℃의 범위에서 증식이 빠르다. 공기 중의 세균은 일반적으로 5분 개방, 48시간 배양에 의한 낙하수 50개 이하를 청정하다고 본다.

실내공기오염의 지표로서는 병원성의 유무보다는 세균 수가 문제가 된다. 총부유세균은 실내에서 생활하는 사람들의 청결상태 및 행동양상, 청소상태, 환기상태 등과 밀접히 연관되어 있으며, 건물의 건축년도, 실내온습도, 건물 층수 및 계절과 관계가 있다. 즉 총부유세균은 오래된 건물일수록, 실내습도가 60% 이상인 건물일수록, 습기가 많은 지하층일수록 많으며, 여름과 가을에 증식을 많이 한다. 총부유세균은 호흡기나 피부 등에 접촉하면 알레르기질환, 호흡기질환, 과민성 질환, 아토피 피부염, 전염성 질환을 유발할 수 있으므로, 규칙적으로 청소하고 에어컨, 가습기는 주기적으로 내부를 청소하며 필터를 교체하여야 한다.

라. 라돈

라돈(Rn)은 라듐(radium)의 방사능 분해산물인데, 우라늄(uranium-238)에서 나온다. 흙뿐만 아니라 바위에도 우라늄이 있는데, 다른 우라늄 분해물질과는 달리 라돈은 가스이다. 따라서 라돈은 바위나 흙으로부터 나와 균열한 건물의 틈을 통해 주택의 지하층이나 방으로 들어온다. 라돈은 자연방사능 중에서 인체에 미치는 영향이 가장 강하며, 실내로 유입된 라돈은 실내공기와 혼합되어 호흡을 통해 폐 속으로 들어와 흡착된다. 미국환경보호국은 라돈 흡입이 흡연 다음가는 주요 폐암 원인이라고 보고하고 있다.

폐 속에서 라돈은 분해되어 방사성 금속인 폴로늄(Po; polonium)을 형성하는데, 이는 고체이므로 호흡을 통해 밖으로 나오지 못하고 폐 속에서 방사선을 발하게 되어 건강을 위협한다. 만약 콘크리트 내에 우라늄 광석 찌꺼기가 남아 있으면 이것 역시 라돈이 될 가능성이 있다. 이러한 라돈 오염을 방지하는 가장 실질적인 방법은 건물기초의 균열을 없애는 것이다.

마. 휘발성유기화합물

휘발성유기화합물(Volatile Organic Compounds: VOCs)은 대기 중에 질소산화물과 공존하면 햇빛의 작용으로 광화학반응을 일으켜 오존 및 팬(PAN) 등 광화학 산화성 물질을 생성시켜 광화학스모그를 유발하는 물질을 총칭하는 용어이다. 휘발성유기화합물은 대기오염물질이며 발암성을 지닌 독성 화학물질이며, 지구온난화의 원인물질로 악취를 일으키기도 한다.

배출원은 토양, 습지, 초지 등의 자연적 배출원과 유기용제 사용시설, 도장시설, 세탁소, 저유소, 주유소 및 각종 운송수단의 배기가스 등 인위적 배출원이 있다. 휘발성유기화합물은 환경과 인체에 매우 나쁜 영향을 끼치므로 배출량을 줄이기 위한 노력을 하고 있다.

바. 곰팡이

곰팡이는 보통 그 본체가 실처럼 길고 가는 모양의 균사로 되어 있는 사상균이다. 일반적으로 균류 중에서도 세균, 고초균, 버섯 등이나, 때에 따라서는 효모와도 구별하지만 엄밀하게 구별하기 어렵다. 곰팡이가 만드는 유독물질은 1백 종류 이상으로 알려져 있다.

집안 곰팡이는 온도가 20~30℃, 습도는 60% 이상인 환경에서 가장 잘 증식한다. 곰팡이는 그 자체보다 번식할 때 공기 중에 퍼지는 포자가 위험하다. 포자는 매우 미세해서 우리 호흡기로 흡입되어 각종 기관지염, 알레르기, 천식 등의 원인이 된다. 어린이의 경우 기관지 자극 때문에 잔기침을 하게 된다. 곰팡이는 특유의 냄새에 의한 메스꺼움, 피로감 등의 원인이 될 뿐 아니라 피부병을 일으키기도 한다.

곰팡이 증식을 막으려면 벽지에 습기가 생기면 마른걸레로 닦고 말린 후 습기제거제를 뿌린다. 이미 곰팡이가 피었을 때는 곰팡이는 산에 약하므로 마른걸레에 식초를 묻혀 닦고 말린 후 칫솔 등으로 긁어서 제거한다. 장판 아래에 습기가 생기면 마른걸레로 닦고 신문지를 겹쳐 깔아서 습기를 제거한다.

2) 실내공기 오염 현황

실내공기 오염의 대표적인 예인 새집증후군(Sick House Syndrome)은 집이나 건물을 새로 지을 때 사용하는 건축자재나 벽지 등에서 나오는 유해물질로 거주자가 느끼는 건강상 문제 및 불쾌감이다. 새집증후군을 일으키는 오염물질에는 벤젠, 톨루엔, 클로로폼, 아세톤, 스타이렌, 폼알데하이드 등의 발암물질이 포함되어 있다. 또 집을 지을 때 발생한 라돈, 석면, 일산화탄소, 이산화탄소, 질소산화물, 오존, 미세먼지, 부유세균과 같은 오염물질도 있다. 이밖에 곰팡이, 바이러스와 같은 세균, 진드기, 애완동물 등의 생물도 실내공기를 오염시킬 수 있다. 이러한 오염물질이 건물 밖으로 배출되지 못하고 실내에 축적되면 각종 문제를 일으키게 된다.

사람이 이러한 오염에 짧은 기간 노출되면 두통, 눈·코·목의 자극, 기침, 가려움증, 현기증, 피로감, 집중력 저하 등의 증상이 생길 수 있으며, 오랜 기간 노출되면 호흡기질환, 심장병, 암 등의 질병이 나타날 수도 있다.

따라서 이러한 피해를 줄이기 위해서는 친환경소재를 사용하고, 자주 환기하여 실내의 오염물질을 바깥으로 내보내고, 공기정화용품을 사용하는 것이 좋다. 새집으로 이사하면 입주 전에 보일러를 가동하여 실내온도를 높인 후 환기하는 베이크 아웃(bake-out)을 하여 휘발성 유해물질을 외부로 배출시켜야 한다.

2020년 실내공기질 점검 결과를 보면, 관리대상 다중이용시설은 49,102개소로 2019년 대비 2% 증가하였다. 시설 수는 복합용도 건축물 39.7%, 실내주차장 11.8%, 어린이집 11.7%, 업무시설 11.5% 순이다.

오염도검사 점검율은 4.0%(1,962개소)이다. 다중이용시설의 유지기준을 초과한 비율은 2.2%(1,962개소 중 43개소)이며, 초과시설의 67.4%인 29개 시설이 수도권 소재 시설이며, 서울의 초과율(4.7%)이 전국의 약 2.1배로 높았다. 초과시설(43개소) 중 어린이집(17개소, 39.5%)이 가장 많았다. 오염물질별로 보면, 총부유세균(24건), PM2.5(8건), PM10(7건), 이산화탄소(8건), 폼알데하이드(3건)의 순으로 많으며, 총부유세균이 전체의 48%를 차지하였다. 코로나-19로 인해 다중이용시설 운영 어려움 등으로 실내공기질 미측정이 증가하였으며, 교육 미이수도 증가하였다.

신축 공동주택의 권고기준 초과율은 10.0%(1,198지점 중 120지점)이다. 오염물질별로는 톨루엔(7.7%), 자이렌(0.2%), 벤젠(0.1%) 순으로 초과하였으며, 평균오염도는 모든 항목이 기준치 이내였다. 신축 공동주택의 권고기준 초과율은 매년 감소 추세이나 여전히 10% 수준으로 초과하였으므로, 기준을 초과한 시설에 대한 지자체의 개선권 및 철저한 재측정이 필요하다.

대중교통차량은 도시철도차량 132개, 시외버스 차량 30대에 대한 오염도 검사 결과, 권고기준 초과는 PM2.5(4건), 이산화탄소(3건)이었다. 초미세먼지는 서울(30.8㎍/㎥), 부산(11.1㎍/㎥) 순으로 높고, 경기(5.2㎍/㎥)가 가장 낮으며 모두 권고기준치 이내였다. 이산화탄소는 도시철도차량 3건이 초과하였으며, 이외 모두 권고기준 이내였다.

〈표 2-27〉 다중이용시설의 실내공기질 현황(지역별 2020)

구분	계	서울	부산	대구	인천	광주	대전	울산	세종
검사시설	1,962	451	170	279	79	88	101	94	10
유지기준 초과시설	43	21	3	3	–	–	–	–	–
초과율(%)	2.2	4.7	1.8	1.1	–	–	–	–	–
구분	경기	강원	충북	충남	전북	전남	경북	경남	제주
검사시설	237	61	58	37	40	52	25	138	42
유지기준 초과시설	8	–	–	–	2	–	–	6	–
초과율(%)	2.5	–	–	–	5.0	–	–	4.3	–

출처: 환경부 생활환경과(2021). 2020 실내공기질 지도 점검 결과 보고.

〈표 2-28〉 다중이용시설의 실내공기질 현황(오염물질별 2020)

전체 시설	검사 시설수	초과 수	계	미세먼지 PM10	미세먼지 PM2.5	이산화 탄소	폼알데 하이드	총부유 세균	일산화 탄소
24,107	1,962	43	50	7	8	8	3	24	0
초과율(%)		2.2	2.5	0.4	0.4	0.4	0.2	1.2	0.0

출처: 환경부 생활환경과(2021). 2020 실내공기질 지도 점검 결과 보고.

〈표 2-29〉 신축 공동주택의 실내공기질 현황(오염물질별 2020)

구분	검사수	초과수	계	폼알데 하이드	벤젠	톨루엔	에틸 벤젠	자이렌	스티렌	라돈
공동주택	132	31	49	1	1	27	8	5	4	3
초과율(%)		23.5	37.1	0.8	0.8	20.5	6.1	3.8	3.0	2.3
지점 기준	1,198	120	156	2	1	92	26	14	13	8
초과율(%)		10.0	13.0	0.2	0.1	7.7	2.2	1.2	1.1	0.7

출처: 환경부 생활환경과(2021). 2020 실내공기질 지도 점검 결과 보고.

〈표 2-30〉 대중교통차량의 실내공기질 현황(도시철도 2020)

	미세먼지 PM2.5(㎍/㎥)			미세먼지 PM10(㎍/㎥)			이산화탄소(ppm)		
	전체	혼잡	비혼잡	전체	혼잡	비혼잡	전체	혼잡	비혼잡
기준치	–	50	50	–	200	200	–	2,500	2,000
총계	18.0	19.6	16.8	73.4	81.1	66.8	1,094	1,232	989
서울	30.8	31.4	30.3	–	–	–	1,285	1,444	1,139
부산	11.1	12.3	10.4	–	–	–	939	1,026	888
대구	9.8	9.9	9.8	–	–	–	1,200	1,296	1,104
대전	–	–	–	72.7	77.9	67.6	1,016	1,099	933
광주	–	–	–	74.5	87.5	65.9	767	821	730
경기	5.2	7.0	3.4	–	–	–	1,334	1,519	1,152

출처: 환경부 생활환경과(2021). 2020 실내공기질 지도 점검 결과 보고.

한편, 흡연 인구는 해마다 감소하는 추세지만, 아파트 실내흡연으로 인한 분쟁은 갈수록 늘어나고 있다. 국민권익위원회에 따르면 2014년부터 2017년까지 아파트 실내흡연에 따른 다툼은 총 1천215건으로 859건인 층간소음 분쟁보다 약 1.5배 많은 수치인 것으로 나타났다. 특히 흡연자가 아파트 화장실에서 담배를 피우게 되면 담배연기가 전 세대로 퍼지면서 이웃 간 갈등이 생길 수밖에 없다. 아파트 화장실은 1층부터 옥상까지 굴뚝이 뚫린 것처럼 연결된 구조이기 때문이다. 국립환경과학원 분석에 따르면 아랫집에서 흡연하면 오염물질은 5분 이내에 윗집과 아랫집으로 퍼진다. 담배 2개비를 피우면 미세먼지가 20시간 뒤에 가라앉지만 10개비를 피우면 하루가 지나도 가라앉질 않는다.

아파트 계단이나 복도, 승강기 등 공용공간에서의 흡연에 대해서는 「국민건강증진법」에 규제책이 마련돼 있으며, 공동주택 세대 내 간접흡연 피해를 막는 내용은 공동주택관리법에 법적 근거가 있다. 그러나 층간소음과 같이 문제가 생겼을 때 공동주택관리 분쟁조정위원회나 환경 분쟁조정위원회에 조정 신청하는 내용은 포함되지 않고 경비원 등 아파트 관리 주체가 입주자의 신고를 받으면 실내흡연이 의심되는 가구에 들어가 사실관계를 확인하고 아파트 관리자는 실내에서 담배를 피우지 못하도록 입주자에게 알릴 수 있다.

3) 실내공기 오염 저감

(1) 오염물질의 발생 방지

실내공간에서는 인간의 호흡을 통한 오염 이외의 오염원에 대해서는 발생 그 자체를 억제하여야 한다. 그 방법으로는 연소배기를 실내에 방출하는 기구의 사용을 피하고, 개구부 이외의 배기방식(BF형, FF형, 혹은 플로어 부착기구)을 선택한다. 그리고 연소기구는 전열식으로 하고, 폐기가 실내 전체에 확산하지 않도록 한다.

또한 흡연 장소를 지정하여 피흡연자에게 미치는 간접흡연의 영향을 감소시키고, 분진이 많이 발생하는 작업실 내에서는 작업공정을 개선하도록 한다. 실내에서 사용하는 방향제는 가종 화학물질이 함유되어 있어 오히려 유기오염가스를 발생할 수 있으므로 가능한 한 사용하지 않도록 하고, 방향제가 필요한 경우에는 천연방향제를 사용하도록 한다.

(2) 환기

오염된 실내공기를 희석 혹은 제거하기 위해 청정한 공기와 교환하는 것을 환기라고 한다. 그리고 단위시간 내에 유입되는 공기의 양을 환기량, 환기량을 실내공기의 용적으로 나눈 값을 환기횟수라고 하는데, 환기량과 환기횟수는 재실자 수와 오염물질의 양에 따라 결정된다. 자연환기의 경우, 오전, 오후, 저녁 등 하루 3번 30분 이상 환기를 하는 것이 좋으며, 늦은 저녁이나 새벽에는 대기가 침체하여 있으므로 오전 10시부터 오후 9시 사이에 환기하는 것이 좋다. 기계환기의 경우, 필요에 따라 환풍기 또는 송풍기를 이용하여 환기한다.

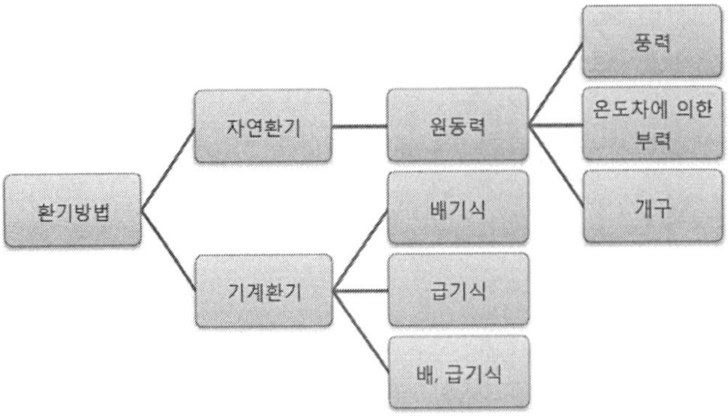

[그림 2-3] 환기방법

또한 실내가 건조하면 다양한 질환이 발생하며, 너무 습하면 다양한 미생물이 번식하므로 실내공간은 항상 적절한 습도와 온도를 유지하여야 한다. 사람이 가장 쾌적하게 느끼는 온도는 18~22℃, 습도는 40~60%이다. 생활 활동(요리, 흡연, 살충제 및 방향제 사용)으로 발생하는 오염물질은 발생원 주위를 국소 환기하여 일부 공간에서 발생하는 오염물질이 실내 전체 공간으로 확산하는 것을 방지하여야 한다. 밀폐된 공간에서 청소기, 히터, TV, 컴퓨터, 프린터 등 다양한 전기전자제품을 사용할 때 미세먼지 및 화학오염물질이 배출될 수 있으므로 사용 후 반드시 환기하여야 한다. 가스스토브의 경우 실내에서 사용 시 다량의 이산화탄소가 발생하므로 버너의 정기적 점검 및 청결을 유지하고, 사용 시 국소배기 팬을 가동하거나 사용 후 충분한 환기를 하여야 한다. 에어컨, 청소기, 가습기 등은 가동 후 정기적으로 필터 교체 및 내부 청소를 하는 것이 좋다.

(3) 실내공기의 정화처리

오염된 실내공기의 정화는 실내공기가 오염될 가능성이 큰 모든 공간에 필요하다.

① 부유분진이나 연기의 제거

0.5～10㎍의 유해 미립자를 제거하기 위해서는 포집률이 높은 에어필터를 이용한다. 에어필터는 건식, 점도식, 습식, 전기식 등이 있고, 활성탄 필터를 병용하여 탈취 효과를 높이는 에어필터도 있다. 그러나 필터의 교환을 제대로 하지 않으면 필터에 곰팡이가 번식하여 오히려 알레르기의 원인이 되기도 하므로 주기적으로 필터를 청소하거나 교환하여야 한다. 또한 정기적으로 실내공간의 청소를 하여 미세먼지 등 실내공기 오염물질의 농도를 낮추어 실내공기를 정화하여야 한다.

② 유해가스나 취기의 제거

유해가스나 취기의 제거는 에어필터를 이용하는 것보다 세정법과 흡착법이 효과적이다. 공기청정은 활성탄필터를 통과시켜 흡착, 정화하는 흡착법이 일반적으로 사용되고 있다.

③ 공기살균

무균실, 수술실 등과 같은 특수한 실내의 공기를 청정하게 하고 무균에 가까운 상태로 유지하여야 하면 자외선과 약제, 가스를 이용하여 공기살균을 한다.

(4) 친환경 자재 사용

마감재와 구조재 등의 건축자재로부터 오염물질이 실내공기로 방출되므로 리모델링 시 친환경 자재를 사용하는 것이 좋다. 건축자재 등에서 방출되는 오염물질을 줄이기 위해서는 실내공기 온도를 높여주어 건축자재 등에서 방출되는 유해오염물질의 방출량을 일시적으로 증가시킨 후 환기를 하여 실내오염물질을 제거하는 베이크 아웃(bake-out)을 적어도 3회 이상 반복하여야만 오염물질에 의한 피해를 줄일 수 있다.

가구나 가전제품을 구매할 때도 친환경제품을 택하고, 압축성형하지 않은 목재나 철재가구를 구매하며, 가죽제품은 화학물질 가공을 많이 하지 않은 제품을 선택하여야 한다.

(5) 청소

정기적인 청소는 미세먼지 등 많은 오염물질의 농도를 낮추거나 제거할 수 있다. 청소용품도 친환경 재료로 만들어진 제품을 이용하고, 자극적인 냄새가 있는 제품은 피하도록 한다. 미세먼지 및 오염물질은 바닥뿐만 아니라 벽면 및 천장에도 미세먼지가 붙어있기 때문에 벽면 및 천장 청소도 주기적으로 하는 것이 필요하다.

의류나 침구류 관리도 중요하다. 드라이클리닝에 사용하는 약품은 휘발성유기화합물임으로 드라이클리닝을 한 의류는 통풍이 잘되는 베란다나 외부에서 1시간 정도 환기한 후 실내에 보관하는 것이 좋다. 또한 침구류는 수시로 물세탁 후 햇빛에 말리고 잘 털어서 땀, 각질 등을 제거하여 진드기나 미생물이 성장하지 못하도록 한다. 카펫은 먼지가 가라앉아 있으므로 될수록 사용하지 않는 것이 좋으며, 침대 매트리스도 정기적으로 청소를 하여야 한다.

〈표 2-31〉 주택의 실내공기 유지관리

구분	내용
실내 적정 온습도 유지	• 적정 실내온도(18~22℃), 실내습도(40~60%) • 계절별 적정 온습도: 봄과 가을(19~23℃, 50%), 여름(24~27℃, 60%), 겨울(18~21℃, 40%)
실내환기	• 하루 3번 30분 이상 환기 • 자연환기 어려우면 기계환기(팬) 사용 • 전자제품 사용 후 환기 • 방향제 사용 후 충분히 환기
계절별 관리	• 봄과 가을에는 황사 관리 • 여름에는 온도조절과 습기 제거, 곰팡이 제거 • 겨울에는 가습기 관리, 환기 관리

3 악취환경

1) 악취환경의 오염원과 배출기준

(1) 악취의 개념과 영향

① 악취의 개념

악취(惡臭)는 생활환경에서 가장 관리하기 까다로운 오염물질 중의 하나이지만 유해가스와는 다른 환경오염 물질이다. 흔히 냄새는 좋은 냄새와 나쁜 냄새를 모두 포함하고, 나쁜 냄새만을 나타낼 때는 악취라고 한다. 「악취방지법」에서는 "황화수소·메르캅탄류·아민류 그밖에 자극성이 있는 기체 상태의 물질이 사람의 후각을 자극하여 불쾌감과 혐오감을 주는 냄새"로 악취를 정의하고 있으며, 주로 인체에 대한 위해성 보다는 정신적·심리적 피해를 주는 감각공해이다.

악취의 원인이 되는 물질은 그 종류가 대단히 많을 뿐만 아니라 악취물질 간의 복합적인 작용이나 후각의 개인적인 차이 등으로 인하여 느끼는 정도나 피해 정도를 일률적으로 나타내기가 어려워 대기오염 중에서도 가장 까다롭고 해결하기 어렵다. 이에 사업활동 등으로 인하여 발생하는 악취를 방지하기 위하여 「대기환경보전법」에서 분리하여 「악취방지법」을 2004년에 제정하였다.

일반적으로 악취는 독특한 냄새를 가지고 있어서 여러 물질 중에서 구별할 수 있으며 그 향이 유쾌한지 불쾌한지로 판단한다. 그러나 습관화되지 않은 냄새나 계속해서 발생하는 냄새는 악취로 느껴지는 경우가 많아 악취와 향기를 간단하게 구별하기는 매우 어렵다. 또한 악취는 악취물질의 농도뿐만 아니라 정신적, 육체적 상태 및 환경조건에 따라서도 피해의 정도가 다르게 나타나므로, 악취에 대한 불쾌감을 일정한 기준이나 측정방법에 따라 평가하기도 곤란하다. 즉 생활환경과 사람의 심리적 판단에 따라 악취를 느끼는 양상이 다르므로 악취물질의 농도만으로 악취오염 상태를 나타내기는 매우 어렵지만, 호흡으로 악취는 금방 감지되어 민감한 반응을 나타내게 된다.

② 악취의 영향

악취는 주로 심리적 또는 생리적 피해를 주며, 경제발전과 더불어 생활수준이 향상됨에 따라 악취에 대한 관심도는 점차 높아지고 있다. 고농도의 악취는 일반적으로 유해가스로 취급하여 별도로 각 유해물질에 따른 배출허용기준을 법으로 정하여 규제하고 있다. 따라서 일반적으로 악취로 취급되는 물질들은 대부분 저농도로 생리적으로 큰 영향을 주지 않는다. 그러나 식욕감퇴, 구토, 두통, 불면, 알레르기 등의 원인이 되며, 정서 생활의 방해, 작업능률의 저하뿐만 아니라 그 지역사회의 식당, 숙박업 등 서비스업의 부진으로 지역발전을 저해하는 원인이 되기도 한다.

악취는 다성분의 복잡한 물질로 구성되어 있으므로 어떤 종류의 물질이 어느 정도 인체에 영향을 미치는가는 악취의 강도만으로 단정하기는 어렵다. 후각은 취기의 강약, 상쾌·불쾌를 판단할 수 있으나, 각각의 취기물질을 구분하지는 못하며, 취기물질의 상태 및 사람의 생리적 조건과 경험적, 사회적 조건 등 다양한 인자에 의해 취기 판단에 영향을 받는다. 그러나 악취의 주 원인물질(황화수소, 암모니아, 메르캅탄류, 아민류 등)은 감지한계농도(냄새를 감지할 수 있는 최저농도)가 대단히 낮아 ppm(백만분의 1) 단위 이하이므로, 심리적인 영향 또는 미미한 생리적 피해만이 있을 뿐 높은 농도로서 장기간의 폭로가 아니면 악취는 크게 문제가 되지 않는다.

악취에 의한 인체의 영향은 호흡기계, 순환기계, 소화기계, 생식기계, 내분비계의 생리적 영향과 심리적 영향으로 나눌 수 있다.

가. 호흡기계

악취는 호흡의 변화를 일으킨다. 악취의 정보가 호흡중추에 작용하는 경로에서 취신경과 삼우신경을 자극하게 된다. 즉 불쾌한 냄새를 맡으면 반사적으로 호흡이 멈춰지고 호흡리듬의 변화가 일어나며, 냄새가 계속되면 구토를 일으킬 수 있다. 이처럼 악취는 호흡중추의 정상적인 기능 및 회복기능을 저해한다.

나. 순환기계

좋은 냄새를 맡으면 깊은 호흡을 하고 동시에 혈압의 변화로 기분이 진정된다. 그러나 악취를 맡으면 혈압이 일단 하강한 후 상승하여 맥박을 변화시켜 정신적 불안을 가져오며, 두통이 발생하기도 한다. 그리고 악취는 심장혈관의 정상적인 활동을 저해할 수도 있다.

다. 소화기계

음식을 먹을 때 좋은 냄새가 나면 식욕을 높여준다. 식욕의 중추는 뇌의 심부에 있고 시상하부에 있는 섭식중추와 포식중추가 서로 작용하여 먹는 양을 조절한다. 악취는 위장활동을 억제하고 소화액의 분비를 저해하여 식욕감퇴, 수분 섭취를 줄이며, 메스꺼움을 느끼거나 구토를 일으키는 등 소화기능의 약화를 가져오기도 한다.

라. 내분비계

늘 접촉하는 악취의 자극은 내분비계통의 기능을 혼란스럽게 하고 유기체의 대사기능에 영향을 준다. 장기간 반복되거나 지속해서 일종 혹은 다종의 저농도 악취물질의 자극을 받으면 후각의 피로를 가져오거나 후각 상실을 유발하기도 한다. 후각 상실은 지속해서 대뇌 후각중추에 전송되어 오랜 시일이 지나면 대뇌 피부흥분과 억제기능을 교란하기도 한다.

마. 생식기계

악취는 성욕을 감퇴시킨다. 접착제나 신나 등 자극성이 강한 기체를 장시간 흡입하여 환각 상태에 빠지면 정상적인 성호르몬이 분비되지 않아 성생활을 할 수 없게 된다. 이는 악취로 인해 정신적 긴장이 유발되고, 호흡의 리듬이 파괴되어 순환기계가 불안정하여 성기능의 리듬이 깨어지는 것이다. 또한 무정자증의 원인으로 악취와 대기오염이 지적되고 있다.

바. 심리적인 영향

악취로 정신집중이 되지 않으며, 마음이 초조하고, 짜증, 신경질, 불면증 등을 동반한다. 장기간 또는 고농도의 악취에 폭로되면 강한 불쾌감이나 혐오감을 일으키며, 일의 효율이 떨어지고 판단력과 기억력을 저하하며 대뇌의 사고활동에도 영향을 준다.

(2) 악취의 오염원

악취를 유발하는 물질은 단일성분으로 존재하기보다는 혼합된 상태의 화합물이며, 그 종류도 매우 다양하다. 또한 계절, 시간, 온도 등에 따라 악취의 정도가 다르다. 즉 악취는 원인물질이 다양하고 복합적이며, 국지적·순간적으로 발생·소멸하는 특성으로 관리에 어려움이 있다.

악취의 발생원은 자연계, 공장, 그 외 생활악취 발생시설이다. 이처럼 악취는 다양한 산업시설과 공정, 그리고 생활 주변에서 광범위하게 발생하므로, 악취를 일으킬 가능성이 큰 대기오염물질 배출시설에 대해서는 배출허용기준을 정하여 엄격하게 관리하고 있다. 또한 대기오염물질 배출시설 이외에도 특정시설을 생활악취시설로 규정하여 관리하고 있으며, 아울러 악취발생물질을 소각할 때도 소각기준을 만족시키는 시설에서만 소각하도록 규정하고 있다. 최근에는 '시설'단위보다는 '지역'단위의 관리를 통하여 악취관리의 효과를 높이고 있도록 지자체장이 악취관리지역을 지정하고 규제할 수 있도록 하고 있다.

〈표 2-32〉 악취의 발생원

자연계	• 자연계의 미생물에 의한 단백질의 분해, 도시하수의 혐기성 분해 등 • 자연발생적인 악취의 양이 인위적인 발생량보다 훨씬 많으나 자연 농도는 대단히 낮으므로 크게 문제가 되지 않음
공장	• 작은 규모에서 아주 큰 규모에 이르기까지 매우 다양한 크기를 가지고 있음. • 악취를 심하게 발생하는 공장은 동식물성 물질을 주원료로 하는 도살장, 양돈 양계장, 피혁공장, 사료공장, 비료공장, 분뇨처리장, 수산물가공공장, 식물공장과 화학적 발생원인 펄프공장, 석유정제공장, 고무공장, 인쇄공장, 도장공장, 유기합성공장 등을 예로 들 수 있음 • 공장에서 발생하는 악취물질들은 공정에 따라 단일성분 또는 여러 가지 성분이 혼합된 상태로 발생하는데 업종뿐만 아니라 기업규모, 작업방법, 가공 공정, 관리방법, 기후조건 및 입지장소 등에 따라 취기 정도에 상당한 차이가 있음
생활악취 발생시설	• 주민의 주거생활을 보호하기 위한 생활악취의 규제를 별도로 명시하여 농수산물 도매시장 또는 공판장, 도축장, 축산업, 출판사 및 인쇄소, 고물상 등에 대하여 규제기준과 내용을 따로 명시하고 있음(대기환경보전법)

〈표 2-33〉 악취배출시설

1. 축산시설, 2. 도축시설, 고기 가공·저장처리 시설, 3. 수산물 가공 및 저장 처리시설, 4. 동식물성 유지 제조시설, 5. 동물용 사료 및 조제식품 제조시설, 6. 식품 제조시설, 7. 알코올 음료제조시설, 8. 맥아 및 맥주 제조시설, 9. 담배 제조시설, 10. 방적 및 가공사 제조시설, 11. 직물 직조 및 직물제품 제조시설, 12. 섬유 염색 및 가공시설, 13. 모피가공 및 모피제품 제조시설, 14. 가죽 제조시설. 15. 신발 제조시설, 16. 목재 및 나무제품 제조시설 17. 펄프, 종이 및 종이제품 제조시설, 18. 인쇄 및 인쇄관련 시설, 19. 석유정제품 제조시설 및 관련제품 저장시설, 20. 기초유기화합물 제조시설, 21. 기초무기화합물 제조시설, 22. 무기안료·합성염료·유연제 제조시설 및 그 밖의 착색제 제조시설, 23. 비료 및 질소화합물 제조시설, 24. 합성고무, 플라스틱 물질 및 플라스틱제품 제조시설, 25. 의료용 물질 및 의약품 제조시설 26. 농약 및 살균·살충제 제조시설, 27. 화학제품 제조시설, 28. 화학섬유 제조시설, 29. 고무 및 고무제품 제조시설, 30. 비금속 광물제품 제조시설, 31. 1차 철강 제조시설, 32. 1차 비철금속 제조시설, 33. 코크스 제조시설 및 관련제품 저장시설, 34. 기타 금속 가공제품 제조시설, 35. 재생용 가공원료 생산시설, 36. 산업용 세탁시설, 37. 농수산물 전문판매장, 38. 하수, 폐수 및 분뇨처리시설, 39. 폐기물 수집, 운반, 처리 및 원료재생시설, 40. 그 밖의 시설

출처: 악취방지법 시행규칙 별표2. 개정 2021.12.31.

(3) 악취의 측정과 배출기준

① 악취 측정방법

악취를 측정하는 방법에는 직접관능법, 공기희석관능법, 기기분석법의 3가지 방법이 있다.

가. 직접관능법

직접관능법은 악취가 발생하는 현장(공장)의 부지경계선이나 피해지점에서 취기강도가 가장 높은 지점을 선정하여 건강한 사람의 후각을 이용하여 악취의 취기강도를 측정하는 방법이다. 측정방법은 다음과 같다.

첫째, 악취조사 판정단은 조사대상 지역에 거주하지 않는 사람으로 후각이 정상인 건강한 사람 5명으로 구성한다.

둘째, 측정지점은 악취측정 지역의 풍향, 풍속, 지형을 고려하여 악취의 분포 정도를 사전에 충분히 조사한 후 악취의 취기강도가 가장 높은 곳을 피해지점으로 선정한다.

셋째, 선정된 측정지점에서 판정자에 의해 감지된 강도를 악취도로 표시한다.

넷째, 악취도의 판정은 각 판정자가 감지한 악취도 중 판정자의 다수가 감지한 악취도로 하고, 판정수가 같은 경우에는 악취도가 높은 것을 선택한다. 판정수가 2 이하이면 적합, 3 이상이면 부적합으로 판정한다.

〈표 2-34〉 악취판정표

악취도	악취 판정 구분	
0	무취(취기를 전혀 감지하지 못하는 상태)	None
1	감지 취기(약간의 취기를 가진 감각)	Threshold
2	보통 취기(보통 정도의 취기를 감각)	Moderate
3	강한 취기(강한 취기를 감지)	Strong
4	극심한 취기(아주 강한 취기를 감지)	Very Strong
5	참기 어려운 취기(견딜 수 없는 취기)	Over Strong

나. 공기희석관능법

공기희석관능법은 공업단지 등 측정대상 공장 주변에 여러 공장이 밀집되어 있어 측정대상 공장에서 발생하는 악취만을 측정하기 곤란할 경우, 부지경계선 및 발생원에서 채취한 공기시료를 시험실로 운반한 후 무취공기로 희석배수를 단계적으로 증가시켜 냄새를 느낄 수 없을 때까지 희석한 후 해당 희석배수(악취감지한계 희석배수)를 구하는 방법이다. 공기희석관능법의 측정방법은 다음과 같다.

첫째, 사업장 안에 높이 5m 이상의 악취배출구와 다른 악취 발생원이 혼재하면 부지경계선 및 발생원에서 각각 시료를 채취한다.

둘째, 판정자는 일정한 판정방법을 통과한 5명으로 구성한다.

셋째, 관능시험은 희석배수가 높은 것에서부터 낮은 것 순서로 진행하며, 실제 시료와 무취공기의 냄새를 맡아서 냄새가 나는지 구별한다. 이러한 방법으로 시료가 무취로 판정될 때까지 희석한다. 관능시험 결과 무취로 판정된 희석배수의 바로 전 단계 희석배수를 각 판정인의 악취감지한계 희석배수라고 한다.

넷째, 결과는 각 판정인의 악취감지한계 희석배수 중 최대치와 최소치를 제외한 나머지를 평균한 값을 판정인 전체의 악취감지한계 희석배수로 한다. 얻어진 판정인 전체의 악취감지한계 희석배수가 배출허용기준치 이내이면 적합, 배출허용기준치 이상이면 부적합으로 판정한다.

다. 기기분석법

기기분석법은 암모니아 등 12가지 지정악취물질이 악취 원인이라고 판단되는 경우 이들 악취물질을 포집하여 가스 크로마토그래피 분석장치 등을 이용하여 측정하는 방법이다. 가장 많이 사용하는 채취방법은 진공병이나 백(bag)에 악취물질을 채취하고 이것을 농축시키는 것이지만, 이보다는 시료 채취단계에서부터 시료를 농축하는 것이 더 효율적이다. 대표적인 방법은 저온에서

적당한 흡착제를 이용하여 흡착시키는 저온흡착법, 상온에서 적당한 흡착제를 이용하여 흡착시키는 상온흡착법, 산성이나 알칼리성 성분을 각각 알칼리, 산에 의해 선택적으로 반응시켜 채취한 시료를 전처리(前處理)를 거친 후, 검출기로 분석하는 분석반응흡착법이다. 지정악취물질에 대해서는 기기분석법으로 배출허용기준을 정하고 있다.

〈표 2-35〉 기기분석법의 지정악취물질

악취물질	냄새 특성
암모니아	코를 찌르는 썩은 냄새
메틸머캅탄	썩는 배추
황화수소	썩는 달걀
황화메틸	불쾌함, 썩는 냄새
이황화메틸	썩는 냄새, 마늘 냄새
트리메틸아민	자극성, 썩은 생선 냄새
아세트알데히드	코를 찌르는 비린내 냄새
스티렌	도시가스 냄새
프로피온산	자극적이며 쓴 냄새
이소발레르산	코를 찌르는 치즈 냄새
프로피온알데히드	자극적인 쓰고 탄 냄새
크실렌	방향족의 달콤한 냄새

② 악취의 배출기준

악취오염의 관리는 사람의 후각에 의해 악취를 현장에서 바로 측정하는 직접관능법이 기본이다. 그러나 인천·시화지역 악취오염사건 이후, 직접관능법만으로는 악취오염원을 효율적으로 관리하는 것이 어렵다는 것을 인식하게 되어, 현재는 배출구 악취와 같이 부지경계선 상에서는 쉽게 감지되지 않으나 악취오염물이 확산하여 주변의 주택지에 악취를 유발할 때는 배출구에 대한 공기희석관능법을 병행하여 활용하고 있으며, 간이악취측정기, 악취가스검지관 등의 측정기기도 보완적으로 활용하여 악취관리를 하고 있다.

시・도지사 및 대도시의 장은 해당 지방자치단체의 조례로 정하는 바에 따라 악취배출시설 외의 시설 등으로부터 발생하는 악취를 줄이기 위하여 생활악취발생의 원인이 된다고 인정되는 시설 등에 대하여 악취검사, 기술진단실시 및 악취방지시설의 설치 등 생활악취방지를 위한 대책을 수립하고 시행하고, 조례로 정하는 바에 따라 생활악취개선을 위한 규제를 할 수 있다.

악취에 관한 지자체의 조례는 2022년 6월 현재 총 96개가 제정되어 있다. 이 중 경상북도는 생활악취방지에 관한 조례(2019.10.31.)와 악취방지 관리지원에 관한 조례(2017.12.28.)가 있으나, 대구광역시는 2022년 6월 현재 조례가 없다. 다만, 대구광역시 서구는 악취방지 및 저감 조례(2021.4.12.)가 있다.

「악취방지법」에서는 생활악취에 대해 별도로 정의하지 않고 있으나, 경상북도 조례에서는 생활악취란 「악취방지법」에 따라 “악취배출시설 외의 시설 등으로부터 발생하는 악취”라고 정의하고 있다. 그리고 사업장 악취방지를 위하여 악취 배출허용기준, 악취 자율관리 협약, 사업장 악취방지시설 보조금 지원, 기술진단과 기술지원, 산업단지 환경발전협의회 운영 등을 정하고 있고, 가축분뇨 악취방지를 위해 축산시설 사업장의 악취 배출허용기준, 주민 모니터링단 운영, 가축분뇨 악취방지시설 보조금과 악취저감제 보조금, 축사 청결유지 지원, 축산농가 악취관리 컨설팅 등을 정하고 있다.

〈표 2-36〉 복합악취의 배출허용기준

구분	배출허용기준(희석배수)		엄격한 배출허용기준의 범위(희석배수)	
	공업지역	기타 지역	공업지역	기타 지역
배출구	1000 이하	500 이하	500~1000	300~500
부지경계선	20 이하	15 이하	15~20	10~15

출처: 악취방지법시행규칙 별표3. 개정 2011.2.1.

〈표 2-37〉 지정악취물질과 배출기준

구분	배출허용기준 (ppm)		엄격한 배출허용기준의 범위(ppm)	적용시기
	공업지역	기타 지역	공업지역	
암모니아	2 이하	1 이하	1 ~ 2	2005년 2월 10일부터
메틸메르캅탄	0.004 이하	0.002 이하	0.002 ~ 0.004	
황화수소	0.06 이하	0.02 이하	0.02 ~ 0.06	
다이메틸설파이드	0.05 이하	0.01 이하	0.01 ~ 0.05	
다이메틸다이설파이드	0.03 이하	0.009 이하	0.009 ~ 0.03	
트라이메틸아민	0.02 이하	0.005 이하	0.005 ~ 0.02	
아세트알데하이드	0.1 이하	0.05 이하	0.05 ~ 0.1	
스타이렌	0.8 이하	0.4 이하	0.4 ~ 0.8	
프로피온알데하이드	0.1 이하	0.05 이하	0.05 ~ 0.1	
뷰틸알데하이드	0.1 이하	0.029 이하	0.029 ~ 0.1	
n-발레르알데하이드	0.02 이하	0.009 이하	0.009 ~ 0.02	
i-발레르알데하이드	0.006 이하	0.003 이하	0.003 ~ 0.006	
톨루엔	30 이하	10 이하	10 ~ 30	2008년 1월 1일부터
자일렌	2 이하	1 이하	1 ~ 2	
메틸에틸케톤	35 이하	13 이하	13 ~ 35	
메틸아이소뷰틸케톤	3 이하	1 이하	1 ~ 3	
뷰틸아세테이트	4 이하	1 이하	1 ~ 4	
프로피온산	0.07 이하	0.03 이하	0.03 ~ 0.07	2010년 1월 1일부터
n-뷰틸산	0.002 이하	0.001 이하	0.001 ~ 0.002	
n-발레르산	0.002 이하	0.0009 이하	0.0009 ~ 0.002	
i-발레르산	0.004 이하	0.001 이하	0.001 ~ 0.004	
i-뷰틸알코올	4.0 이하	0.9 이하	0.9 ~ 4.0	

출처: 악취방지법시행규칙 별표3. 개정 2011.2.1.

2) 악취환경 현황

악취에 의한 피해는 주로 발생원과 인접하고 있는 가까운 지역이나, 발생원과 주택이 혼재하고 있는 지역에서 나타난다. 대부분 작업과정에서 발생한 악취가 일정한 배출구 없이 창문 또는 노출된 작업장에서 밖으로 비산(飛散)되는 경우가 많으며, 송풍기나 덕트를 통한 배출 또는 보일러 연소가스와 혼합되어 굴뚝을 통하여 배출되기도 한다. 이렇게 배출된 악취물질은 저기압이나 기온 역전 등 대기확산이 불량한 기상조건에서 발생원 주위뿐만 아니라 원거리까지 영향을 미치게 되는데, 특히 풍향, 풍속 등 기상조건이 피해의 정도를 좌우하는 주요 원인이다.

악취 민원은 급증하고 있다. 2010년 7,247건이었던 것이 2018년 32,452건으로 4배 이상 증가하였다. 특히 원인불명의 민원이 많이 늘어나고 있는데, 원인을 알지 못하므로 해결하기 더욱 힘들다. 이는 실제로 악취를 발생시키는 사업장이 늘어난 것도 있지만, 감정공해인 악취에 대한 국민의 요구도가 증가하여 민감하게 반응하는 경우가 늘어났기 때문이라고 추측할 수 있다. 이에 2003년부터 산업단지와 주거지역 사이에 완충녹지를 조성하여 주거지역으로 유입되는 악취를 줄이기 위한 노력을 하고 있으며, 2020년 기준으로 국가산업단지 등 49개 지역을 악취관리지역으로 지정·관리하고 있다.

〈표 2-38〉 악취 민원발생현황

대분류	중분류	소분류	2010년	2012년	2014년	2016년	2018년
총괄		민원접수건수	7,247	9,941	14,816	24,748	32,452
총괄		피민원업소수	3,512	5,757	6,426	8,785	9,854
규제대상 사업장	관리지역 내	민원접수건수	459	692	2,454	1,841	5,383
규제대상 사업장	관리지역 내	피민원업소수	192	447	420	284	737
규제대상 사업장	관리지역 밖	민원접수건수	2,706	4,637	7,102	14,060	14,238
규제대상 사업장	관리지역 밖	피민원업소수	1,363	2,809	3,420	4,510	4,487
비 규제대상 사업장	관리지역 내	민원접수건수	116	5	1	28	35
비 규제대상 사업장	관리지역 내	피민원업소수	113	5	1	24	22
비 규제대상 사업장	관리지역 밖	민원접수건수	2,977	3,732	3,514	6,013	7,861
비 규제대상 사업장	관리지역 밖	피민원업소수	1,844	2,500	2,585	3,967	4,608
원인불명		민원접수건수	989	875	1,745	2,806	4,935

출처: 환경통계포털(2022).

3) 악취환경 개선

악취환경의 저감 대책은 악취의 발생원을 없애거나 감소시키는 방법이 가장 근본적인 방법이다. 그러나 이를 모든 발생원에 적용할 수는 없으므로 작업조건의 개선을 통해서 발생이나 배출을 억제하여야 한다.

(1) 악취발생원의 감소

악취배출원의 감시와 관리로 악취환경을 개선할 수 있다. 악취배출원에 대해 매년 1회 이상 정기점검을 실시하고, 민원유발사업장 등 문제사업장에 대해서는 악취중점관리업체로 지정하여 점검회수를 3회 이상으로 하는 등 특별히 관리하여 악취배출을 억제하여야 한다. 또한 악취 발생시설을 개방형에서 밀폐형으로 바꾸거나 악취물질의 사용이나 발생을 억제하도록 한다.

집안의 악취를 제거하기 위해서는 환기를 자주 하고 습기를 제거하며, 특히 배수관 청소를 자주 하는 것이 좋다.

(2) 악취물질의 처리

① 흡착법

흡착법은 활성탄이나 실리카 젤(silica gel, 규산을 부분 탈수하여 수분을 2~10% 함유한 규산가루)을 사용하여 유기성 가스 및 냄새물질을 흡착시킨다. 충진탑(scrubber)과 같은 형태에 흡착제를 넣어 악취가스를 통과시켜 제거하는 방법으로, 높은 처리효율을 가진다. 단 처리 후의 활성탄 등을 재생하여야 하며, 처리비용이 높다는 단점이 있다.

② 공기희석법

공기희석법은 악취물질의 농도를 악취감지 하한농도 이하로 희석하여 악취를 감지하지 못하도록 한다. 이는 단지 체감적으로 악취를 느끼지 못하게 하는 것으로 근본적인 악취물질의 처리방법은 아니다. 따라서 보조적 처리방법으로 사용하여야 한다.

③ 직접연소법

직접연소법은 악취성분을 함유한 배기가스를 보조연료를 이용하여 고온에서 연소시킴으로써 탈취하는 방법으로, 가장 확실하고 신뢰성이 높다. 접촉시간은 0.3~0.5초면 충분하다. 온도나 접촉시간이 충분하지 못하면 제거효율이 저하될 뿐 아니라 부분산화의 결과로 생기는 각종 알데하이드나 케톤, 기타 불포화산이 생겨 냄새가 더 발생할 수 있으므로 연소로의 설계나 운전에 주의하여야 한다.

④ 이온교환수지법

이온교환수지법은 이온교환수지를 사용하여 악취물질을 변화시키는 방법이다.

⑤ 은폐법

은폐법은 여름철 땀 냄새 등을 은폐시키기 위해 좋은 향인 향수 등을 사용하여 악취를 느끼지 못하게 하는 방법이다. 공기청정제나 각종 향수, 또는 꽃 등을 실내에 두어 악취에 대한 감지능력을 감소시키거나 은폐하여 악취로 인한 불쾌감 등을 방지할 수 있다.

⑥ 바이오필터법

바이오필터법은 배출 오염물질을 미생물의 생물학적 처리공정을 거쳐 해가 없는 물질로 분해 제거하는 장치를 이용하는 방법이다. 기존의 악취방지 방법인 수세법, 약액세정법, 활성탄흡착법, 소각 등 물리화학적 방법은 화학물질의 지속적 사용에 따른 비용 부담, 지속적인 화학물질의 사용으로 인한 간접오염을 초래하고, 근본적 제거가 아닌 존재하는 상(phase)을 이동시키는 것이라는 단점을 가지고 있다. 반면, 미생물을 이용한 생물학적 탈취공정은 경제적 측면과 환경친화적 측면에서 악취방지를 위한 대안이라고 할 수 있다.

⑦ 마스킹법

소극적인 방법이지만 악취를 직접 제거하는 대신에 방향이 강한 물질로 악취를 마스킹(masking)하는 방법도 많이 이용된다. 보통 나프탈렌, 장뇌, 디클로로벤젠, 레몬유, 각종 수지, 알코올, 향수 등을 사용한다.

(3) 악취관리 기반 확립

과학적인 악취관리 기반을 확립하여 악취환경을 개선하여야 한다. 악취민원이 1년 이상 지속되고, 악취배출시설 사업장이 둘 이상 인접하여서 모여 있는 지역으로서 악취가 배출허용기준을 초과하는 지역, 국가산업단지 등 악취민원이 집단으로 발생하는 지역 등, 시·도지사가 주민의 건강과 생활환경보전을 위하여 엄격한 악취관리가 필요하다고 인정하는 지역을 악취관리지역으로 지정할 수 있다. 즉 악취관리지역 지정은 기존 공장에 대한 규제를 강화하여 주변 지역에 대한 생활환경을 개선하는 것이다.

또한 사전예방적 악취관리로 사업장 설치단계부터 악취 영향을 최소화하고, 악취 취약지역에 대한 정확한 진단과 조치를 하여야 한다. 그리고 맞춤형 악취배출원 관리가 필요하다. 축사시설 현대화 등을 통한 축산 악취피해 저감을 유도하고, 하수도 악취 실태분석을 통하여 종합적 악취관리체계를 마련하고, 음식물 제조부터 처리까지 악취 노출을 최소화하여야 한다.

참고자료

참고문헌

국립환경과학원(2021). 대기환경연보 2020.

김자경 (2004). **자연과 함께하는 건축: 환경친화적 건축개념에서 기법까지.** 서울: 시공문화사.

박영숙 (2009). **인간과 환경(개정판).** 서울: 경인문화사.

일본건축학회 (2006). **인간심리행태와 환경디자인.** 서울: 보문당.

차동원 (2007). **집안에서 만나는 환경이야기.** 서울: 지성사.

환경부 (2016). 파리협정 길라잡이.

환경부 (2017). 2016 실내공기질지도점검 결과보고서.

환경부 (2018). 2016 대기환경연보.

환경부 (2018). 2017 환경백서.

환경부 (2020). 2019 환경백서.

환경부 생활환경과 (2021). 2020년 실내공기질 지도점검결과 보고

환경부 (2022). 환경통계포털.

사이트

- 국가과학기술위원회 공식블로그 http://nstckorea.tistory.com
- 국가법령정보센터 https://www.law.go.kr
- 국립환경과학원 http://www.nier.go.kr
- 대기오염물질 매출업소현황 – e나라지표 http://www.index.go.kr
- 생활 속의 녹색성장 http://www.green.go.kr/
- 생활환경정보센터 http://iaqinfo.org/
- 에어코리아 전국 실시간 대기오염도 http://www.airkorea.or.kr
- 온실가스 종합정보센터 http://www.gir.go.kr/main.jsp
- 화학물질정보시스템 http://ncis.nier.go.kr/ncis/Index
- 환경통계포털 http://stat.me.go.kr
- e-나라지표 http://www.index.go.kr

CHAPTER 03

맑고 풍부한 물환경

Contents

CHAPTER

03 맑고 풍부한 물환경

물은 지구 표면의 약 71%를 차지한다. 물은 빙하, 만년설로도 존재하며 호수와 강, 하천에도 있다. 또한 물은 모든 생물의 생명 유지에 중요한 역할을 담당하고 있다.

농경시대의 물은 주로 농사에 사용하였으며, 문명 발달에 따라 운송 수단으로도 중요한 역할을 하였다. 산업혁명 이후 물을 사용하는 제조과정(종이, 철강, 섬유, 화학, 통조림 등 식품, 채광 및 제련 등 광공업 등)이 증가하면서 산업용수로써의 역할이 생겨났다. 이같이 물은 우리가 생명을 유지하는 데 필수적인 환경요소임과 동시에 다양하게 사용되고 있으며, 그 소비량도 급증하고 있다. 현대 가정생활에서 한사람이 하루에 섭취하는 물은 2l이며, 여러 가지 용도로 1일 약 700l을 이용하고 있다.

물환경이란 사람의 생활과 생물의 생육에 관계되는 물의 질(수질) 및 공공수역의 모든 생물과 이들을 둘러싸고 있는 비생물적인 것을 포함한 수생태계를 총칭한다. 지구 전체의 물은 13억 8천 6백만㎦로 추정된다. 이 가운데 97.5%가 바닷물이고 민물은 2.5%뿐이다. 또 민물 가운데 빙산·빙하나 지하수 등, 즉각적으로 이용하기 어려운 것을 제외하면 쉽고 즉각적으로 이용할 수 있는 물은 0.26%(9만㎦)에 불과하다. 여기에서는 생활용수와 먹는물환경에 대하여 살펴보기로 한다.

1 물환경

1) 물환경의 기준과 오염원

우리나라의 연평균 강수량은 약 1,300㎜(1986~2015)로 세계 평균(813㎜)의 1.6배이나, 높은 인구밀도로 인해 1인당 강수총량은 연간 2,546㎥로 세계 평균(15,044㎥)의 1/6에 불과하다. 이 중 수자원 부존량에서 증발산 등의 손실량을 제외한 1인당 이용 가능한 수자원량은 1,488㎥이다.

우리나라는 국토의 65%가 산악지형이고 동고서저(東高西低)의 지역 특성상 하천의 경사가 급하여 홍수 때 일시에 유출되는 특성이 있다. 이에 홍수는 매우 급하게 발생하며, 상대적으로 갈수기 유출량은 매우 적은 상황으로 물관리가 어려운 실정이다. 특히 지역별 및 유역별로 강수량의 편차가 심하다. 남해안와 영동지역은 1,400㎜ 이상인 반면, 경북, 충청도, 경기도 내륙은 강수량이 적으며, 낙동강 중부지역은 1,000㎜ 이하이다. 우리나라 수자원총량은 연간 1,323억 톤이며, 이중 이용 가능한 수자원량은 760억 톤이며, 이 중 72%는 홍수기에 편중되어 있으며, 평상시 유출량은 212억 톤에 불과하다.

물은 음용수뿐만 아니라 다양한 용도로 사용되고 있고, 쓰고 난 물도 용도에 따라 재활용하기도 한다. 따라서 물환경은 효율적으로 관리하기 위해서는 수질기준, 오염원, 사용량 등을 여러모로 검토하여야 한다.

〈표 3-1〉 주요 국가별 강수량

구분	한국	일본	미국	영국	중국	캐나다	세계 평균
연평균 강수량 (㎜/년)	1,300	1,668	715	1,220	645	537	813
1인당 강수량 (㎥/년)	2,546	4,964	21,791	4,663	4,345	150,929	15,044

출처: 환경부(2022). 2021 환경백서.

〈표 3-2〉 물의 용도별 분류

용도	내용
상수	중앙 및 지방정부에서 조수(造水), 공급 등을 맡아 관리한다(먹는 물 수질 기준).
하수	상수의 사용 후 배출된 물로서 중앙 및 지방정부에서 적절히 처리, 방류한다.
중수	일정 지역에서 발생한 하·폐수를 경제적, 효율적으로 처리하여 청소용, 변기용, 조경용 등으로 이용한다.
용수 공업용수 농업용수 레저용수 목욕용수	순수, 초순수(超純水), 증류수, 일반공업용수 등
폐수 산업폐수 축산폐수	전자, 건설, 염색, 기계, 제약, 도축, 세차, 식품산업 등
침출수	쓰레기 매립지에서 발생하는 것으로 그 처리가 매우 어렵다.

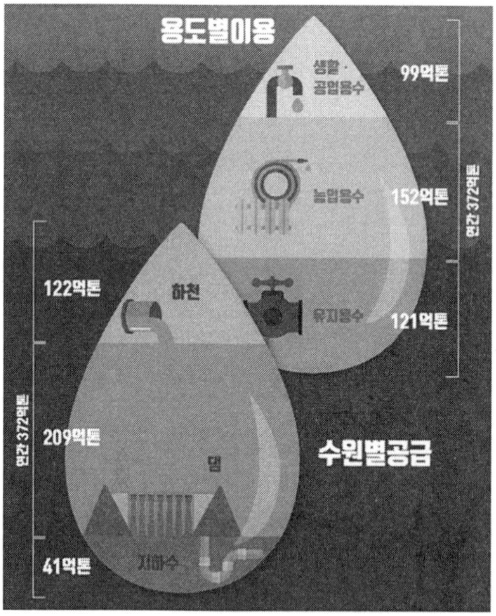

[그림 3-1] 수자원 용도별 이용

출처: 환경통계포털(2022). 인포그래픽.

(1) 물환경의 기준

수질오염이란 생활하수, 산업폐수, 농축산폐수 등이 정화되지 않고 하천이나 호수로 유입되어 물을 오염시켜 각종 용수로 사용할 수 없게 되거나 생물의 서식에 심각한 피해를 줄 정도로 수질이 나빠지는 것을 말한다. 「물환경보전법」에서는 수질오염으로 인한 국민건강 및 환경상의 위해(危害)를 예방하고 하천·호소(湖沼) 등 공공수역의 물환경을 적정하게 관리·보전하기 위하여 물환경 관련 기준을 정하고 있다.

물환경의 기준은 크게 용도에 따른 기준(음용수와 그 외 용도), 자원의 상태에 따른 기준(해양, 하천과 호소, 지하수), 그리고 사용한 후의 오염된 물의 방류수 기준 등이 있다. 여기에서는 음용수의 기준은 먹는 물환경에서 다루기로 하고, 일상적인 생활환경에서 그 관련성이 상대적으로 낮은 해양에 대해서는 생략하기로 한다.

① 수질환경기준

수질환경기준은 각종 규제수단의 근거가 되고 있으며, 수자원의 상태, 행정적 관리여건, 경제수준 및 국민의 의식수준 등에 따라 나라와 시대별로 그 항목과 기준치를 달리 정하고 있다.

우리나라의 수질환경기준은 오염물질의 이화학적 농도와 함께 수생태계 내에 존재하는 생물이 받는 영향을 고려하여 정하고 있다. 수질환경기준은 하천과 호소[7]에 공통으로 적용되는 건강보호기준과 하천과 호소에 각각 적용되는 생활

---

7) "호소"란 다음 각 목의 어느 하나에 해당하는 지역으로서 만수위(滿水位)[댐의 경우에는 계획홍수위(計劃洪水位)를 말한다] 구역 안의 물과 토지를 말한다.
가. 댐·보(洑) 또는 둑(「사방사업법」에 따른 사방시설은 제외한다) 등을 쌓아 하천 또는 계곡에 흐르는 물을 가두어 놓은 곳
나. 하천에 흐르는 물이 자연적으로 가두어진 곳
다. 화산활동 등으로 인하여 함몰된 지역에 물이 가두어진 곳

환경기준으로 구성되어 있다. 건강보호기준은 카드뮴을 비롯한 20개의 항목이며, 생활환경기준은 하천은 7개의 항목을, 호소는 8개의 항목을 매우 좋음부터 매우 나쁨까지 7단계로 구분하고 있다. 특히 호소의 경우, 오염원이 전혀 없는 청정한 경우에도 썩은 나뭇잎 등 자연 유기물질이 유입되면 COD가 2ppm 내외가 된다는 점을 고려하여 과도하게 강화된 호소 COD 기준을 현실화하고, 녹조 발생의 직접적 지표인 클로로필-a가 호소의 생활환경기준에 추가되었다.

2007년부터 하천의 이화학적 수질환경기준 이외에 생물학적 상태에 대한 이해를 돕기 위하여 수생태계별 생물학적 특성을 이해하기 쉽게 표를 마련하였다. 즉 물 등급별 생물지표종을 신설하여 매우 좋음-좋음-약간 나쁨-매우 나쁨으로 물 등급을 4등급으로 구분하고, 생물지표종을 어류와 저서생물로 나타내었다. 그러나 이는 반드시 특정 환경에서만 발견되는 것은 아니므로 판단 시 주의가 필요하다. 현재 수질 및 수생태계 환경기준은 하천, 호소 등의 이용목적 수질 및 수생태계 현황 오염원의 현황 및 전망 등을 고려하여 수계영향권 및 주요 호소별로 목표기준과 달성기간을 정하여 목표기준 달성 여부를 중권역별로 평가하고 있다.

〈표 3-3〉 수질 및 수생태 환경기준: 건강보호기준(하천호소 공통)

(단위: mg/L)

카드뮴 (Cd)	비소 (As)	시안 (CN)	수은 (Hg)	유기인	납 (Pb)	6가 크롬	PCB	PCE	1,4-다이옥세인
0.005 이하	0.05 이하	불검출 (0.01)	불검출 (0.001)	불검출 (0.0005)	0.05 이하	0.05 이하	불검출 (0.0005)	0.04 이하	0.05 이하
사염화탄소	1,2-디클로로에탄	디클로로메탄	벤젠	헥사클로로벤젠	클로로포름	폼알데하이드	디에틸헥실프탈레이트	안티몬	ABS
0.004 이하	0.03 이하	0.02 이하	0.01 이하	0.00004 이하	0.08 이하	0.5 이하	0.008 이하	0.02 이하	0.5 이하

주: ( )는 검출한계

출처: 환경부(2022). 2021 환경백서.

〈표 3-4〉 수질 및 수생태 환경기준: 하천 생활환경기준

등급		기준							
		pH	BOD (mg/ℓ)	TOC (mg/ℓ)	SS (mg/ℓ)	T-P (mg/ℓ)	DO (mg/ℓ)	대장균군 (군수/100mℓ)	
								총	분원성
매우 좋음	Ⅰa	6.5~8.5	1 이하	2 이하	25 이하	0.02 이하	7.5 이상	50 이하	10 이하
좋음	Ⅰb	6.5~8.5	2 이하	3 이하	25 이하	0.04 이하	5.0 이상	500 이하	100 이하
약간 좋음	Ⅱ	6.5~8.5	3 이하	4 이하	25 이하	0.1 이하	5.0 이상	1,000 이하	200 이하
보통	Ⅲ	6.5~8.5	5 이하	5 이하	25 이하	0.2 이하	5.0 이상	5,000 이하	1,000 이하
약간 나쁨	Ⅳ	6.0~8.5	8 이하	6 이하	100 이하	0.3 이하	2.0 이상	–	–
나쁨	Ⅴ	6.0~8.5	10 이하	8 이하	쓰레기 등이 떠 있지 않을 것	0.5 이하	2.0 이상	–	–
매우 나쁨	Ⅵ	–	10 초과	8 초과	–	0.5 초과	2.0 미만	–	–

출처: 환경부(2022). 2021 환경백서.

〈표 3-5〉 수질 및 수생태 환경기준: 호소 생활환경기준

등급		기준								
		pH	TOC (mg/ℓ)	SS (mg/ℓ)	DO (mg/ℓ)	T-P (mg/ℓ)	T-N (mg/ℓ)	Chl-a (mg/m³)	대장균군 (군수/100mℓ)	
									총	분원성
매우 좋음	Ⅰa	6.5~8.5	2 이하	1 이하	7.5 이상	0.01 이하	0.2 이하	5 이하	50 이하	10 이하
좋음	Ⅰb	6.5~8.5	3 이하	5 이하	5.0 이상	0.02 이하	0.3 이하	9 이하	500 이하	100 이하
약간 좋음	Ⅱ	6.5~8.5	4 이하	5 이하	5.0 이상	0.03 이하	0.4 이하	14 이하	1,000 이하	200 이하
보통	Ⅲ	6.5~8.5	5 이하	15 이하	5.0 이상	0.05 이하	0.6 이하	20 이하	5,000 이하	1,000 이하
약간 나쁨	Ⅳ	6.0~8.5	6 이하	15 이하	2.0 이상	0.10 이하	1.0 이하	35 이하	–	–
나쁨	Ⅴ	6.0~8.5	8 이하	쓰레기 등이 떠 있지 않을 것	2.0 이상	0.15 이하	1.5 이하	70 이하	–	–
매우 나쁨	Ⅵ	–	8 초과	–	2.0 미만	0.15 초과	1.5 초과	70 초과	–	–

출처: 환경부(2022). 2021 환경백서.

〈표 3-6〉 물등급 생물지표종

생물등급	생물 지표종		서식지 및 생물 특성
	저서생물(底棲生物)	어류	
매우 좋음~ 좋음	가재, 뿔 하루살이, 민하루살이, 강도래류	산천어, 금강모치, 열목어, 버들치	• 물이 매우 맑으며, 유속은 빠른 편 • 바닥은 주로 바위와 자갈로 구성 • 부착 조류가 매우 적음
좋음~ 보통	다슬기, 넓적거머리, 강하루살이, 동양하루살이	쉬리, 갈겨니, 은어, 쏘가리	• 물이 맑으며, 유속은 약간 빠르거나 보통 • 바닥은 주로 자갈과 모래로 구성 • 부착 조류가 약간 있음
보통~ 약간 나쁨	물달팽이, 물벌레, 턱거머리목, 밀잠자리	피라미, 끄리, 모래무지, 참붕어	• 물이 약간 혼탁하며, 유속은 약간 느린 편 • 바닥은 주로 잔자갈과 모래로 구성 • 부착 조류가 녹색을 띠며 많음
약간 나쁨~ 매우 나쁨	왼돌이 물달팽이, 실지렁이, 나방파리, 붉은 깔따구	붕어, 잉어, 미꾸라지, 메기	• 물이 매우 혼탁하며, 유속은 느린 편 • 바닥은 주로 모래와 실트로 구성되며 대체로 검은색을 띰 • 부착 조류가 갈색 혹은 회색을 띠며 매우 많음

출처: 환경부(2022). 2021 환경백서.

② 지하수 수질기준

「지하수법」에서는 “지하수란 지하의 지층(地層)이나 암석 사이의 빈틈을 채우고 있거나 흐르는 물”이라고 정의하고 있다. 우리나라는 동고서저의 지형 특성을 보이며, 하천이 대부분 서향하는 관계로 동부 고지대에서는 지하수의 함량이, 서부 저지대에서는 배출이 우세하다.

지하수 수질기준은 지하수를 이용하기 위한 목적 이외에도 지하수의 오염을 방지하기 위한 목적에 적합하도록 지하수를 관리하기 위하여 설정되어 있으며, 장래 물 부족에 대비한 대체수원으로서 지하수의 가치가 매우 높다. 지하수를 음용수로 사용할 때는 먹는 물의 수질기준을 준수하여야 하며, 생활용수, 농어업용수, 공업용수 등 이용용도 별로 지하수 수질기준이 설정되어 있다. 생활용수로 사용하는 지하수의 수질기준은 4개의 일반오염물질과 16개의 특정유해물질로 구성되어 있다.

〈표 3-7〉 지하수 수질기준

(단위: mg/l)

항목	이용목적	생활용수
일반오염물질 (4개)	수소이온농도(pH)	5.8~8.5
	총대장균군	5,000 이하(군수/100ml)
	질산성질소	20 이하
	염소이온	250 이하
특정유해물질(16개)	카드뮴(Cd)	0.01 이하
	비소(As)	0.05 이하
	시안(CN)	0.01 이하
	수은(Hg)	0.001 이하
	다이아지논	0.02 이하
	파라티논	0.06 이하
	페놀	0.005 이하
	납(Pb)	0.1 이하
	크롬(Cr)	0.05 이하
	트리클로로에틸렌(TCE)	0.03 이하
	테트라클로로에틸렌(PCE)	0.01 이하
	1,1,1-트리클로로에탄	0.15 이하
	벤젠	0.015 이하
	톨루엔	1 이하
	에틸벤젠	0.45 이하
	크실렌	0.75 이하

출처: 지하수의 수질보전 등에 관한 규칙 별표4.

③ 오염물질 배출기준

음용수 이외의 용도로 사용하는 물은 사용한 후의 오염물질 배출기준으로 관리하고 있다. 즉 생활하수·산업폐수·축산폐수 등에 대해서는 오염물질 배출기준을 설정하고 있는데, 이 중에서 양적으로 가장 큰 비중을 차지하는 것은 생활하수이다. 여기에서는 산업폐수와 축산폐수에 관한 사항은 생략하고, 생활하수에 대해서만 언급하기로 한다.

생활하수의 경우, 도시화한 지역에 설치되는 하수처리장의 방류수기준과 비시가화 지역의 개별건축물에 설치되는 오수처리시설의 방류수기준으로 구분된다. 하수처리장의 방류수기준은 「하수도법」에 의해 하수도정비기본계획을 수립하고 생활하수를 종말 처리한다.

방류수 수질기준 항목은 생물화학적 산소요구량(BOD), 화학적 산소요구량(COD), 부유물질량(SS), 총질소(T-N), 총인(T-P), 총대장균군수, 생태독성의 7개이다.

가. 생물화학적 산소요구량

생물화학적 산소요구량(Biochemical Oxygen Demand: BOD)은 물속에 들어있는 유기오염물질을 미생물이 분해하는 데 필요로 하는 산소의 양을 말한다. 다시 말해 물이 어느 정도 오염되었는가를 나타내는 기준으로 일정 시간 내에 미생물이 물속의 유기물을 분해하여 정화하는 데 소비되는 산소의 양을 ppm으로 나타낸 것이다.

나. 총유기탄소량

총유기탄소량(Total Organic Carbon: TOC)은 물에 함유된 유기물 물질의 농도로서 물에 포함된 전체 탄소량을 의미한다. 이는 수질의 오염정도를 나타내는 지표이며, 수돗물의 정수처리 공정에서 소독부산물 생성 가능성을 추정할 수 있는 항목이다. COD 또는 BOD와 상관관계가 있으면서, BOD와 COD의 불확실성을 가지지 않는 유기물의 측정 방법이다.

다. 부유물질량

부유물질량(Suspend Solid: SS)은 일정한 양의 물속에 떠 있는 물질 중 여과

시 여과지에 걸리는 것으로, 수질을 객관적으로 판단하는 기준의 하나로 ppm으로 나타낸다. 부유물질이 침전하면 수생식물의 성장을 방해하여 모래 속에 있는 어류의 발육을 저해하며, 부유물질이 침전해서 쌓이면 진흙층이 되기도 한다.

라. 총질소와 총인

총질소(Total Nitrogen: TN)는 수중에 포함된 질소화합물의 총량으로 유기성 질소, 암모니아성 질소, 아질산성 및 질산성 질소 등 모든 질소 성분이 포함된다. 총질소는 자연계의 질소순환과정에서 자연수에 포함되어 있으나, 생활하수, 공장폐수, 축산폐수 등과 같은 인위적인 유입에 따라 증가한다. 특히 생활하수 속 음식물 찌꺼기 등에도 질소가 포함되어 있으며, 축산폐수에서는 매우 높은 농도의 질소가 함유되어 있다.

총인(Total Phosphorus: TP)은 하천, 호소 등의 부영양화를 나타내는 지표의 하나로 물속에 포함된 인의 총량을 말한다. 전(全)인이라고도 한다. 인은 질소와 함께 수질계를 부영양화하는 영양염류로 적조의 원인이기도 하다. 합성세제에는 조성제로 쓰인 인화합물이 많이 들어 있으며, 인구집중도가 높은 지역의 하천, 호소에 많다.

마. 총대장균군 수

대장균군은 그림음성, 무아포성의 간균으로서 유당을 분해하여 가스 또는 산을 발생하는 모든 호기성 또는 통성 혐기성 균이다. 일반적으로 물이나 식품 속에 있는 대장균은 사람이나 가축의 분뇨에 의한 오염 또는 그 가능성을 의미한다. 수중에 존재하는 대장균군의 검출은 비교적 쉬우므로 정량시험으로 대장균군 수를 측정하여 오염의 농도를 추정한다.

바. 생태독성

생태독성은 특정 종류의 화학물질이 생태계의 기능과 안정성, 생물에 악영향을 미치는 것을 의미하는 것으로, 일정 비율로 준비된 시료에 물벼룩을 주입하고 24시간 경과 후 물벼룩을 반응(시험 용기를 살짝 움직인 후 15초 후 관찰했을 때 아무 반응이 없으면 치사한 것으로 판정)으로 수질의 오염정도를 판정한다. 이는 산업폐수에 있는 모든 유해화학물질에 대해 배출허용기준을 설정하여 관리하기 어렵기 때문에 방류수에 들어 있는 미지의 유해화학물질에 대한 독성을 생물체를 이용하여 관리하는 것이다.

〈표 3-8〉 공공하수처리시설의 방류수 수질기준

구분		생물화학적 산소요구량 (BOD) (mg/L)	총유기 탄소량 (TOC) (mg/L)	부유 물질 (SS) (mg/L)	총질소 (T-N) (mg/L)	총인 (T-P) (mg/L)	총대장균 군수 (개/㎖)	생태 독성 (TU)
1일 하수처리 용량 500㎥ 이상	Ⅰ지역	5 이하	15 이하	10 이하	20 이하	0.2 이하	1,000 이하	1 이하
	Ⅱ지역	5 이하	15 이하	10 이하	20 이하	0.3 이하	3,000 이하	
	Ⅲ지역	10 이하	25 이하	10 이하	20 이하	0.5 이하		
	Ⅳ지역	10 이하	25 이하	10 이하	20 이하	2 이하		
1일 하수처리용량 500㎥ 미만 50㎥ 이상		10 이하	25 이하	10 이하	20 이하	2 이하		
1일 하수처리용량 50㎥ 미만		10 이하	25 이하	10 이하	40 이하	4 이하		

주: Ⅰ지역: 상수원보호구역, 수질보전 특별대책지역, 5대강(한강, 낙동강, 금강, 영산강, 섬진강) 수변구역, 새만금사업지역으로 유입되는 하천이 있는 지역으로 환경부장관이 고시하는 지역

Ⅱ지역: COD 또는 총인이 목표기준을 초과하였거나 초과할 우려가 현저한 지역으로 환경부장관이 고시하는 지역

Ⅲ지역: 5대강 수계에 포함되는 지역으로 환경부장관이 고시하는 지역(Ⅰ, Ⅱ지역 제외)

Ⅳ지역: Ⅰ~Ⅲ지역을 제외한 지역

출처: 하수도법 시행규칙 별표1. 개정 2020.2.24.

〈표 3-9〉 수질오염물질의 배출허용기준

항목 \ 지역 구분		청정지역	가 지역	나 지역	특례지역
수소이온농도		5.8 ~ 8.6	5.8 ~ 8.6	5.8 ~ 8.6	5.8 ~ 8.6
노말헥산 추출물질 함유량	광유류(mg/L)	1 이하	5 이하	5 이하	5 이하
	동식물유지류(mg/L)	5 이하	30 이하	30 이하	30 이하
페놀류함유량(mg/L)		1 이하	3 이하	3 이하	5 이하
페놀(mg/L)		0.1 이하	1 이하	1 이하	1 이하
펜타클로로페놀(mg/L)		0.001 이하	0.01 이하	0.01 이하	0.01 이하
시안함유량(mg/L)		0.2 이하	1 이하	1 이하	1 이하
크롬함유량(mg/L)		0.5 이하	2 이하	2 이하	2 이하
용해성철함유량(mg/L)		2 이하	10 이하	10 이하	10 이하
아연함유량(mg/L)		1 이하	5 이하	5 이하	5 이하
구리(동)함유량(mg/L)		1 이하	3 이하	3 이하	3 이하
카드뮴함유량(mg/L)		0.02 이하	0.1 이하	0.1 이하	0.1 이하
수은함유량(mg/L)		0.001 이하	0.005 이하	0.005 이하	0.005 이하
유기인함유량(mg/L)		0.2 이하	1 이하	1 이하	1 이하
비소함유량(mg/L)		0.05 이하	0.25 이하	0.25 이하	0.25 이하
납함유량(mg/L)		0.1 이하	0.5 이하	0.5 이하	0.5 이하
6가크롬함유량(mg/L)		0.1 이하	0.5 이하	0.5 이하	0.5 이하
용해성망간함유량(mg/L)		2 이하	10 이하	10 이하	10 이하
플로오르(불소) 함유량(mg/L)		3 이하	15 이하	15 이하	15 이하
PCB함유량(mg/L)		불검출	0.003 이하	0.003 이하	0.003 이하
총대장균군(群) (총대장균군수)(ml)		100 이하	3,000 이하	3,000 이하	3,000 이하
색도(도)		200 이하	300 이하	400 이하	400 이하
온도(℃)		40 이하	40 이하	40 이하	40 이하
총질소(mg/L)		30 이하	60 이하	60 이하	60 이하
총인(mg/L)		4 이하	8 이하	8 이하	8 이하
트리클로로에틸렌(mg/L)		0.06 이하	0.3 이하	0.3 이하	0.3 이하
테트라클로로에틸렌(mg/L)		0.02 이하	0.1 이하	0.1 이하	0.1 이하
음이온계면활성제(mg/L)		3 이하	5 이하	5 이하	5 이하
벤젠(mg/L)		0.01 이하	0.1 이하	0.1 이하	0.1 이하
디클로로메탄(mg/L)		0.02 이하	0.2 이하	0.2 이하	0.2 이하

생태독성(TU)	1 이하	2 이하	2 이하	2 이하
셀레늄함유량(mg/L)	0.1 이하	1 이하	1 이하	1 이하
사염화탄소(mg/L)	0.004 이하	0.04 이하	0.04 이하	0.08 이하
1,1-디클로로에틸렌(mg/L)	0.03 이하	0.3 이하	0.3 이하	0.6 이하
1,2-디클로로에탄(mg/L)	0.03 이하	0.3 이하	0.3 이하	0.3 이하
클로로포름(mg/L)	0.08 이하	0.8 이하	0.8 이하	0.8 이하
니켈(mg/L)	0.1 이하	3.0 이하	3.0 이하	3.0 이하
바륨(mg/L)	1.0 이하	10.0이하	10.0 이하	10.0 이하
1,4-다이옥산(mg/L)	0.05 이하	4.0 이하	4.0 이하	4.0 이하
디에틸헥실프탈레이트(DEHP)(mg/L)	0.02 이하	0.2 이하	0.2 이하	0.8 이하
염화비닐(mg/L)	0.01 이하	0.5 이하	0.5 이하	1.0 이하
아크릴로니트릴(mg/L)	0.01 이하	0.2 이하	0.2 이하	1.0 이하
브로모포름(mg/L)	0.03 이하	0.3 이하	0.3 이하	0.3 이하
나프탈렌(mg/L)	0.05 이하	0.5 이하	0.5 이하	0.5 이하
폼알데하이드(mg/L)	0.5 이하	5.0 이하	5.0 이하	5.0 이하
에피클로로하이드린(mg/L)	0.03 이하	0.3 이하	0.3 이하	0.3 이하
톨루엔(mg/L)	0.7 이하	7.0 이하	7.0 이하	7.0 이하
자일렌(mg/L)	0.5 이하	5.0 이하	5.0 이하	5.0 이하
퍼클로레이트(mg/L)	0.03 이하	0.3 이하	0.3 이하	0.3 이하
아크릴아미드(mg/L)	0.015 이하	0.04 이하	0.04 이하	0.04 이하
스티렌(mg/L)	0.02 이하	0.2 이하	0.2 이하	0.2 이하
비스(2-에틸헥실)아디페이트(mg/L)	0.2 이하	2 이하	2 이하	2 이하
안티몬(mg/L)	0.02 이하	0.2 이하	0.2 이하	0.2 이하
주석(mg/L)	0.5 이하	5 이하	5 이하	5 이하

비고

1. 지역구분 적용에 대한 공통기준
   1) 청정지역: 「수질 및 수생태계 환경기준 매우 좋음(Ⅰa)등급 정도의 수질을 보전하여야 한다고 인정되는 수역의 수질에 영향을 미치는 지역
   2) 가지역: 수질 및 수생태계 환경기준 좋음(Ⅰb), 약간 좋음(Ⅱ)등급 정도의 수질을 보전하여야 한다고 인정되는 수역의 수질에 영향을 미치는 지역
   3) 나지역: 수질 및 수생태계 환경기준 보통(Ⅲ), 약간 나쁨(Ⅳ), 나쁨(Ⅴ) 등급 정도의 수질을 보전하여야 한다고 인정되는 수역의 수질에 영향을 미치는 지역
   4) 특례지역: 공공폐수처리구역 및 시장 · 군수가 지정하는 농공단지
2. 항목별 배출허용기준(2021년 1월 1일부터 적용)

출처: 물환경보전법 시행규칙 별표13, 개정 2021.12.10.

(2) 물환경의 오염원과 오염물질

① 물환경의 오염원

수질오염의 발생 원인은 크게 자연적인 것과 인위적인 것이 있다. 자연적 원인으로는 강우량의 불균형으로 인한 하천용량의 저하와 하천 바닥의 형태에 따른 유속 및 유량의 불연속성, 그리고 하천유역에서 침식작용으로 인한 각종 부유물질의 하천유입 등이나 이는 일시적인 것으로 큰 문제가 되지 않는다. 왜냐하면 자연은 자정능력이 있어 시간이 어느 정도 지나면 저절로 정화되기 때문이다. 그러나 인위적 오염물질이 계속 배출되어 하천으로 유입하면 수계의 자정능력을 잃게 하므로, 결국 오염물질 처리시설을 갖추지 않으면 안 된다. 인위적인 오염물질의 배출은 인구 증가 및 각종 산업 활동에 따른 필연적인 것으로 볼 수 있다.

각종 개발사업의 증가로 하천에 유입되는 오염물질 총량이 증가하는데, 오염물질의 농도중심으로 오염원을 관리하는 것은 수질개선에 한계가 있다. 이에 오염총량관리제를 도입하고 있다. 2021년 말 현재 124개 지자체에서 오염총량관리제를 시행하고 있다.

〈표 3-10〉 인위적인 물오염원의 배출형태

구분	내용
점오염원 (point source)	• 생활하수, 산업폐수, 축산폐수 등 일정한 배출경로의 오염원 • 인위적이며, 배출지점이 특정한다. • 한 지점으로 집중적으로 배출한다. • 자연적 요인에 영향을 적게 받아 계절적인 변화가 작다. • 차집이 쉬우며, 처리효율이 높다. • 오염물질 배출기준을 정하고 있다.
비점오염원 (non-point source)	• 강우 시 노면배수, 농경지 배출수 등 불특정한 배출경로의 오염원 • 인위적 및 자연적이며, 배출지점이 불특정하다. • 희석, 확산하면서 넓은 지역으로 배출한다. • 계절에 따른 변화가 심하여 예측이 곤란하다. • 차집이 곤란하며, 강우의 영향을 받아 처리효율이 일정하지 않다. • 오염물질 배출기준을 정하지 않고 있다.

〈표 3-11〉 기타 수질오염원

구분	내용
정의	• 점오염원 및 비점오염원으로 관리되지 아니하는 수질오염물질을 배출하는 시설 또는 장소로서 환경부령으로 정하는 것
시설	• 수산물 양식시설 • 골프장 • 운수장비 정비 또는 폐차장 시설 • 농축수산물 단순가공시설 • 사진처리 또는 X-ray 시설 • 금은판매점의 세공시설이나 안경원 • 복합물류 테미널 시설 • 거점소독시설

출처: 물환경보전법 시행규칙 별표1, 개정 2021.12.10.

[그림 3-2] 비점오염원

출처: 환경부(2018). 2017 환경백서

② 물환경의 오염물질과 오염현상

물환경의 오염물질은 다양하고, 수질기준 또한 다양하다. 현재 수질오염물질은 유기물질, 구리, 납, 니켈, 시안 등 61종이 지정되어 있으며, 특히 수질의 안전성 관리를 위해 중금속, 페놀류 등 33종의 특정수질유해물질이 지정되어 있다.

〈표 3-12〉 수질오염물질

1. 구리와 그 화합물 2. 납과 그 화합물 3. 니켈과 그 화합물 4. 총 대장균군 5. 망간과 그 화합물 6. 바륨화합물 7. 부유물질 8. 삭제〈2019.10.17.〉 9. 비소와 그 화합물 10. 산과 알칼리류 11. 색소 12. 세제류 13. 셀레늄과 그 화합물 14. 수은과 그 화합물 15. 시안화합물 16. 아연과 그 화합물 17. 염소화합물 18. 유기물질 19. 삭제〈2019.10.17.〉 20. 유류(동・식물성을 포함한다) 21. 인화합물 22. 주석과 그 화합물 23. 질소화합물 24. 철과 그 화합물 25. 카드뮴과 그 화합물 26. 크롬과 그 화합물 27. 불소화합물 28. 페놀류 29. 페놀 30. 펜타클로로페놀 31. 황과 그 화합물 32. 유기인 화합물 33. 6가크롬 화합물 34. 테트라클로로에틸렌 35. 트리클로로에틸렌 36. 폴리클로리네이티드바이페닐 37. 벤젠 38. 사염화탄소 39. 디클로로메탄 40. 1, 1-디클로로에틸렌 41. 1, 2-디클로로에탄 42. 클로로포름 43. 생태독성물질(물벼룩에 대한 독성을 나타내는 물질만 해당) 44. 1,4-다이옥산 45. 디에틸헥실프탈레이트(DEHP) 46. 염화비닐 47. 아크릴로니트릴 48. 브로모포름 49. 퍼클로레이트 50. 아크릴아미드 51. 나프탈렌 52. 폼알데하이드 53. 에피클로로하이드린 54. 톨루엔 55. 자일렌 56. 스티렌 57. 비스(2-에틸헥실) 아디페이트 58. 안티몬 59. 과불화옥탄산(PFOA) 60. 과불화옥탄술폰산(PFOS) 61. 과불화헥산술폰산(PFHxS)

출처: 물환경보전법시행규칙 별표2, 개정 2020.11.27.

〈표 3-13〉 특정수질유해물질

1. 구리와 그 화합물 2. 납과 그 화합물 3. 비소와 그 화합물 4. 수은과 그 화합물 5. 시안화합물 6. 유기인 화합물 7. 6가크롬 화합물 8. 카드뮴과 그 화합물 9. 테트라클로로에틸렌 10. 트리클로로에틸렌 11. 삭제 〈2016. 5. 20.〉 12. 폴리클로리네이티드바이페닐 13. 셀레늄과 그 화합물 14. 벤젠 15. 사염화탄소 16. 디클로로메탄 17. 1, 1-디클로로에틸렌 18. 1, 2-디클로로에탄 19. 클로로포름 20. 1,4-다이옥산 21. 디에틸헥실프탈레이트(DEHP) 22. 염화비닐 23. 아크릴로니트릴 24. 브로모포름 25. 아크릴아미드 26. 나프탈렌 27. 폼알데하이드 28. 에피클로로하이드린 29. 페놀 30. 펜타클로로페놀 31. 스티렌 32. 비스(2-에틸헥실)아디페이트 33. 안티몬

출처: 물환경보전법시행규칙 별표3, 개정 2017.1.19.

여기에서는 지하수 수질기준의 일반기준 항목으로 지정해 놓은 4가지 오염물질(수소이온농도, 총대장균군, 질산성질소, 염소이온)에 대하여 알아보고, 이들 오염물질이 많아지면 발생하게 되는 부영양화와 녹조현상에 대하여 살펴보자.

가. 수소이온농도

수소이온농도(pH)는 화학에서 물질의 산성, 알칼리성의 정도를 나타내는 수치이다. 조류(藻類)번식에 의한 pH 증가가 발생하며 공장 및 광산폐수의 영향을 받는다. 사람의 건강과 pH와의 직접적인 관계는 확인되지 않았으나, 높은 pH에 노출 시 눈, 피부 등에 자극을 느낀다.

나. 총대장균군

사람과 동식물 장내에 서식하는 대장균과 주로 물·토양 등 자연계에 분포된 앵무병감염균 및 중간형을 대장균군이라 총칭한다. 물환경 중에서 병원성 세균을 분석하는 것은 매우 복잡하므로 병원성 세균 대신에 총대장균군을 분석함으로써 병원성 세균의 존재 여부를 간접적으로 파악한다. 즉 대장균 자체는 비병원성이지만 소화기계 전염성 균보다 저항성이 크므로 살균 후 대장균의 유무는 다른 병원균의 살균 여부를 확인하는 지표가 된다. 대장균은 해가 없으나 방류수에서 검출되면 그 물이 분뇨에 오염되어 있는 것으로 의심한다.

다. 질산성 질소

질산성 질소는 수질오탁을 표시하는 지표의 하나로 물이 유기성 질소로 오염되었을 때 수중에서 점차 분해되어 무기성 질소가 되는 산화과정에서 생성하는 것 중의 하나이다. 일반적으로 암모니아성 질소의 산화로 생긴다. 비료사용, 소화조 침출수, 하수, 자연적 토양 및 암반의 침식 시 배출된다. 최대허용농도를 초과하여 마시면 6개월 미만의 유아는 호흡 부족 및 유아청색증을 유발하게 된다.

라. 염소이온

염소이온은 염소와 화합해서 생긴 염류로, 염화물이 물속에 녹아 있을 때의 염소분을 가리킨다. 일반적으로 무기염류는 물에 녹으면 수중에서 하전하여 금속은 양이온을 띠고 염소는 음이온을 띤다. 천연수에는 반드시 포함되어 있으며, 식염 모양을 취하는 경우가 많다. 공장폐수와 분뇨를 포함한 가정하수의 혼입에 따라 함유량이 많아지므로, 수질오탁의 한 지표가 되며 수질판정의 조건이 된다. 수돗물의 수질기준은 150mg/ℓ 이하이다.

마. 부영양화

부영양화(富營養化, Eutrophication)란 '영양분이 풍부하게 공급되었다'라는 그리스어에서 유래한 것으로, 강과 바다, 호수 등의 수역이 미생물에 의한 유기물의 분해로 인하여 영양이 많아지는 현상이다. 자연적인 부영양화가 일어날 수 있지만 대부분 인간활동에 의한 인위적인 부영양화이다. 부영양화는 녹조나 적조를 발생시키는 원인이다.

깨끗한 물에 오염된 유기물질(질소나 인)이 흘러들어 오면 이것을 영양분으로 해조류와 플랑크톤이 번식하게 되고 물속에 녹아 있는 산소를 거의 다 쓰게 되므로, 잡초나 침전물이 밑바닥에 쌓여 결국 물이 오염된다. 자연 생태계의 물질순환 사이클이 순조로우면 자연의 자정작용이 이루어지나, 이 자정능력을 넘는 대량의 유기물이나 염류가 수계에 유입되면 수역은 분해산물 또는 이차생성물 등의 영양염류가 풍부해지며 특정 생물(적조플랑크톤 등)의 이상발생이 일어난다. 이처럼 하천이나 호수에서 부영양화가 발생하면 물이 썩기 때문에 수중생물이 살 수 없게 되고 이로 인해 수중생태계의 균형이 깨지게 된다.

바. 녹조현상

부영양화된 호소나 유속이 느린 하천에서 부유성의 조류(식물성 플랑크톤)가 대량 증식하여 수면에 집적하여 물색을 현저하게 녹색으로 변화시키는 현상을 녹조현상(綠潮, green tide)이라 한다. 호소의 표면에 녹조가 덮이면 수중으로 햇빛이 차단되고 용존산소가 유입되지 않아 물의 용존산소량이 줄어들게 되어 수생태계가 파괴된다.

녹조현상은 수계로 유입되는 과다한 영양물질(질소, 인 등)이 부영양화를 일으켜 조류의 과도한 성장을 유발하여 발생한다. 녹조현상이 일어나면 그 수역의 생태계가 파괴되며, 수돗물 생산비용 증가, 수영이나 낚시 등 친수활동 제한, 물고기 폐사 등 사회적, 경제적, 환경적인 측면에서 많은 문제를 유발한다.

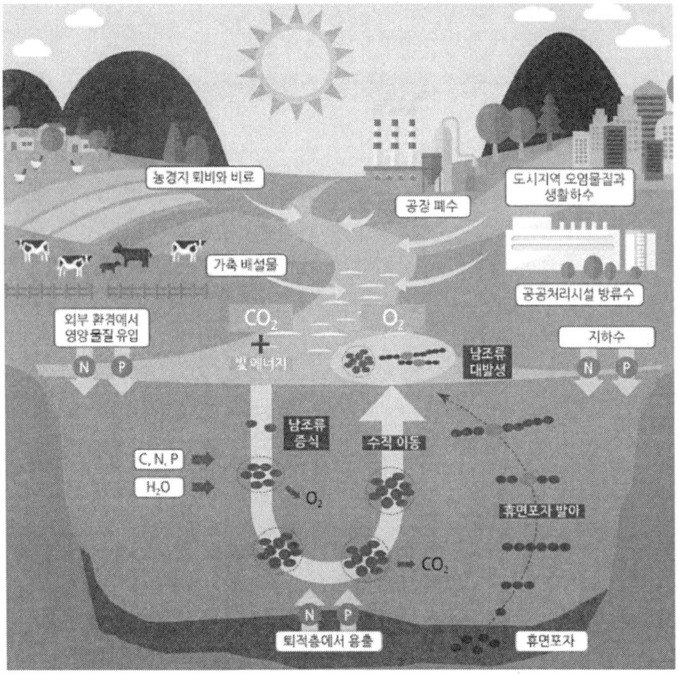

[그림 3-3] 녹조와 부영양화

출처: 환경부(2016). 녹조, 녹조현상은 무엇인가.

2) 수질오염 현황

(1) 하천

4대강 물관리종합대책('98~'05), 물환경관리기본계획(1차 '06~'15, 2차 '16~'25) 등의 추진 효과로 4대강(한강, 낙동강, 금강, 영산강) 주요지점은 전반적으로 수질이 회복하고 있다.

〈표 3-14〉 하천수의 수질현황

기간	수계	pH	DO (mg/ℓ)	COD (mg/ℓ)	BOD (mg/ℓ)	SS (mg/ℓ)	대장균군수 (군수/100㎖)
1990	한강	7.5	10.5	2.1	1.2	4.0	1200
	낙동강	7.7	9.2	5.3	3.0	8.7	1300
	금강	7.1	7.6	3.0	3.1	4.2	1100
	영산강	7.2	7.1	7.4	6.7	18.0	6600
2000	한강	8.6	11.7	3.2	1.4	5.3	1600
	낙동강	7.8	10.0	6.5	2.7	16.3	5300
	금강	7.7	9.6	5.4	2.7	14.7	2200
	영산강	7.4	10.5	9.2	6.5	17.0	12000
2010	한강	7.9	11.1	3.9	1.2	6.2	700
	낙동강	8.0	10.7	6.4	2.4	29.5	60
	금강	8.3	10.2	7.0	2.8	21.7	1300
	영산강	7.6	8.9	7.1	4.3	34.7	8400
2015	한강	7.9	10.8	3.0	1.0	2.7	41
	낙동강	8.0	11.3	6.1	1.2	4.2	40
	금강	8.0	13.0	5.2	1.9	9.4	790
	영산강	7.1	10.6	5.8	2.5	5.0	8200
2020	한강	–	–	3.7	1.1	–	–
	낙동강	–	–	5.8	1.7	–	–
	금강	–	–	4.9	0.9	–	–
	영산강	–	–	3.4	0.8	–	–

한강수계: 팔당, 낙동강수계: 물금, 금강수계: 부여, 영산강수계: 나주

출처: 환경부(2022), 환경통계포털.

(2) 호소

우리나라의 호소는 대부분 댐 등을 건설하면서 조성된 인공호소로서 농업용 저수지가 대다수를 차지하고 있다. 경제개발의 목적으로 건설된 주요 다목적 댐으로는 한강수계에 소양호·춘천호·의암호·충주호, 금강수계에 대청호, 낙동강수계에 안동호와 진양호 등이 있다. 관개용 댐으로는 대하천 지류에 축조된 재래식 저수지와 하굿둑 및 방조에 안쪽에 형성된 대규모 호수, 즉 하구호(河口湖)로 구분된다. 재래식 저수지는 전국적으로 분포되어 있으나 다른 인공호에 비하여 작으며 대부분 소(沼)의 성격을 띠고 있다. 대표적인 것으로 미호천 상류에 있는 초평저수지, 금강 상류의 논산저수지, 무한천 상류의 예당저수지, 전라북도 김제시 부량면에 있는 벽골제 등이 있다. 하구호로는 영산강 하구의 영산호, 합교천 하구의 삽교호, 안성천 하구의 아산호 등이 대표적이다.

호소는 대부분 폐쇄성 또는 준폐쇄성 수역공간이라는 구조적 특성 때문에 하천에 비해 자정능력이 떨어지며 영양염류의 축적이 쉽고, 한번 오염이 되면 부영양화 등 2차 오염이 유발될 우려가 크다는 특성이 있다. 특히 우리나라의 호소는 호소면적에 비하여 유역면적이 넓고, 호소의 형태도 폭에 비하여 길이가 긴 하천형 호소가 많으며, 평균수심이 얕고 체류일수가 길어 호소에 유입되는 오염물질 등 영양염류의 양이 많아 부영양화 발생 등 오염에 매우 취약한 구조적 특성이 있다. 특히 대규모 간척사업으로 조성된 담수호의 경우에는 집수구역 내 주변 환경기초시설 부족 등으로 수질이 좋지 않은 실정이다.

주요 호소의 수질은 전반적으로 수질이 회복되는 경향을 보이고 있으며, 하천수보다 약간 낮은 수준을 나타내고 있다. 즉 주요 상수원 및 호소에서 사람의 건강보호기준 항목(20개)을 초과하지 않으나, 화학물질 사용 증가, 비점오염원 등 난분해성 오염물질 유입에 따라 사람의 건강보호기준 항목 확대, 측정수계의 확대 등 지속적인 노력이 필요하다.

〈표 3-15〉 호소수의 수질현황

기간	수계	pH	DO (mg/ℓ)	COD (mg/ℓ)	SS (mg/ℓ)	대장균군수 (군수/100㎖)	총질소 (mg/ℓ)	총인 (mg/ℓ)
1990	팔당댐	7.6	9.5	2.1	5.0	1400	-	-
	합천댐	8.0	10.3	3.6	5.8	25	-	-
	대청댐	7.4	8.6	1.8	1.8	98	-	-
	담양댐	7.8	9.3	3.5	6.8	36	-	-
1995	팔당댐	7.6	13.3	2.6	2.0	1600	2.567	0.016
	합천댐	6.9	7.4	2.1	1.4	41	0.999	0.017
	대청댐	7.6	9.3	2.3	3.1	79	1.126	0.021
	담양댐	6.9	9.0	1.9	6.0	110	3.245	0.000
2000	팔당댐	8.6	11.6	3.1	5.2	910	2545	0.045
	합천댐	7.4	8.5	2.3	2.3	34	1.455	0.015
	대청댐	7.7	9.9	3.0	4.7	79	1.752	0.009
	담양댐	7.2	9.9	4.2	4.9	31	1.078	0.027
2010	팔당댐	8.0	11.4	4.4	12.6	4900	2481	0.055
	합천댐	7.6	8.5	2.7	1.9	27	1.451	0.016
	대청댐	7.9	9.6	3.8	3.0	16	1.664	0.021
	담양댐	7.6	8.8	2.9	2.3	17	1.171	0.012
2015	팔당댐	7.9	12.1	2.6	2.2	1500	3352	0.033
	합천댐	7.5	9.1	2.5	1.8	160	1.701	0.014
	대청댐	8.0	9.8	3.8	2.2	9	1.137	0.013
	담양댐	7.0	8.9	2.4	1.5	9	0.787	0.015
2021	팔당댐	7.5	8.7	3.6	6.0	247	2212	0.054
	합천댐	7.3	4.2	3.0	2.1	116	1635	0.015
	대청댐	7.1	7.9	3.1	3.1	133	2461	0.019
	담양댐	6.0	7.0	3.1	1.2	16	0.905	0.010

팔당댐: 한강수계, 합천댐: 낙동강수계, 대청댐: 금강수계, 담양댐: 영산강수계
출처: 환경부(2022). 환경통계포털.

(3) 지하수

지표수는 땅 위에 있는 모든 물로 강우가 98%, 강설이 2% 정도를 차지하며 하천수도 포함된다. 지하수란 땅속에 있는 물로 지표 아래 800m까시 50%, 니

머지 4㎞ 내에 50%가 존재한다. 우리나라는 물 공급을 주로 지표수에 의존하였으나, 지표수의 오염, 댐에 의한 용수공급의 한계 및 물 소비량의 증가로 인하여 점차 심화하고 있는 물 수요와 공급의 불균형을 해소하기 위하여 지하수의 이용량이 증가하고 있다.

지하수 이용현황을 보면, 생활용(49.4%), 농어업용(49.6%), 공업용(0.8%), 기타(0.2%)의 순으로 사용하고 있다. 전반적인 지하수 사용량은 계속 증가하다가 2020년에는 2000년 초반의 수준으로 떨어졌다.

대기오염으로 인한 산성비, 각종 생활하수, 산업폐수, 쓰레기 및 농약으로 인한 토양오염 등으로 더러워진 지표수가 지하로 침투되어 지하수를 오염시킨다. 그뿐만 아니라 지하수 수질관리가 제대로 이루어지지 않아 지하수를 마구잡이로 개발하고 있어 오염은 물론 지하수 고갈, 지반침하까지 우려되고 있다. 따라서 지하수의 활용 가치를 높이기 위한 개발이나 보전계획, 과학적이고 체계적인 수질관리계획, 지하수 분야의 시장확대 및 해외진출, 지하수의 부가가치 창출을 위한 산업화계획, 관리기반 강화계획 등 지하수관리에 대한 통합적인 계획을 수립하여야 한다.

〈표 3-16〉 지하수 이용현황

(단위: 천톤/년)

연도	총계	생활용수	공업용수	농업용수	기타
1996	2,863,858	1,468,265	214,021	1,115,094	66,477
2000	3,096,230	1,539,983	184,567	1,311,931	59,749
2005	3,717,392	1,798,926	201,170	1,681,956	35,339
2008	3,724,982	1,790,631	184,129	1,721,138	29,082
2011	3,907,141	1,776,388	171,831	1,933,305	25,615
2015	4,093,738	1,786,257	163,991	2,112,696	30,792
2020	2,978,000	1,206,000	171,000	1,577,000	24,000

출처: 환경부(2018). 환경통계포털, 한국수자원공사(2022) 2021 지하수조사연보.

지하수 수질기준 초과 현황을 보면, 2020년에는 7.2% 초과하였으며, 초과 비율이 계속 증가하고 있다. 이러한 현상은 지하수 관정의 부실관리로 인한 지표수 또는 천층 지하수 유입이 주원인이다. 특히 질산성질소는 생활오수와 폐기물 침출수, 과다 시비된 비료 등의 지하침투가 주된 원인이다. 지하수는 유입과 유출이 활발하지 않으므로, 토양에 의한 자정범위를 넘는 오염은 개선하기가 매우 어렵다. 따라서 지하수는 토양환경과 함께 관리해야 하며, 지하수 이용을 위해 개발 시에는 오염물질이 침투되지 않도록 유의하여야 한다.

〈표 3-17〉 지하수 수질기준 초과현황

항목 연도	조사지점(개소)	초과지점(개소)	초과율(%)
1996	1,527	110	7.2
2000	1,522	104	6.8
2005	1,400	82	5.6
2010	1,478	114	7.6
2015	1,483	124	8.4
2020	2,882	561	7.2

출처: 환경부(2018). 환경통계포털. 환경부(2022) 2021 환경백서.

씽크홀

중앙정부와 지자체가 씽크홀이라고 불리는 '지반침하'에 대해 머리를 맞댄다. 정부는 2014년 12월 지반침하 예방대책을 마련하고 관련된 법령을 정비하고 3차원 지하공간 통합지도를 구축했다. 특히 국토부는 2018년 1월부터 '지하안전관리에 관한 특별법'이 본격적으로 시행된다며 지하개발사업자는 앞으로 지하안전영향평가를 반드시 실시해야 한다고 설명했다.

국토부 기술안전정책관은 "지반침하 사고를 사전에 예방하고 유기적인 대응체계를 마련하기 위해 지자체 등 관계기관과의 협력을 강화해 나갈 것"이라고 말했다.

출처: 뉴스1 (2017.07.16.). 기사 요약.

〈표 3-18〉 지하안전평가

평가항목	평가방법
1. 지반 및 지질 현황	가. 지하정보통합체계를 통한 정보분석 나. 시추조사 다. 투수(透水)시험 라. 지하물리탐사(지표레이더탐사, 전기비저항탐사, 탄성파탐사 등)
2. 지하수 변화에 의한 영향	가. 관측망을 통한 지하수 조사(흐름방향, 유출량 등) 나. 지하수 조사시험(양수시험, 순간충격시험 등) 다. 광역 지하수 흐름 분석
3. 지반안전성	가. 굴착공사에 따른 지반안전성 분석 나. 주변 시설물의 안전성 분석

출처: 지하안전관리에 관한 특별법 시행령 별표2. 개정 2022.1.25.

(4) 생활폐수

우리나라에서 발생하는 오·폐수는 하루 1,968만 톤에 이른다. 생활하수는 가정, 상업지역, 공공시설 등 일상적인 생활에서 배출되는 것으로 사람이 주된 오염원이 된다. 생활하수는 사람이 생활하면서 발생시키는 생활잡수와 분뇨로 구분된다.

① 생활잡수

인구증가 및 생활 수준의 향상과 더불어 오수 발생량도 매년 증가하고 있는데, 부엌, 목욕탕, 청소, 세탁 등에 사용한 물로 음식 찌꺼기, 때, 세제, 먼지 등으로 오염된 생활폐수는 하루 평균 1인당 약 400~500ℓ 정도이다.

오수 발생량은 상수 급수량과 밀접한 관계가 있으며, 주요 발생원은 일반가정, 숙박업, 식품접객업, 목욕탕업, 공장 등의 수세식 화장실, 목욕탕, 세면장, 주방 등이다. 주요 오염물질은 유기물질, 부유물질 및 영양염류 등이다. 유기화합물에는 지방, 단백질, 탄수화물과 그 분해물들이 포함되는데, 특히 생활잡수에 많이 포함된 합성세제는 잘 분해되지 않으며, 물의 표면에서 거품을 형성하여 물속으로 침투되는 빛의 양과 산소량을 차단한다. 또한 세제 속에 함유된 인산염은 호소와 하천의 부영양화를 일으키는 원인이 된다. 오수의 수질상태는 생활수준과 밀접한 관계가 있다.

전국의 폐수발생량은 차츰 줄어들고 있으나, 폐수방류량은 감소하고 있지 않다. 이는 하수도의 보급률이 급격하게 증가하였기 때문으로 생각된다. 우리나라 하수도 보급률은 1985년에 불과 6.3%이었던 것이 30년 후인 2015년에는 92.5%이며, 서울은 2010년에 이미 100%를 달성하였다.

〈표 3-19〉 폐수발생량과 방류량 현황

연도	업소수	폐수발생량(천㎥/일)	폐수방류량(천㎥/일)
2000	48,876	7,907	2,555
2005	40,409	9,181	2,866
2010	48,266	5,229	3,446
2015	50,375	4,950	3,739
2019	54,153	4,754	3,866

출처: 환경부(2022). 환경통계포털.

〈표 3-20〉 하수도 보급률

(단위: %)

시도	1985년	1990년	1995년	2000년	2005년	2010년	2015년	2020년
총계	6.3	32.9	45.2	70.5	83.5	90.1	92.9	94.5
서울	15.3	97.9	75.4	98.3	99.7	100.0	100.0	100.0
부산	15.3	44.2	41.7	72.7	89.0	99.1	99.2	99.4
대구	15.3	24.8	56.0	96.2	97.0	98.0	98.3	98.8
인천	15.3	0.0	45.9	83.9	86.6	97.8	97.6	97.2
광주	0.0	0.0	54.9	97.3	98.0	98.1	98.6	98.9
대전	0.0	38.1	49.1	93.0	95.9	97.3	97.4	98.0
울산	–	3.8	18.3	20.3	91.6	94.0	98.8	99.3

출처: 환경부(2022). 환경통계포털.

② 분뇨

우리나라 분뇨발생량은 1996년에는 45,954㎥/일이던 것이 2005년에는 47,299㎥/일로 증가하였다가 2015년에는 37,892㎥/일로 감소하였다. 분뇨의 발생량은 수거식과 수세식과 처리량으로 산정하는 것인데, 2015년 현재는 분뇨처리시설을 단독으로 운영하기보다는 기존 처리시설에서 1차 처리 후 공공하수처리시설에 유입·처리하기 때문에 실제 발생량과 달리 처리하는 발생량이 감소하는 것이다. 분뇨처리시설은 2010년 195개소에서 2015년 189개소로 감소하였고, 2020년 185개소로 또 감소하였다.

수세식 화장실이 설치된 가정, 산업체 등에서 발생하는 분뇨는 각 가정과 산업체 내에 설치된 단독 정화조 또는 오수처리시설에서 처리하고, 이들 시설의 청소과정에서 발생하는 오니(汚泥)와 재래식 화장실의 발생분뇨는 수거하여 분뇨처리시설 등에서 최종 처리된다. 수거식 화장실 분뇨와 정화조 및 오수처리시설의 청소과정에서 발생하는 생활오수 대부분은 분뇨처리시설에 유입, 처리된다.

생활오수와 분뇨의 처리는 하수관거(여러 하수구에서 하수를 모아 하수처리장으로 내려 보내는 큰 하수도관)를 통하여 하수종말처리시설로 유입되어 처리되는 종말처리체계와 발생원에 오수처리시설을 설치하여 하수종말처리시설과 같은 수준인 BOD 20mg/ℓ 이하로 처리하는 개별처리체계로 크게 나눌 수 있다.

그러나 농어촌 지역 등 건축물이 산재해 있는 지역은 하수관거의 설치가 어려워 생활오수 등의 처리를 하수종말처리시설에만 의존할 수 없는 실정이다. 따라서 하수종말처리시설이 설치되어 있지 않은 지역의 건물에 대해서는 건축연면적 규모에 따라 오수처리시설의 설치(2015년 464,875개소)를 의무화하여 오염원을 발생원에서 개별 처리하도록 하고 있다.

고농도 오염물질인 분뇨를 처리하는 분뇨처리시설은 다른 환경기초시설보다 기계설비의 부식이 빠르며, 내구연한이 지난 시설은 각종 기기 및 구조물 등의 노후로 자체 분뇨 처리능력이 저하된다. 따라서 정상적인 가동을 위해 10년 이상 된 분뇨처리시설은 효율이 좋은 최신시설로 교체하고, 질소·인 처리시설이 설치되지 않은 시설에 대해서는 질소·인 처리시설을 보완하여야만 효율적인 처리를 할 수 있다.

〈표 3-21〉 분뇨발생량과 처리량

(단위: ㎘/일)

연도	발생량	처리량	
		수거식	수세식
2000	47,388	5,202	42,186
2005	47,299	2,878	44,086
2010	46,227	3,692	42,535
2015	37,892	4,783	33,109

출처: 환경부(2018). 환경통계포털.

3) 수질오염 저감

(1) 폐수의 저감

우리나라에서 발생하는 오·폐수 중 생활하수가 차지하는 비율은 80%에 가깝다. 따라서 생활하수를 줄이는 것이 수질오염을 줄이는 가장 근본적인 방법이다. 생활하수 중 36%는 부엌, 30%는 화장실, 23%는 목욕탕, 11%는 세탁에서 나온다. 생활하수를 줄이기 위해서는 적정량의 세제를 사용하고, 물은 반드시 받아서 사용하는 것이 좋다. 물 소비를 10%만 감소해도 연간 절약할 수 있는 물의 양은 5억8천만 톤이다. 이는 1년 동안 수돗물 생산 비용 2,900억 원, 하수처리비용 1,208억 원, 댐건설비용 588억 원 등을 절감시키며 아울러 환경개선 비용절감, 수변지역 기회비용 증가 등, 여러 가지 사회적 편익을 가져다준다.

(2) 지하수 오염방지

지하수의 경우, 유입된 오염물질이 멀리 이동하고 지하 대수층 내에서 장기간 남아 있어 지표수에 비해 희석 또는 자정이 어려운 특성이 있으므로 일차적으로 오염이 되지 않도록 세심한 주의를 기울여야 한다.

지하수를 개발하거나 지하수 이용시설을 설치하거나 폐쇄할 때 지표(地表)나 지중(地中)으로부터 오염물질의 유입을 방지할 수 있는 시설을 설치하여야 한다(지하수법 제16조, 시행령 제25조). 즉 취수정으로부터 오염물질 유입 방지 및 부대시설의 보호를 위해 지표 상부에 콘크리트로 상부 보호공을 설치하고 지표 하부에는 보호벽(케이싱)을 암반 선까지 설치하여야 하며, 토지 굴착 후 토지와 보호벽 사이의 공간에는 차수용 시멘트를 주입하여 그라우팅하여야 한다.

지하수 사용이 종료되면 지표로부터 오염물질이 직접 지하수층으로 유입되지 않도록 폐공의 관리를 철저히 해야 한다. 보호벽이나 유공관(파이프) 등이 설치되었을 때는 이를 제거한 후 토지 깊이까지 불투수성 재료(시멘트 슬러리 등)를 주입하여 다지면서 되메움(공매작업)을 하여 원상 복구하여야 한다.

〈표 3-22〉 불용공 발생 원인별 현황

(단위: 공)

발생 원인	총계	수량 부족	수질 악화	상수도 대체	토지형질 변경	소유자 변경	용도 변경	사용 중지	염분 증가
발생 수량	174,122 (기타 82,797)	20,782	3,210	14,964	6,924	611	2,043	42,619	172

출처: 환경부 · 수자원공사(2021). 2021 지하수조사연보.

(3) 하천의 관리

하천의 관리를 위해서는 먼저 오염원의 발생지점에서 오염물질을 규제하는 수질기준의 강화와 감시를 통하여 오염물질의 배출을 억제하는 방법과 하수처리장, 공장폐수처리장, 분뇨처리장의 건설 등을 통하여 오염물질을 처리하여 방류하는 방법 등을 적절히 활용하여야 한다. 그리고 평상시의 갈수(渴水) 및 이상 수질 발생 시의 유역관리대책으로 저수관리를 강화하여야 한다. 또한 수해 현황과 원인을 분석하고 종합적인 홍수관리 대책을 마련하여야 한다.

최근 하천의 배출허용기준 중심의 농도규제만으로는 오염부하의 양적 증가(배출허용기준 이하 오·폐수의 양적 팽창에 따른 오염부하의 증가)를 통제할 수 없고, 일률적인 농도규제는 오염원이 밀집하면 효과가 없고, 오염원이 적으면 너무 엄격한 규제가 되므로 목표수질 한도 내에서 지역과 배출원에 오염물질 배출총량을 할당하는 수질오염총량관리제를 도입하여 하천을 관리하고 있다.

4대강 유역관리

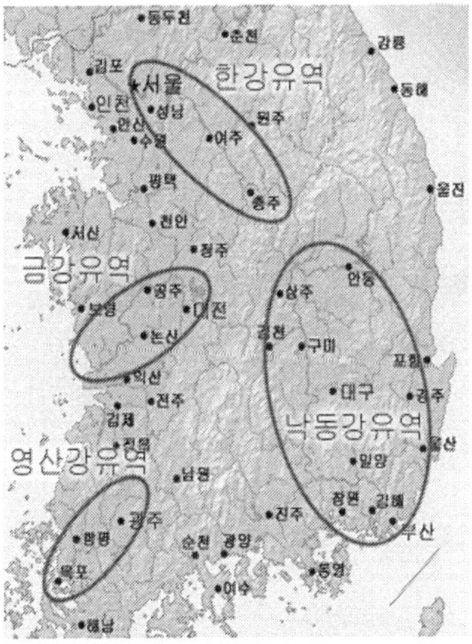

[4대강 유역지역]

우리나라의 물관리 정책은 공해방지법('63), 환경보전법('77), 수질환경보전법('90) 시기를 거쳐 현재 4대강수계법('99년 한강법, '02년 낙동강법·금강법·영산강법)에 의하여 유역관리를 하고 있다.

이전에는 오염물질의 사후처리가 중점이었으나 지금은 수질오염총량관리제, 수변구역지정, 토지매수와 물이용부담금에 의한 수계관리기금 조성, 수계관리위원회 운영, 민간수질감시활동 지원 등을 하고 있다. 이는 사전예방적 물관리 정책과 행정구역을 초월한 유역단위 차원의 물관리정책으로 개선한 것이다.

(4) 물관리 일원화

하천관리 기능을 제외한 물관리 업무를 환경부로 일원화(2018.6.8.)하면서 「물관리기본법」을 제정(2021.7.6. 시행)하였다. 이 법에서 "물관리"란 모든 사람과 생명체가 물을 자연환경의 구성요소 및 사회·경제 활동의 필요 요소이자 자원으로서 보전하고 경제적으로 이용하며, 가뭄·홍수로 인한 재해를 줄이거나 예방하는 일이라고 정의하였다. 그러면서 누구든지 사용 목적에 적합한 수질의 물을 안정적으로 공급받아 이용할 수 있고, 가뭄·홍수 등의 재해로부터 안전하게 보호받으며 건강하고 쾌적한 물환경에서의 삶을 누릴 권리가 있으며, 누구든지 지속 가능한 물순환 체계를 구축하기 위하여 노력하고 국가와 지방자치단체의 물관리 시책에 협조하여야 한다고 하였다.

이같이 물관리를 일원화함으로써 체계적인 물관리를 통하여 궁극적으로 수질오염을 줄이기 위한 노력을 하고 있다.

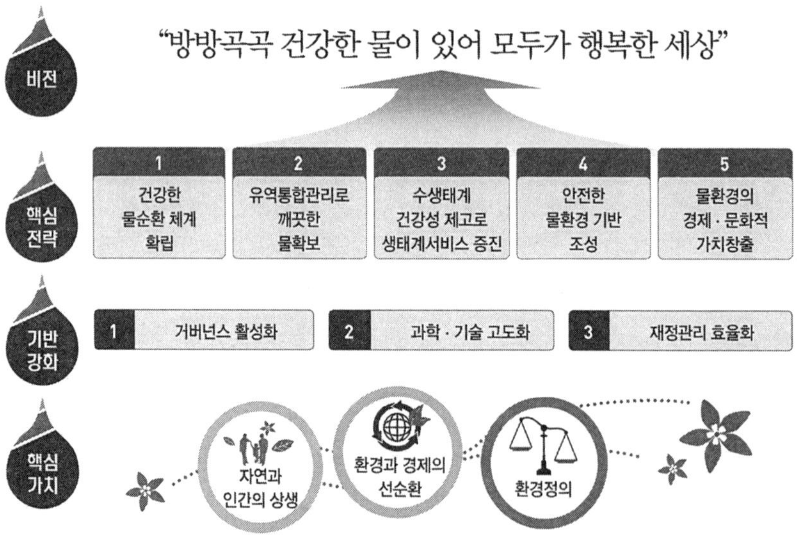

[그림 3-4] 물환경관리 기본계획

출처: 환경부(2022) 2021 환경백서.

2 먹는물환경

1) 먹는물환경의 기준

1955년 세계보건기구(WHO)에서 "깨끗한 물은 건강을 증진하게 시킨다"라는 구호를 내걸고 먹는물의 중요성을 강조하였다. 인체는 70~90%가 물로 이루어졌으며, 몸속의 물이 1~3% 부족하면 심한 갈증이 나고, 5% 부족하면 혼수상태, 12% 부족하면 사망한다. 즉 물은 생명의 근원이라고 할 수 있다.

먹는물이란 먹는 데에 통상 사용하는 자연 상태의 물, 자연 상태의 물을 먹기에 적합하도록 처리한 수돗물, 먹는 샘물, 먹는 염지하수(鹽地下水), 먹는 해양심층수(海洋深層水) 등(먹는물관리법 제3조)이다. 우리나라 사람들이 주로 마시는 물은 수돗물이 대표적이다. 수돗물은 강물을 대량으로 처리한 다음, 소독을 하고 이 물을 수도관을 통해서 각 가정으로 공급된다. 우리나라는 국토의 80% 정도가 산이며, 이 산에서 천천히 흘러내린 지표수를 처리한 수돗물의 품질은 매우 우수하다.

먹는물 수질기준은 인체에 미치는 영향을 고려하여 안전한 수준의 함량을 설정한 것이므로 먹는물 수질기준에 적합한 물은 안심하고 먹을 수 있다. 또한 먹는물 수질기준을 초과하였다 하더라도 단기간 내에 건강상 영향을 미치는 것은 아니며, 이 기준을 초과하면 수도사업자에게 정수처리 등의 시정조치를 취하거나 다른 물을 공급하는 등의 조처하도록 하는 의미가 있다고 할 수 있다. 음용수에 대한 권장 기준치(WHO)는 각 나라의 수자원 상태, 경제적 수준, 정수처리기술 등을 종합적으로 고려하여 설정하는데, 대체로 인구 10만 명당 1명의 암 발생 가능성을 기준으로 하거나 보통 사람이 하루 약 2ℓ 씩 70년간 물을 마셨을 때 몸에 해가 발생하지 않을 수치에서 다시 안전율을 고려하여 정하므로 매우 안전한 수준이다.

우리나라에서는 1963년에 「수도법」에 근거하여 최초로 29개 항목에 대한 먹는물 수질기준을 설정하였으며, 2012년 먹는물 수질기준으로 58개 항목을 설정하였으며, 이를 2016년에 다시 64개 항목으로 증가하였다. 즉 먹는물 수질기준은 계속 강화되고 있다. 세계적으로 보면 2019년 기준으로 먹는물 수질기준 항목은 WHO 90개, 미국 89개, 일본 51개, EU 45개이다.

먹는 샘물

먹는 샘물이란 샘물(암반대수층 안의 지하수 또는 용천수 등 수질의 안전성을 계속 유지할 수 있는 자연 상태의 깨끗한 물을 먹는 용도로 사용할 원수)을 먹기에 적합하도록 물리적으로 처리하는 처리방법 등으로 제조한 물이다.

먹는 샘물의 제조는 원수에 포함된 이물질을 제거하거나 감소시키는 한도 내에서 이루어져야 하며, 최소한의 물리적 처리와 오존을 이용한 처리 이외의 어떠한 화학적 처리도 하여서는 아니 된다. 먹는 샘물의 용기는 유리 등 그 재질로부터 해로운 물질이 용출되지 않는 재질을 사용하여야 하며, 용기의 세척에는 오존수, 스팀 및 소독제를 사용할 수 있으나 용기에 남아 있어서는 아니 된다. 그리고 용기 세척 및 기타 위생적인 목적으로 사용하는 공정수는 먹는 샘물이 아닌 물로 사용할 수 있으나 먹는 샘물 수질기준에 적합하여야 한다.

먹는 샘물 등 제조업자는 자가 품질 검사를 하여야 한다. 먹는 샘물의 경우, 냄새, 맛, 색도, 탁도, 수소이온농도, 일반세균(저온균, 중온균), 총대장균균, 녹농균, 분원성연쇄성상구균, 아황산환원혐기성포자형성균, 살모넬라, 쉬겔라 등 12개 항목과 먹는물 수질기준 항목에 대하여 검사하여야 한다.

먹는 샘물의 원수는 다음과 같이 정수처리 과정을 거친다.

① 세병 및 살균소독 공정: 제품의 용기는 일회용, 회수용이 있으며, 두 종류 모두 살균소독을 자동세병기로 철저하게 세척, 검사한 후 자동운반기로 이송된다.

② 병 주입 및 마개 봉인 공정: 완벽하게 처리된 물은 세척 살균된 용기에 자동으로 주입됨과 동시에 자동으로 마개가 밀폐 봉인된다.

③ 포장: 주입 및 마개가 봉인된 제품은 자동포장기에서 상자에 포장되어 제품창고로 운반된다.

〈표 3-23〉 먹는물 수질기준

구분(개)	항목	기준
1. 미생물 (6)	일반세균	1mL 중 100CFU를 넘지 말 것
	총대장균군	100/mL 중 불검출
	대장균, 분원성 대장균군	100/mL 중 불검출
	분원성연쇄상구균, 녹농균, 살모넬라 및 쉬겔라	250/mL 중 불검출
	아황산환원혐기성포자형성균	50/mL 중 불검출
	여시니아균	2/ℓ 중 불검출
2. 건강상 유해영향 무기물질 (14)	납	0.01mg/ℓ 이하
	불소	1.5mg/ℓ 이하
	비소	0.01mg/ℓ 이하
	세레늄	0.01mg/ℓ 이하
	수은	0.001mg/ℓ 이하
	시안	0.01mg/ℓ 이하
	크롬	0.05mg/ℓ 이하
	암모니아성질소	0.5mg/ℓ 이하
	질산성질소	10mg/ℓ 이하
	카드뮴	0.005mg/ℓ 이하
	붕소	1.0mg/ℓ 이하
	보롬산염	0.01mg/ℓ 이하
	스트론튬	4mg/ℓ 이하
	우라늄	30μg/ℓ 이하
3. 건강상 유해영향 유기물질 (17)	페놀	0.005mg/ℓ 이하
	다이아지논	0.02mg/ℓ 이하
	파라티온	0.06mg/ℓ 이하
	페니트로티온	0.04mg/ℓ 이하
	카바릴	0.07mg/ℓ 이하
	1.1.1-트리클로로에탄	0.1mg/ℓ 이하
	테트라클로로에틸렌	0.01mg/ℓ 이하
	트리클로로에틸렌	0.03mg/ℓ 이하
	사염화탄소	0.002mg/ℓ 이하
	디클로로메탄	0.02mg/ℓ 이하
	벤젠	0.01mg/ℓ 이하
	톨루엔	0.7mg/ℓ 이하
	에틸벤젠	0.3mg/ℓ 이하

구분	항목	기준
	크실렌	0.5mg/ℓ 이하
	1,2-디브로모-3-클로로프로판	0.003mg/ℓ 이하
	1,1-디클로로에틸렌	0.03mg/ℓ 이하
	1,4-다이옥산	0.05mg/ℓ 이하
4. 소독제 및 소독부산 물질 (9)	잔류염소	4.0mg/ℓ 이하
	총트리할로메탄	0.1mg/ℓ 이하
	클로로포름	0.08mg/ℓ 이하
	브로모디클로로메탄	0.03mg/ℓ 이하
	디브로모아세토니트릴	0.1mg/ℓ 이하
	디클로로아세토니트릴	0.09mg/ℓ 이하
	트리클로로아세토니트릴	0.004mg/ℓ 이하
	할로아세틱에시드	0.1mg/ℓ 이하
	포름알데히드	0.5mg/ℓ 이하
5. 심미적 영향물질 (15)	경도	1,000mg/ℓ 이하
	과망간산칼륨소비량	10mg/ℓ 이하
	냄새와 맛	소독으로 인한 냄새와 맛 이외에는 없을 것
	동	1mg/ℓ 이하
	색도	5도 이하
	세제	0.5mg/ℓ 이하
	수소이온농도	pH5.8~8.5
	아연	3mg/ℓ 이하
	염소이온	250mg/ℓ 이하
	증발잔류물	500mg/ℓ 이하
	철	0.3mg/ℓ 이하
	망간	0.3mg/ℓ 이하
	탁도	1NTU 이하
	황산이온	200mg/ℓ 이하
	알루미늄	0.2mg/ℓ 이하
6. 방사능 (3)	세슘	4.0mBq/ℓ 이하
	스트론튬	3.0mBq/ℓ 이하
	삼중수소	6.0Bq/ℓ 이하

출처: 먹는물수질기준 및 검사 등에 관한 규칙 별표1의 내용을 표로 작성함. 개정 2021.9.16.

2) 먹는물 현황

우리나라의 상수도 보급률은 1960년 16.9%에서 1980년 54.6%로 약 4배 증가하였으며, 2020년 현재 97.5%에 달하고 있다. 우리나라에서 수돗물은 먹는 물의 대표이다. 환경부 물이용기획과(2021년)에 따르면, 우리나라 사람의 물 먹는 방법(복수응답)은 정수기 물(49.4%), 수돗물(36.0%), 먹는 샘물(32.9%), 지하수 등(1.2%), 기타(0.1%)의 순이다.

한편, 최근 상수원의 수질오염과 상수도관의 부식 등 수돗물에 대한 불신이 커지지만, 정수기 사용 가구 수는 점차 늘어나고 있다. 2020년 현재 연간 판매 대수는 278만 대이다. 정수기의 정수방식에 따라 관리하고, 정해진 필터 교환 시기를 지켜야 한다. 정수기의 기준과 규격은 환경부 고시로 정하고 있다.

또한 최근에는 먹는 샘물이 많이 판매되고 있다. 먹는 샘물은 샘물을 먹기에 적합하도록 물리적으로 처리하는 처리 등의 방법으로 제조한 물이다. 먹는 샘물의 수질기준은 먹는 물 수질기준을 적용하지만, 염소소독 등 화학적 처리가 허용되지 않는 먹는 샘물 처리과정의 특수성을 고려하여 미생물 등에 관한 기준을 보완하고 있다. 2021년 기준 먹는 샘물의 수질기준은 51개 항목이다. 먹는 샘물은 1995년 판매량(47만t)에 비해 2013년(354만t)에는 약 7.6배로 성장했으며, 제소업체는 1995년 14개소에서 2020년 61개소로 증가하였다. 먹는 샘물을 음용수로 이용할 때는 제조일부터 6개월 이내의 것을 선택하여야 한다.

〈표 3-24〉 공공재의 보급률

구분	상수도	하수도	도로포장	주택보급	도시화율
보급률(%)	97.3	94.3	93.5	104.8	91.8
상수도대비(배)	1.00	0.97	0.96	1.08	0.95
기준년도	2019	2019	2019	2019	2019

출처: 환경부(2022). 2021 환경백서.

〈표 3-25〉 상수도 보급현황

구 분	1995년	2000년	2005년	2010년	2015년	2020년*
총인구(천명)	45,974	47,977	49,268	51,434	52,672	52,975
급수인구(천명)	38,107	41,774	44,671	48,394	50,804	51,646
보급율(%)	82.9	87.1	90.7	95.3	98.8	97.5
급수량(ℓ /일·인)	398	380	363	333	335	345

*마을상수도 및 소규모 급수시설 이용인구 제외
출처: 환경부(2018). 환경통계포털, 환경부(2022). 2021 환경백서.

〈표 3-26〉 소규모 수도시설 현황

연도	시설수(개)	급수인구(천명)
2017	15,038	1,221
2018	14,342	1,154
2019	13,780	1,080
2020	12,900	998

출처: 환경부(2022). 2021 환경백서.

〈표 3-27〉 정수기 현황

구분		2014	2015	2016	2017	2018	2019	2020
업체수	수입	25	24	31	34	43	37	38
	제조	193	192	197	187	197	160	168
	계	218	216	228	221	240	197	206
판매대수(만)		187	200	200	222	250	247	278
판매금액(억원)		19,486	20,141	20,030	22,974	25,194	25,830	29,725

출처: 환경부(2022). 2021 환경백서.

〈표 3-28〉 먹는 샘물 현황

구분	1995년	2000년	2015년	2010년	2013년
판매량(톤)	471,514	1,429,970	2,320,187	3,354,000	3,543,329
금액(백만원)	60,543	156,189	245,544	348,641	519,925

출처: 환경부(2018). 환경통계포털.

먹는물의 수질은 정수장과 수도꼭지는 1990년부터, 간이상수도는 1991년부터, 약수터는 1992년부터 실시하며, 수도사업자가 자체적으로 실시하는 법정 검사 이외에 민·관 합동으로 시행한다.

먹는물의 수질을 정수장, 수도꼭지, 마을상수도, 약수터로 구분하여 검사를 한 결과, 정수장과 수도꼭지 등 수돗물과 관련된 지점은 안전하나 마을상수도와 약수터 등 지역에서 자체적으로 관리하는 곳의 검사기준 초과율이 높았다. 특히 약수터의 경우 검사대상이 많으며 기준을 초과한 비율도 25% 이상이 되므로 약수터 물을 음용수로 사용할 때 주의가 요망된다. 이에 2016년부터 먹는물공동시설(약수터) 시설개선을 위한 국고보조사업을 시행하고 있다.

한편, 2020년 기준 음용 지하수 시설은 전국 13,184개소(급수인구 98.5만 명)이며, 관리주체의 전문성 부족, 관정 노후화 등으로 먹는물 안전관리가 취약한 실정이다. 이에 2012년부터 안심지하수 지원사업을 통하여 무료 수질검사를 하고 있다.

〈표 3-29〉 먹는물의 수질 현황

지점	항목	1990년	1995년	2000년	2005년	2010년	2015년	2019년
정수장	검사(개소)	1,037	1,105	1,141	937	969	–	5,429
	기준초과(개소)	22	36	7	5	1	–	3
	기준초과율(%)	2.1	3.3	0.6	0.5	0.1	–	0.06
수도꼭지	검사(개소)	2,402	2,513	3,611	3,806	4,695	–	75,360
	기준초과(개소)	53	45	13	12	1	–	19
	기준초과율(%)	2.2	1.9	0.3	0.3	0.02	–	0.03
마을상수도	검사(개소)		590	590	483	1,256	–	71,022
	기준초과(개소)		170	27	26	23	–	2,701
	기준초과율(%)		28.8	4.5	5.4	1.83	–	3.8
약수터	검사(개소)		3,183	7,064	10,120	8,688	6,696	5,420
	기준초과(개소)		286	918	2,215	1,911	1,902	1,391
	기준초과율(%)		9.0	13.0	21.9	22.0	28.4	25.7

출처: 환경부(2022). 환경통계포털.

3) 물의 절약과 관리

(1) 물의 절약

2009년 1월 스위스 다보스(Davos)에서 열린 세계경제포럼에서는 수자원 부도 사태를 예고하면서 수자원으로 인한 세계 경제의 위험성을 경고하였다. 여기에서 경제성장과 인구급증으로 수자원의 수요가 증가하여 수자원 부도 사태가 보편적으로 될 것이며, 이로 인해 2025년에는 세계 곡물생산량의 30%가 감소할 것으로 예측하였다. OECD가 최근 발표한 보고서도 2025년에는 52개국 30억 명이 물부족을 겪을 전망이며, 현재 아프리카 중동 등지에서 이미 3억 명이 심각한 물부족을 겪고 있고 2050년에는 세계 인구의 2/3가 물부족 사태에 직면할 것으로 예상한다. 물은 석유와 달리 대체재가 없다. 따라서 바닷물을 담수로 만드는 기술을 실용화하거나 물을 절약하는 수밖에 없다.

물부족이란 사람들이 먹고, 쓸 물이 부족하다는 것을 의미한다. 즉 수요보다 공급이 부족한 상황을 나타내는 것으로 현재 세계 인구의 40%에 해당하는 80여 나라가 심각한 물부족 상태인 것으로 파악된다. 요르단강 유역 국가들은 사막개발에 따른 관개면적 급증으로 물 없는 고통을 호소하고 있으며, 물 풍요국가인 미국 역시 지하수를 너무 많이 사용하여 그로 인한 지반침하로 캘리포니아주, 애리조나주, 네브래스카주 등은 이미 물부족지역으로 분류되었다. 또한 중앙아시아도 기후변화 등으로 저수량이 1960년대에 30% 수준에 그치고 있으며, 중국 및 인도 역시 급격한 사막화와 지반침하에 따른 물 문제로 곡물생산량이 줄어드는 추세다. 유엔 등 국제기구는 세계적인 물 사용 급증으로 이 같은 물부족 문제가 더욱 가속화될 것으로 예상한다. 실제 물의 수요는 1950년과 1990년을 비교하면 3배가량 증가하였으며, 앞으로 35년 이내에 또다시 2배 이상 증가할 것으로 전망된다. 이에 OECD 등 세계는 21세기를 '물전쟁시대'로 예견하거나, 물이 석유보다 중요 자원이 될 가능성이 있다고 분석하고 있다.

유엔의 세계수자원 보고서에 따르면 우리나라의 수질은 180개국 중 8번째로 깨끗하다. 그러나 1인당 사용 가능 수자원량은 146등으로 매우 심각하다. 우리 국민 한 사람이 하루에 사용하는 물은 395ℓ 로 프랑스보다 많으며 독일의 3배에 가깝다. 국민소득 1천 달러를 기준으로 할 때, 우리나라의 물 사용량은 41.6ℓ 로 독일 4.8ℓ 에 비해 거의 10배에 달한다. 이렇게 선진국에 비해 물을 지나치게 많이 사용하고 있는 이유는 물값이 저렴하며, 예로부터 물은 공짜라는 습관이 있기 때문이다.

2012년 영국의 GWI(Global Water Intelligence)가 조사한 세계 19개 주요 대상 국가 중 우리나라는 체코, 폴란드, 호주에 이어 4번째로 수돗물 사용량이 많은 국가로 나타났다. 이 보고서에서 보편적으로 수도요금이 높은 국가에서 사용량이 적다고 분석하고 있는데, 우리나라는 인도, 중국, 러시아에 이어 4번째로 수도요금이 저렴하므로, 생산원가를 고려한 수도요금 산정이 필요하다.

한국수자원공사가 가정용 수돗물의 사용 용도를 분석한 결과, 변기용이 25%로 가장 많으며, 싱크대용 21%, 세탁기용 20%, 목욕용 16%, 세면용 11%, 기타 7%이었다. 따라서 물 절약을 위해 단기적으로는 용도별 사용방법 강구와 절수기기 도입을, 중장기적으로는 노후 수도관 교체, 물 절약형 수도요금체제 도입, 중수도 보급 등이 실시되어야 한다.

〈표 3-30〉 물 사용량

구분	한국	영국	호주	프랑스	일본	독일
1인 1일 급수량(ℓ)	395	393	479	281	397	132
1인당 국민소득($)	9,500	17,700	20,700	25,600	34,700	27,510
물 사용량(ℓ)	41.6	22.2	23.1	10.9	11.4	4.8

출처: 물환경정보시스템(2022).

〈표 3-31〉 수도요금 변화추이

구분	1996년	2000년	2005년	2010년	2015년	2020년
요금(원/㎥)	307	445.4	563.2	610.2	683.4	718.9
생산원가(원/㎥)	397	592.3	680.0	777.2	881.7	976.6
현실화율(%)	77.2	75.2	82.8	78.5	77.5	73.6

출처: 환경부(2022). 환경통계포털.

〈표 3-32〉 가정에서의 물 절약방법

구분	물 절약방법
부엌	• 자동 식기세척기를 사용할 때는 모아서 한꺼번에 사용한다. • 설거지나 채소, 과일을 씻을 때 물을 틀어놓고 하지 말고 받아서 한다. • 먹는 물은 냉장고에 넣어두면 찬물을 얻기 위해 오랫동안 물을 틀어놓는 걸 막을 수 있어 물 낭비를 막을 수 있다. • 설거지할 때 세제를 조금만 사용하면 헹구는 물도 줄고 오염도 줄일 수 있다. • 음식물 찌꺼기나 국물, 식용유나 기름 등을 하수구로 버리지 않는다. • 그릇에 묻은 기름기는 휴지 등으로 닦아 낸 후 씻는다.
세탁실	• 세탁은 빨래를 많이 모아서 한꺼번에 한다. • 세탁 후 물을 흘려보내지 않고 재활용한다.
욕실	• 샤워 시간은 짧게 하고 물을 오래 사용할 때는 샤워기 대신 욕조를 사용한다. • 절약형 샤워 꼭지나 유량 조절기가 부착된 것을 설치한다. • 양치, 면도할 때는 물을 틀어놓고 하지 말고 물을 받아서 이용한다. • 수도꼭지나 관의 누수를 점검한다. • 샤워할 때는 따뜻한 물을 받기 위해 찬물을 틀어 버리지 말고 그 물을 받아서 정원수나 변기 세척수로 사용한다. • 비누칠하는 동안 수도꼭지를 잠근다. • 샴푸나 린스는 되도록 적게 쓰도록 노력한다.
화장실	• 변기 누수를 없앤다. • 변기 물통에 모래 등을 채운 플라스틱 물병을 넣으면 가구당 약 35리터의 물을 절약할 수 있다. • 저유량 변기를 사용하면 20% 정도를 절약할 수 있다.
옥외	• 잔디의 물주기는 바람이 없을 때, 시원할 때, 이른 아침이 좋다. • 물주기를 할 때는 한 번에 충분히 주어 뿌리까지 적셔주고 정확한 위치에다 준다. 물주기가 충분하지 않으면 빨리 물이 증발하고, 다른 위치에 주면 물을 허비하게 된다. • 나무나 큰 식물에는 덮개를 하여 수분의 증발을 막는다. • 잔디를 조금 더 기르면 물 증발을 막을 수 있고 잔디에 물은 허드렛물을 준다. • 보도나 복도 등을 청소할 때는 호스를 이용한 물청소를 하지 말고 비로 쓴다. • 세차 시에는 호스를 쓰지 말고 비누로 닦아 마지막에는 물로 헹군다.

〈표 3-33〉 물풍요, 부족, 기근 국가

구분	1인당 사용가능한 물의 양	국가
물 기근 국가군	매년 1,000㎥ 미만 만성적인 물 부족을 경험하여 그 결과 경제발전 및 국민 복지, 보건이 저해	지부티, 쿠웨이트, 몰타, 카바르, 바레인, 바레이도스, 싱가포르, 사우디아라비아, 아랍에미리트연방, 요르단, 예멘, 이스라엘, 튀니지, 카포베르데, 케냐, 부룬디, 알제니, 르완다, 말라위, 소말리아
물 부족 국가군	매년 1,700㎥ 미만 주기적인 물 압박을 경험	**한국**, 리비아, 모로코, 이집트, 오만, 키프로스, 남아프리카, 폴란드
물 풍요 국가군	매년 1,700㎥ 이상 지역적 또는 특수한 물 문제만을 경험	벨기에 외 120개국

출처: 물환경정보시스템, 1999년 유엔 국제인구행동연구소 분류.

(2) 상수도 관리

상수도시설 확충 및 정비를 하여 물을 관리하여야 한다. 즉 먹는물 안전성 확보를 위한 고도정수처리시설 확충이 필요하다. 이에 원수수질이 나쁜 한강수계 3개소, 낙동강수계 16개소, 금강수계 2개소 등 총 21개 정수장에 고도정수처리를 도입하였다.

2019년 기준 전국 8,920개소의 소규모급수시설의 이용자는 38만 명이며, 이 시설의 40%가 1980년 이전에 설치한 노후시설이다. 이에 소규모수도시설(마을상수도 및 소규모급수시설) 개선을 통하여 안전한 먹는물을 공급해야 한다. 또한 창원시, 함안군, 김해시에서 4개소가 가동 중(44만 톤/일)인 강변여과수개발(강변 대수층을 통해 여과된 지하수를 취수하여 상수원으로 활용하는 간접취수방식)을 더욱 적극적으로 할 필요가 있다.

또한 상수도보호구역 제도, 저수조(5천㎡ 이상의 대형건물 및 아파트) 관리, 옥내급수관(연면적 6만㎡ 이상의 다중이용건축물) 관리, 수도용 자재와 제품으로부터 용출될 수 있는 유해물질에 대하여 위생안전기준 인증 시행, 정수시설 운영관리사 국가자격 등을 통하여 체계적인 물관리를 하여야 한다.

(3) 물산업 육성

물산업은 과거와 달리 상하수도는 물론 대체 수자원 개발, 이수와 치수, 생태를 포함한 유역종합개발 사업 등 포괄적 관점에서의 접근이 요구된다. 물산업에는 토목, 기계, 생물, 화학, 전기, 전자, 통신 등 다양한 연관산업이 존재하며, 장기사업의 특성을 가지므로 금융과 제조업 간의 유기적인 협력 또한 매우 중요하다. 양적, 질적으로 제한된 물을 효과적으로 활용하고 증가하는 물수요에 대응하기 위해서는 기존의 기술보다 효율적인 기술개발이 필요하며, 특히 기존의 활용하지 못했던 물을 활용할 수 있는 대체 수자원 기술에 대한 수요가 증가하고 있다. 즉 미래 물 부족에 대비하고 물 산업 육성 기반을 확보하기 위해서는 해수담수화, 물 재활용 등 대체수자원을 개발하는 지속가능한 수자원 정책이 중요하다. 예를 들어, 상수원의 90% 이상을 낙동강에 의존하고 있는 부산을 비롯한 경남지역은 2009년 6개월째 비가 내리지 않자 극심한 가뭄을 겪었다. 낙동강 수질은 1급수에서 3급수로 떨어졌다. 이에 부산시는 국내 최대 규모의 해수 담수화시설 건설에 나섰다.

물문제는 기후변화, 극심한 기상이변과 밀접한 관련이 있으며, 에너지-식량-건강-생태-문화 등 인간의 삶의 질을 포함한 사회 전반에 연관된 문제로 확대되고 있다. 세계의 물시장은 2020년 기준 약 996조 원이며, 2024년까지 연평균 3.4%로 지속 성장할 것으로 전망하고 있으며, 우리나라의 물시장은 규모 기준으로 2020년에 세계 7위이다. 체계적인 물산업을 육성하기 위하여 스마트 물산업육성전략을 수립(2016.11)하고 「물관리기술발전 및 물산업진흥에 관한 법률」을 제정(2018.6.12. 공포)하였다.

세계의 물산업은 광역적 경향, 소비자의 요구수준이 높아지면서 물기업의 전문화 경향, 해외시장 진출 시 현지 기업들과의 다양한 제휴 및 협력을 확대하고 있다. 따라서 우리나라에서도 이러한 관점에서 물산업을 육성하여야 한다.

참고자료

참고문헌

뉴스1 (2017. 07. 16). 씽크홀 사고 예방.

동아일보 (2010. 11. 01 ~ 2010. 11. 08.). 워터노믹스, 물경영시대 1~5.

연합뉴스 (2013. 01. 22.). 물산업이 신성장 동력.

이태교 (2000). **물환경 인간.** 서울: 범문사.

조순행 (2001). **물환경개론.** 파주: 동화기술교역.

한국수자원공사 (2010). **사람과 생명을 위한 물, UN개발보고서.** 베니프(주) 역.

한국수자원공사 (2022). 2021 지하수조사연보.

한국환경산업연구원 (2013). 환경보전관리총람.

환경부(2016). 녹조, 녹조현상은 무엇인가.

환경부 (2018). 2017 환경백서.

환경부 (2022). 2021 환경백서.

환경통계포털(2022). 인포그래픽.

사이트

- 국가지하수정보센터 http://www.gims.go.kr
- 디스커버리 채널 다큐멘터리, 인사이드 아웃-스마트리버(smart river)
- 물관리정보유통시스템 http://www.wins.go.kr
- 물환경정보시스템 http://water.nier.go.kr
- 환경부 http://www.me.go.kr
- 환경종합정보서비스 http://etips.me.go.kr
- 환경통계포털 http://stat.me.go.kr
- 한국샘물협회 http://www.nmwater.or.kr
- 한국수자원공사 http://www.kwater.or.kr

CHAPTER 04

조용하고 밝은 음환경과 빛환경

□ Contents

CHAPTER 04

조용하고 밝은 음환경과 빛환경

소음은 소리의 크고 낮음에 상관없이 소리를 듣는 사람의 관심과 느낌에 따라 감미로운 음악이 소음이 될 수도 있다. 한편, 빛환경은 태양을 광원으로 하는 자연채광뿐만 아니라 여러 인공광원의 개발로 밤낮없이 우리의 생활환경에 영향을 준다. 조용하고 밝은 생활환경 확보를 위한 음환경과 빛환경에 대하여 살펴보기로 한다.

1 음환경

1) 소음과 진동환경의 기준

(1) 소음의 개념

소음이란 "기계·기구·시설, 기타 물체의 사용으로 발생하는 강한 소리"이다(소음·진동규제법 제2조 제1항). 즉 소음(noise)이란 '원하지 않는 소리(불쾌한 소리)'라고 정의할 수 있으며, 단순히 시끄러운 소리만이 아니라 듣기 싫은 소리까지 포함해서 우리 감각에 불쾌감 또는 피해를 주는 비주기적인 소리라고 할 수 있다. 이같이 물리적으로 발생하는 소리는 개개인의 주관적인 판단에 따라 좋게도 느껴지고 나쁘게도 느껴지기 때문에 교통소음이나 공장소음과 같이 명확하게 소음으로 분류할 수 있는 것을 제외하고, 단순히 물리적으로 측정되는 크기로만 소음이라 판단하는 것이 아니다. 즉 소음은 주관적인 판단으로 공해가 되기도 하고 그렇지 않기도 한다.

〈표 4-1〉 소리의 크기

소리의 크기(dB)	예
1	아주 희미한 소리, 정상적인 사람의 귀에 들릴까 말까 할 정도
20	나뭇잎 흔들리는 소리
30	속삭임, 조용한 도서관, 벽시계 소리, 조용함, 쾌적한 상태
35	조용한 공원, 수면에 거의 영향 없음.
40	정상적인 대화, 냉장고 소리, 조용한 주택가의 낮 안면방해, 수면 깊이가 낮아짐(35dB을 기준으로 40% 정도)
50	조용한 사무실, 식당, 백화점 호흡, 맥박수의 증가, 계산력 저하 수면 깊이 저하(35dB을 기준으로 88% 정도)
60	타자기, 재봉틀 소리, 조용한 승용차 내 소음으로 인한 위생적 한계(건강 보전) 수면 깊이 저하(35dB을 기준으로 120% 정도)
65	큰 음성, 정신 집중력 저하 TV, 라디오, 전화 등의 청취 장애
70	타자기, 전화벨 소리, 도로변 소음, 시끄러운 승용차 내 부신피질(생명 유지를 위한 내분비계) 호르몬 감소, 청력손실 시작
80	철도변 소음, 1m 거리에서 인쇄기계 소리(80~98dB), 지하철 차내 양수막 조기 파열의 출현
85	지속해서 노출되면 손상을 줄 수 있음 하루 8시간 노출되는 근로자는 매년 청력검사를 하여야 함 하루 8시간 노출되는 근로자는 반드시 보호장구를 착용하여야 함
90	잔디 깎는 기계, 트럭 소리, 방직공장 내 소음 소변량 증가, 하루 8시간 이상 노출 시 청력감소
95	1m 거리에서 전기대패 소리(95~100dB) 보호장구가 없는 경우 노출 허용 시간은 4시간
100	체인톱, 공기 드릴, 스노모빌, 전철 통과음 하루 2시간 이상 노출 시 청력장애 유발
115	모래분사기, 록 콘서트, 자동차 경적(전방 2m), 하루 15분이 최대 허용치
130	고막 파괴
140	제트 엔진 소리, 통증 유발, 짧은 노출에도 귀의 손상을 줄 수 있음 보호장구를 갖춘 상황에서 최대 허용 한계

소리의 크기(dB)는 데시벨로 측정한다. 사람이 감지할 수 있는 가장 작은 소리는 1dB이며 로켓 발진 소리는 180dB이 넘는다. 데시벨은 대수적으로 표현되는데, 데시벨이 10단위만큼 증가하게 되면 10배로 커진다. 즉 20dB은 10dB보다 10배나 큰 소리이며 30dB은 10dB보다 100배 크다. 소음은 신체적, 정신적 활동에 다양한 영향을 준다.

① 생리적 · 심리적 영향

소음에 의한 증상으로서 처음 나타나는 것은 감정의 흥분, 불면 등인데, 이것은 소음 자극으로 교감신경이 긴장하기 때문이다. 그 외 소음이 미치는 영향은 심장병, 동맥혈관 수축, 호흡속도 감소, 소화 장애 등이다. 이러한 소음의 영향은 음의 물리적인 성질과 그 소음을 듣고 있는 인간의 상태에 따라 달라진다. 즉 소음 레벨이 클수록 인간이 받는 영향은 크며, 저주파보다는 고주파 성분이 많을 때 크게 영향을 받으며, 지속시간이 길수록 더 많은 영향을 받는다. 지속적인 소음보다 반복되는 소음과 충격음에 의한 영향이 더 크다.

소음성 난청

소음이 90dB 혹은 100dB 이상과 같이 큰 소음에 폭로되면 작업 후에는 일시적인 청력저하가 나타날 때도 있으나 긴 세월 이런 소음환경에 있으면 영구적인 소음성 난청이 야기된다. 이것은 내이(內耳)의 장해로서 대략 4,000㎐ 부근에서 청력의 소실이 일어난다. 보통 75dB 이하의 소리는 난청을 유발하지 않으며, 처음은 고음역에서만 장해가 나타나므로 이 시기에는 작업자가 귀가 멀어졌다는 것을 자각하지 못하는 수가 많다. 왜냐하면 언어는 보통 300~3,000㎐의 음역에 있으므로 고음역에 장해가 있어도 회화에는 영향이 없기 때문이다.

근속연수가 길어 난청의 정도가 진행되면 2,000㎐, 1,000㎐에도 청력저하가 나타나며, 주변이 조금만 시끄러워도 상대방의 이야기를 정확히 못 알아들어 대화하기 힘들어진다.

그리고 건강한 사람보다는 환자 또는 임산부가, 남성보다는 여성이, 노인보다는 청년이 소음에 대하여 민감하다. 또한 심신의 상태에 따라 영향에 차이가 있다. 일하고 있을 때와 잠을 자고 있을 때는 소음의 크기와 영향이 크게 차이가 난다. 소음에 익숙하거나 만성적인 사람은 웬만한 소음에 대해서는 크게 영향을 받지 않는다.

② 작업능률 영향

전혀 음이 없는 환경보다 약간의 규칙적인 소음(35dB 이하)이 있는 편이 학습을 돕는다는 것은 경험적으로 알려져 있다. 어느 정도의 자극이 없으면 신체에 긴장이 없어 정신적으로 이완되기 때문이다. 그러나 그 정도를 지나치면 근긴장(筋緊張)은 증가하고 반응시간은 연장되며 주의력은 저하되고 작업의 착오, 회화방해, 작업능률 저하 등이 초래된다.

소음과 학습성취도

교통이 혼잡한 도로변에 거주하는 아동은 소음의 영향으로 스트레스를 받아 학업성취도가 떨어지는 등 정신건강이 좋지 못하다는 연구 결과가 공개되었다. 2002년 5월 28일 BBC 인터넷판에 따르면 오스트리아 인스브루크 대학의 피터 레체르 박사팀은 혼잡한 고속도로가 위치한 오스트리아의 티롤 지방에 거주하는 8~11세의 아동 1,400명을 대상으로 출생기록과 학업성취도를 비교한 결과, 이 같은 결론에 도달하였다. 박사팀은 교통소음 등이 아동의 학업성취도, 행동 그리고 집중력에 영향을 끼칠 수 있다고 지적하면서 매일 지속해서 소음에 노출되는 점을 가장 주요한 아동 정신건강의 유해요인으로 꼽았다. 박사팀은 특히 이들 아동에게 소음이 누적되는 경향을 발견했다면서 환경소음 수치가 높을수록 정신건강에 더 많은 악영향을 끼친다는 사실을 발견하였다. 아울러 조산아나 저체중아일수록 소음에 따른 정신건강의 유해정도가 높다는 점을 연구팀이 지적하였다.

출처: 연합뉴스(2002.5.29.) 기사 발췌.

③ 사회적 관계 영향

소음이 인간 개인의 심리나 작업능률에 주는 영향은 개인의 문제를 떠나서, 인간관계에도 소음의 상태에 따라 악영향을 미칠 수 있다. 그중 흔히 나타나는 사회적 관계에 나타나는 소음은 층간소음이 있다.

층간소음(層間 騷音)은 다세대주택 혹은 아파트에서 주로 발생하는 소음공해이다. 층간소음은 화장실 물소리, 바닥충격음 소리, 피아노 소리, 오디오 소리, 대화 소리, TV 소리 등을 총칭하여 부르는 것으로, 층간소음 중 바닥충격음은 식탁 의자를 끄는 것 같은 가볍고 딱딱한 충격인 경량충격음(58dB 이하)과 어린아이가 뛰는 것 같은 무겁고 부드러운 충격인 중량충격음(50dB 이하)으로 분류된다. 과거 단독주택 위주의 생활에서, 오늘날 아파트 등의 공동주택이 일반화되면서 층간소음 문제가 대두되기 시작하였다.

다수의 세대가 한 겹의 벽과 바닥을 사이에 두고 생활하는 공동주택의 특성상, 층간소음으로 인한 다툼이 일어날 수 있다. 특히 층간소음 중에서도 콘크리트 면에 직접 충격이 가해짐으로써 발생하는 바닥충격음(고체전달음)은 인접 세대에 쉽게 전달되는 특성이 있다. 이러한 소음은 주로 위층 아래층에서 아이들이 뛰는 소리와 물건을 끌어 옮기거나 떨어지는 등의 소리이다. 층간소음은 다른 소음공해와 마찬가지로 정신적, 육체적 건강에 좋지 못한 영향을 끼치며, 이로 인해 이웃 간에 많은 문제와 민원 제기 등 사회적인 문제로까지 대두되기도 한다.

사회문제로 대두되고 있는 층간소음 분쟁을 해소하고자 국토교통부와 환경부가 공동으로, 「공동주택 층간소음의 범위와 기준에 관한 규칙」을 제정(2014.6)하고, 층간소음의 상담 조정을 위한 전문기관인 한국환경공단을 설치(2012)하였으며, 층간소음 민원이 꾸준히 증가함에 따라 환경보전협회를 층간소음 전문기관으로 추가 지정(2021.1)하여 층간소음으로 인한 민원 해결에 노력하고 있다.

우리나라에는 주택성능등급 인정 및 관리기준(2008.9.29.)이 정해져 있다. 1,000세대 이상(에너지성능등급은 300세대 이상) 공동주택은 의무적으로 성능등급을 인정받아 입주자모집 공고 시 표시하여야 한다. 평가는 사업계획승인 설계도서에 따라 소음, 구조, 환경, 생활환경, 화재소방 등 5개 부문 14개 범주 20개 항목에 대해 이루어진다. 이 중 소음관련 등급은 경량충격음, 중량충격음, 화장실 소음, 경계소음이 포함되어 있다. 측정기준은 주간(55dB 이상)과 야간(45dB 이상)에 걸쳐 5분 연속 발생하는 평균값으로 계산한다. 한편, 친환경 건축과 주택성능등급을 녹색건축인증(2013.2.23)으로 통합하면서 주택성능의 표시 의무대상을 500세대 이상으로 확대하였다.

층간소음 갈등은 이웃관계 개선으로 해결하자

층간소음의 갈등으로 살인사건이 일어나기도 한다. 한 아파트에서 아래층에 살던 A씨는 3년 전부터 층간소음 문제로 다투어 오던 B씨와 다투다 흉기로 찔러 살해하였다. 또 아파트 층간소음으로 갈등을 빚던 아래층, 위층 이웃 간에 집단 난투극이 벌어져 코뼈가 내려앉고 손가락이 절단되는 사고가 일어나기도 하였다.

조심해달라고 메모도 남겨보고, 인터폰으로 정중하게 부탁을 해도 개선되지 않을 때가 많고, 구청이나 층간소음이웃사이센터에 신고 접수를 해도 해결되지 않고 시간이 오래 걸리고, 소음측정을 해도 기준치 미만으로 나오기도 한다.

그래서 보복소음을 일으키기도 하는데, 이는 경범죄에 해당하기도 한다. 악기나·라디오·텔레비전·전축·종·확성기·전동기 등의 소리를 지나치게 크게 내거나 큰 소리로 떠들거나 노래를 불러 이웃을 시끄럽게 하면 경범죄(10만 원 이하의 벌금, 구류 또는 과료의 형)로 처벌받을 수 있다.

층간소음으로 인한 이웃 간의 다툼은 이웃관계를 개선하는 것이 가장 바람직하다. 즉 소음은 감성공해이므로, 같은 소리라도 듣는 사람에 따라 소음이 될 수도 있고 안 될 수 있다. 평소에 이웃관계가 원만하면 소음이 발생하지 않도록 더 조심하기도 하고, 설령 소음이 발생하더라도 어느 정도 참아 주며, 큰 다툼으로까지 확산하지 않기 때문이다.

층간소음 사후확인제

'층간소음 사후확인제'는 아파트 등 공동주택 사업자가 아파트 완공 뒤 사용승인을 받기 전 바닥충격음 차단 성능을 확인하는 성능검사를 실시해 검사기관에 제출하도록 한 제도이며, 2022년 8월 4일부터 시행된다.

향후 지어질 아파트의 층간소음을 실험실에서 측정해 1~4등급 안에 들면 성적서를 발급한 뒤 시공에 들어가는 '사전 인정제도'는 시공 후 층간소음이 발생하더라도 개선 방법이 없다는 문제점이 있다. 그러나 '층간소음 사후확인제'는 공동주택 사업자는 아파트 완공 뒤 사용승인을 받기 전 바닥충격음 차단 성능을 확인하는 성능검사를 실시해 검사기관에 제출해야 한다. 만약 바닥충격음 차단 성능이 기준에 미달하는 경우, 검사기관은 사업자에게 보완 시공이나 손해배상 등을 권고할 수 있다. 그리고 보완 시공이나 손해배상을 권고받은 사업자는 10일 안에 조치계획서를 작성해 제출하고, 조치 결과를 검사기관에 보고해야 한다.

(2) 소음환경의 기준

소음은 크게 공장소음, 교통소음, 생활소음, 항공기소음 등으로 크게 나눌 수 있다.

① 공장소음

공장에 설치되는 시설은 한번 설치되면 반영구적으로 사용하게 되므로 공장소음은 인근지역에 지속해서 피해를 줄 수 있어 관리를 철저히 하고 있다. 즉 공장에 설치되는 소음배출시설은 자동차나 기차 및 항공기와 같은 이동소음원이 아니라 고정소음원이다.

공장소음 피해는 국지적인 점을 고려하여 1993년에 소음배출시설의 설치허가 등에 관한 업무를 환경부장관에서 관할 자치단체장의 업무로 전환하였다. 한편 산업단지 전용공업지역 일반공업지역 등, 기타 대통령령으로 정하는 공장에 대해서는 소음배출시설 설치 허가 대상에서 제외하였다.

〈표 4-2〉 공장소음 배출허용기준

(단위: dB(A))

대상지역	시간대별		
	낮 (06:00~18:00)	저녁 (18:00~24:00)	밤 (24:00~06:00)
가. 도시지역 중 전용주거지역·녹지지역, 관리지중 취락지구·주거개발진흥지구 및 관광·휴양개발진흥지구, 자연환경보전지역 중 수산자원 보호구역 외의 지역	50 이하	45 이하	40 이하
나. 도시지역 중 일반주거지역 및 준주거지역	55 이하	50 이하	45 이하
다. 농림지역, 자연환경보전지역 중 수산자원보호구역, 관리지역 중 가목과 라목을 제외한 그 밖의 지역	60 이하	55 이하	50 이하
라. 도시지역 중 상업지역·준공업지역, 관리지역 중 산업개발진흥지구	65 이하	60 이하	55 이하
마. 도시지역 중 일반공업지역 및 전용공업지역	70 이하	65 이하	60 이하

출처: 소음 · 진동관리법 시행규칙 별표5. 개정 2019.12.31.

② 교통소음

교통소음은 그 배출원이 자동차, 기차 등으로 엔진소음, 배기소음, 주행소음, 경적 등 발생소음도가 매우 클 뿐 아니라 그 피해지역도 광범위하다. 특히 자동차는 차량 대수가 급격히 증가하는 데 반해 도로 여건은 부족하고 운전자의 소양도 부족해서 더욱 심각해지고 있다. 자동차소음은 배기관, 엔진소리, 타이어 마찰음, 그리고 경적음을 들 수 있고 자동차가 저속주행의 경우 엔진음이 주체이고, 고속주행이면 타이어음이 주체가 된다. 자동차소음 민원의 특성을 보면 가해자의 불특정, 대책에 의한 소음 저하가 어렵고 생활에 밀착된 소음이라는 점이다. 대체로 우리나라의 도로교통소음의 양상은 도시의 경우, 상·공업지역은 물론 주거지역까지 교통소음 영향권에 있으며, 고속도로 등 각종 도로망의 확장으로 농촌으로도 교통소음의 영향권은 확대되고 있다.

철도소음은 전동음(차륜과 레일의 충돌에 의한 음), 모터음, 공력음(차체 주변의 공기가 난류를 형성하여 발생하는 음), 구조물음(고가교 등의 진동에서 방사되는 음)

등이다. 이는 간헐적이고 열차 통과 중의 소음레벨은 대개 일정하다. 대부분이 철로의 인근에서 발생하는 소음은 특히 10m 이내에서 90dB(A) 이상의 수준을 기록하고 있다.

〈표 4-3〉 도로의 교통소음의 관리기준

대상지역	구분	한도	
		주간 (06:00~22:00)	야간 (22:00~06:00)
가. 주거지역, 녹지지역, 관리지역 중 취락지구·주거개발진흥지구 및 관광·휴양개발진흥지구, 자연환경보전지역, 학교·병원·공공 도서관 및 입소규모 100명 이상의 노인의료 복지시설·영유아보육시설의 부지 경계선으로부터 50미터 이내 지역	소음 (LeqdB(A))	68	58
나. 상업지역, 공업지역, 농림지역, 생산관리지역 및 관리지역 중 산업·유통개발진흥지구, 미고시 지역	소음 (LeqdB(A))	73	63

출처: 소음 · 진동관리법 시행규칙 별표11. 개정 2019.12.31.

〈표 4-4〉 철도의 교통소음의 관리기준

대상지역	구분	한도	
		주간 (06:00~22:00)	야간 (22:00~06:00)
가. 주거지역, 녹지지역, 보전관리지역, 관리지역 중 취락지구 · 주거개발진흥지구 및 관광 · 휴양개발진흥지구, 자연환경보전지역, 학교 · 병원 · 공공도서관 및 입소규모 100명 이상의 노인의료복지시설 · 영유아보육시설의 부지 경계선으로부터 50미터 이내 지역	소음 (LeqdB(A)	70	60
	진동 (dB(V))	65	60
나. 상업지역, 공업지역, 농림지역, 관리지역 중 산업 · 유통개발진흥지구 및 관리지역 중 가목에 포함되지 않는 그 밖의 지역, 미고시 지역	소음 (LeqdB(A))	75	65
	진동 (dB(V))	70	65

*정거장은 적용하지 않는다.
출처: 소음 · 진동관리법 시행규칙 별표11. 개정 2019.12.31.

③ 생활소음

생활소음 배출원은 확성기소음, 건설공사장의 작업소음, 소규모 공장의 작업소음, 유흥업소 심야소음 등 매우 다양하다. 최근 인구증가와 더불어 도시화, 산업화 등에 따라 생활소음 배출원 수는 급격히 증가하고 있다. 특히 환경분야 전체 민원 중 52.6%를 차지하고 있고, 생활수준의 향상에 따른 조용한 생활환경에 대한 욕구가 날로 증대되고 있어 이에 대한 대책이 필요하다.

생활소음의 소음원에 포함되어 있지 않지만 일상생활환경에서 층간소음의 문제는 심각하다. 이에 층간소음에 대하여 별도의 기준을 정하고 있다.

〈표 4-5〉 생활소음 규제기준

(단위: dB(A))

<table>
<tr><th rowspan="2">대상지역</th><th colspan="2">시간별</th><th rowspan="2">아침, 저녁
(05:00~07:00,
18:00~22:00)</th><th rowspan="2">주간
(07:00~18:00)</th><th rowspan="2">야간
(22:00~05:00)</th></tr>
<tr><th colspan="2">소음원</th></tr>
<tr><td rowspan="7">가. 주거지역, 녹지지역, 관리지역 중 취락지구·주거개발진흥지구 및 관광·휴양개발진흥지구, 자연환경보전지역, 그 밖의 지역에 있는 학교·종합병원·공공도서관</td><td rowspan="2">확성기</td><td>옥외설치</td><td>60 이하</td><td>65 이하</td><td>60 이하</td></tr>
<tr><td>옥내에서 옥외로 소음이 나오는 경우</td><td>50 이하</td><td>55 이하</td><td>45 이하</td></tr>
<tr><td colspan="2">공장</td><td>50 이하</td><td>55 이하</td><td>45 이하</td></tr>
<tr><td rowspan="2">사업장</td><td>동일 건물</td><td>45 이하</td><td>50 이하</td><td>40 이하</td></tr>
<tr><td>기타</td><td>50 이하</td><td>55 이하</td><td>45 이하</td></tr>
<tr><td colspan="2">공사장</td><td>60 이하</td><td>65 이하</td><td>50 이하</td></tr>
<tr><td rowspan="6">나. 그 밖의 지역</td><td rowspan="2">확성기</td><td>옥외설치</td><td>65 이하</td><td>70 이하</td><td>60 이하</td></tr>
<tr><td>옥내에서 옥외로 소음이 나오는 경우</td><td>60 이하</td><td>65 이하</td><td>55 이하</td></tr>
<tr><td colspan="2">공장</td><td>60 이하</td><td>65 이하</td><td>55 이하</td></tr>
<tr><td rowspan="2">사업장</td><td>동일 건물</td><td>50 이하</td><td>55 이하</td><td>45 이하</td></tr>
<tr><td>기타</td><td>60 이하</td><td>65 이하</td><td>55 이하</td></tr>
<tr><td colspan="2">공사장</td><td>65 이하</td><td>70 이하</td><td>50 이하</td></tr>
</table>

출처: 소음 · 진동관리법 시행규칙 별표8. 개정 2019.12.31.

〈표 4-6〉 층간소음 기준

(단위: dB(A))

구분		주간 (06:00~22:00)	야간 (22:00~06:00)
직접충격 소음	1분간 등가소음도 (Leq)	43	38
	최고소음도 (Lmax)	57	52
공기전달 소음	5분간 등가소음도 (Leq)	45	40

출처: 공동주택 층간소음의 범위와 기준에 관한 규칙 별표.

④ 항공기소음

항공기소음 피해는 항공기의 운항항로 신설 및 운항 횟수의 급격한 증가에 따라 사회적인 문제로 대두되고 있다. 환경부에서는 항공기소음 대책 수립을 위한 기초자료 확보를 위하여 1989년부터 항공기소음 자동측정망을 설치하고 항공기 소음도를 상시 측정하고 있다. 항공기 소음대책이 요구되는 항공기소음 영향도(WECPNL) 80이 넘는 지역은 김포공항 3km 이내, 제주와 김해공항은 1km 이내의 지역이 대부분 해당한다. 특히 2023년부터 항공기 소음측정 단위가 최고소음도와 횟수를 측정하는 '웨클'에서 시간대별 평균을 측정하는 '데시벨'로 바뀐다. '웨클'은 주민 체감도가 높지 않으며, 다른 생활소음과 비교하기 어렵기 때문이다.

〈표 4-7〉 항공기소음의 시끄러운 정도와 토지이용

소음도(WECPNL)	시끄러운 정도	환경
90 이상	대단히 시끄럽다	주거생활 곤란
80~89	시끄럽다	주거용 건축(방음시설 설치)
76~79	약간 시끄럽다	교육시설, 병원(방음시설 설치)
71~75	별로 시끄럽지 않다	주거에 지장이 없는 지역
70 이하	시끄럽지 않다	주거 쾌적 지역

출처: 교통부(1989).

〈표 4-8〉 공항소음 피해지역 지정 및 항공기소음 한도

<table>
<tr><th colspan="4">항공법 시행규칙('93.2.13)</th><th colspan="2">소음진동규제법 시행규칙
('94.11.21)</th></tr>
<tr><td>지역별</td><td colspan="2">소음도
(WECPNL)</td><td>대책</td><td>지역별</td><td>소음도
(WECPNL)</td></tr>
<tr><td>소음피해 지역</td><td colspan="2">1종 구역 95 이상
2종 구역 90 이상 95 미만</td><td>이주
방음공사</td><td>공항주변
인근지역</td><td>90 이상</td></tr>
<tr><td>소음피해
예상지역</td><td>3종
구역</td><td>가: 85~90
나: 80~85</td><td>1, 2종 구역
방음공사 완료 후
방음공사</td><td>기타지역</td><td>80~90</td></tr>
</table>

출처: 한국공항공단(1995).

(3) 진동환경의 기준

진동은 일반적으로 어떤 물체가 기준 위치에 대해 반복운동을 할 때 그 물체는 진동한다고 말한다. 즉 진동은 기계, 기구, 시설 기타 물체의 사용으로 인하여 발생하는 강한 흔들림이다(소음·진동규제법 제2조 제2항). 가진력에 의해 어떤 양의 크기가 시간이 지남에 따라 어떤 기준값보다 커지거나 작아져서 주기적으로 변동하는 현상인 진동은 통상 정위치에서 지반 또는 기계 등이 상하, 또는 전후로 반복하여 움직이는 것을 말한다.

진동은 생체에 작용하는 방식에 따라 전신진동과 국소진동으로 구분된다. 전신진동은 지지구조물을 통해서 전신에 전파되는 진동으로 교통차량, 선박, 항공기를 타거나 기중기, 분쇄기 등을 운전할 때 다리 등을 통해서 전신에 퍼진다. 전신진동은 2~100Hz에서 장해를 유발한다. 전신진동의 영향은 특히 순환기에 크게 나타나며 말초혈관이 수축하고 혈압이 상승하여, 맥박증가, 위장장애, 척추이상, 불쾌감을 일으킨다.

국소진동은 국소적으로 손과 발 등 특정 부위에 전파되는 진동으로 착암기, 연마기, 전기톱, 못 박는 공구 등을 사용할 때 일어날 수 있다. 국소진동은 8~1,500Hz에서 장해를 유발한다. 국소진동의 영향은 신경염 유발, 각종 뼈와 관절 이상, 근육 위축, 감각마비 증상을 일으킨다.

진동의 발생 원인은 건설공사, 도로교통, 철도교통 등으로 매우 다양하게 나타나며 주로 지반을 통하여 건축물에 전파되어 건물 내에 2차 소음을 발생시키는 것이 보통이다. 진동은 인간의 생리적 장애와 심리적 불쾌감을 주고 생활환경을 악화시키며, 기계나 건물의 수명에 나쁜 영향을 주고 있다.

진동의 규모는 진동수, 속도, 가속도 등으로 파악할 수 있는데, 환경기준에서 사용되는 단위는 진동가속도 레벨로서 진동가속도이다. 지진은 자연현상의 진동으로, 규모와 진도로 그 정도를 나타낸다. 규모는 절대적인 세기의 척도이며, 진도는 특정 장소에서 느껴지는 상대적인 세기의 척도이다.

〈표 4-9〉 진동의 크기에 따른 감각

진도계	지진 명칭	진동가속도 레벨(dB)	감각	비고
0	무감	55 이하	못 느낌	50dB에서는 수면장해 없음 40dB에서는 사람은 느끼지 못하나 지진계에는 기록될 정도임
1	미진	55~65	겨우 느낌	진동을 느끼기 시작함
2	경진	65~75	많은 사람이 느낌	얕은 잠에 영향을 미치기 시작함 물건이 살짝 흔들리는 정도
3	약진	75~85	물이 움직임	직장(直腸)에서 진동을 느끼고, 깊은 잠을 자지 못함
4	중진	85~95	기물이 넘어짐	인체에 생리적 영향이 일어나기 시작함
5	강진	95~105	벽에 금이 감	2016년 규모 5.8의 지진이 경주에서 발생. 2022년 현재까지 국내 발생 지진 중 가장 큰 규모임 2017년 규모 5.4의 지진이 포항에서 발생
6	열진	105~115	가옥 파괴 30% 이하	2022년 규모 6의 지진이 아프가니스탄에서 발생하여 1,000여 명 사망
7	격진	115 이상	가옥 파괴 30% 이상	1995년 규모 7.2의 지진이 일본 고베시에서 발생하여 6,432명 사망하고, 390,719동의 주택 손상 1999년 규모 8.3의 지진이 타이베이에서 발생하여 2,193명 사망

〈표 4-10〉 도로의 진동의 관리기준

대상지역	구분	한도	
		주간 (06:00~22:00)	야간 (22:00~06:00)
가. 주거지역, 녹지지역, 관리지역 중 취락지구·주거개발진흥지구 및 관광·휴양개발 진흥지구, 자연환경보전지역, 학교·병원·공공 도서관 및 입소규모 100명 이상의 노인의료 복지시설·영유아보육시설의 부지경계선으로부터 50미터 이내 지역	진동 (dB(V))	65	60
나. 상업지역, 공업지역, 농림지역, 생산관리지역 및 관리지역 중 산업·유통개발진흥지구, 미고시 지역	진동 (dB(V))	70	65

출처: 소음 · 진동관리법 시행규칙 별표11. 개정 2019.12.31.

〈표 4-11〉 생활진동 규제기준

(단위: dB(V))

시간별 대상지역	주간 (06:00~22:00)	심야 (22:00~06:00)
가. 주거지역, 녹지지역, 관리지역 중 취락지구·주거개발진흥지구 및 관광·휴양개발진흥지구, 자연환경보전지역, 그 밖의 지역에 소재한 학교·종합병원·공공도서관	65 이하	60 이하
나. 그 밖의 지역	70 이하	65 이하

출처: 소음 · 진동관리법 시행규칙 별표8. 개정 2019.12.31.

〈표 4-12〉 공장진동 배출허용기준

단위: dB(V)

대상 지역	낮 (06:00~22:00)	밤 (22:00~06:00)
도시지역 중 전용주거지역 · 녹지지역, 관리지역 중 취락지구·주거개발진흥지구 및 관광 · 휴양개발진흥지구, 자연환경보전지역 중 수산자원보호구역 외의 지역	60 이하	55 이하
도시지역 중 일반주거지역 · 준주거지역, 농림지역, 자연환경보전지역 중 수산자원보호구역, 관리지역 중 가목과 다목을 제외한 그 밖의 지역	65 이하	60 이하
도시지역 중 상업지역 · 준공업지역, 관리지역 중 산업개발진흥지구	70 이하	65 이하
도시지역 중 일반공업지역 및 전용공업지역	75 이하	70 이하

출처: 소음 · 진동관리법 시행규칙 별표5. 개정 2019.12.31.

2) 소음과 진동의 현황 및 대책

(1) 소음의 현황

① 일반현황

2020년 소음진동 배출업소는 59,229개소로 2016년 대비 0.7% 감소하였다. 학교, 공동주택, 종합병원 등 정온이 있어야 하는 지역의 배출업소(허가대상)는 885개소로 2016년 대비 0.5% 증가하였다. 시도별로는 경기에 49.8%가 집중되어 있으며, 경남 10.5%, 충남 9.4%의 순이다.

전용주거지역의 소음 현황은 낮과 밤 모두 전국적으로 환경기준을 초과한다. 그러나 일반주거지역, 상업지역, 공업지역은 모두 환경기준 내에 있다. 따라서 전용주거지역의 소음대책에 더욱 힘써야 하겠다.

2020년 소음진동 민원은 169,679건으로 전년 대비 18.5% 증가하였으며, 최근 5년간 26.7% 증가하였다. 환경관련 전체 민원의 52.6%를 차지하였으며, 시도별로는 서울(35.6%), 경기(22.3%) 등 수도권지역이 가장 높게 나타났다.

〈표 4-13〉 일반지역 소음실태

(단위: dB(A))

적용 대상 지역	환경 기준		연도	환경 소음도															
				전국		서울		부산		대구		인천		광주		대전		울산	
	낮	밤		낮	밤	낮	밤	낮	밤	낮	밤	낮	밤	낮	밤	낮	밤	낮	밤
전용 주거	50	40	'15	53	46	54	48	55	49	53	48	54	49	55	48	53	48	53	45
			'20	53	46	54	48	55	49	53	46	53	48	54	48	55	46	52	43
일반 주거	55	45	'15	53	47	55	48	56	52	54	48	57	50	53	46	53	46	52	45
			'20	53	46	55	49	57	52	53	47	56	49	52	43	54	44	50	44
상업 지역	65	55	'15	59	53	61	55	60	53	60	52	59	52	57	49	57	52	61	55
			'20	59	53	61	54	61	51	60	52	58	53	58	49	57	51	60	54
공업 지역	70	65	'15	60	55	–	–	63	56	62	54	60	53	61	55	61	59	63	52
			'20	61	54	–	–	63	51	62	52	62	55	62	54	62	54	63	59

출처: 환경부(2021). 2020년 소음 · 진동 관리시책 시도별 추진평가.

② 교통소음

도로 교통소음은 도시의 경우, 상·공업지역은 물론 주거지역까지 교통소음의 영향권에 있으며, 고속도로 등 각종 도로망의 확장으로 농촌까지 교통소음의 영향권은 확대되고 있다.

도로변의 소음은 주거지역은 낮은 환경기준 내에 있으나 밤은 환경기준을 초과한다. 상업지역과 공업지역은 낮과 밤 모두 환경기준 내에 있다. 따라서 주거지역의 밤시간대의 소음대책에 힘써야 하겠다.

〈표 4-14〉 도로변지역 소음실태

(단위: dB(A))

적용 대상 지역	환경 기준		연도	환경 소음도															
				전국		서울		부산		대구		인천		광주		대전		울산	
	낮	밤		낮	밤	낮	밤	낮	밤	낮	밤	낮	밤	낮	밤	낮	밤	낮	밤
주거지역	65	55	'15	63	57	67	66	67	62	67	62	66	62	63	57	60	56	62	55
			'20	63	57	68	65	65	59	67	61	66	61	63	56	61	54	60	53
상업지역	70	60	'15	66	61	70	66	70	66	69	64	70	65	68	62	64	60	67	61
			'20	65	60	69	65	69	64	67	61	69	65	66	61	64	59	65	60
공업지역	75	70	'15	67	62	–	–	69	62	68	66	72	64	70	57	65	64	69	62
			'20	67	60	–	–	68	57	67	58	72	68	69	61	65	58	68	63

출처: 환경부(2021). 2020년 소음·진동 관리시책 시도별 추진평가.

〈표 4-15〉 철도소음 현황

(단위: dB(A))

구분	전국 평균				수도권				영남지역			
	지면위		최고예상층		지면위		최고예상층		지면위		최고예상층	
	낮	밤	낮	밤	낮	밤	낮	밤	낮	밤	낮	밤
2005년	–	–	–	–	62	60	67	65	59	59	64	63
2009년	–	–	–	–	63	60	65	65	59	56	63	61
2015년	58	55	61	59	59	58	65	63	59	55	63	60
2020년	–	–	–	–	59	58	64	63	54	50	57	53

출처: 환경부(2010). 환경백서; 환경부(2021). 2020년 소음진동 관리시책 시도별 추진평가.

환경부(2012년)에서 수도권 및 대도시의 도심지역 35개 지점에 대한 철도소음을 측정한 결과, 낮 시간대에는 1개 지점기준을 초과하였으나 밤 시간대에는 18개 지점이 초과한 것으로 나타났다.

③ 생활소음

소음민원을 살펴보면, 5년 단위로 민원발생 수가 거의 2배씩 증가하고 있다. 특히 공장, 교통, 항공기소음에 비해 생활소음의 민원발생이 급증하고 있으므로 이에 대한 대책 마련이 시급하다.

〈표 4-16〉 생활소음 배출원별 민원발생 현황

(단위: 건수)

연도	계	생활소음						공장	교통	항공기
		계	공사장	사업장	확성기	이동소음	기타			
2005	28,940	27,162	19,666	4,021	1,496	510	1,469	1,003	595	180
2010	53,718	51,586	33,298	9,069	4,425	902	3,892	1,002	744	386
2015	106,283	103,427	77,179	11,962	6,645	1,056	6,585	1,671	736	449
2020	169,679	166,724	131,345	18,150	6,059	1,650	9,520	1,234	1,299	422
%	100.0	98.3	77.5	10.7	3.6	1.0	5.6	0.7	0.8	0.2

출처: 환경부(2021). 2020년 소음진동 관리시책 시도별 추진평가.

④ 공장소음

고정소음원 특성상 공장소음 피해는 국지적이므로 배출시설의 설치허가 등에 관한 업무를 환경부장관에서 자치단체장의 업무로 전환(1993년)하였다. 그리고 산업단지, 전용공업지역, 일반공업지역 등의 공장에 대해서는 배출시설 설치허가 대상에서 제외하였고, 1997년 3월 「소음진동규제법」을 개정하여 학교, 종합병원, 공공도서관, 공동주택의 주변지역 및 주거지역에 대한 허가제를 존속시키고 나머지는 신고제로 전환하였다.

허가 및 신고대상 배출업소 수는 2020년 43,472개소로 2015년 40,867개소에 비해 6.4% 증가하였으며, 이중 허가를 받아야 하는 정온지역 업소는 885개소이다.

⑤ 항공기소음

항공기소음에 대한 민원이 계속 증가하고, 다양화되고 있다. 항공기소음은 소음도가 매우 높고 피해가 광범위하며 소음원의 특성상 음원대책, 전파경로대책, 소음저감대책 등의 수립이 용이하지 않다. 이에 환경부는 항공기 소음대책 수립을 위한 기초자료 확보를 위하여 1989년부터 항공기소음 자동측정망을 설치하였다. 2010년 10월 김포, 김해, 제주, 청주, 광주, 대구, 여수, 울산, 양양, 군산, 포항, 사천, 원주, 무안 등 14개 공항 90개 지점에서 항공기소음도를 24시간 상시 측정하고 있으며(인천공항은 자체 설치·운영), 항공기소음도 측정결과를 분기별로 분석·평가하여 국토교통부, 국방부 등 관계기관에 통보하고 주택 방음시설 설치 등 필요한 조치를 마련하도록 요청하고 있다.

또한 소음대책이 미비한 군용비행장에 대해서도 소음관리대책이 마련될 수 있도록 「군용비행장 군사격장 소음 방지 및 피해 상에 관한 법률」을 제정(2019.11.)하였다.

〈표 4-17〉 항공기 소음현황

(단위: WECPNL)

구분	대구지역						
	지저동	복현2동	서변동	용계동	신평동	방촌동	구암동
2000년	81	83	76	82	87	73	–
2005년	86	81	78	88	94	76	68
2015년	83	82	81	80	88	79	67
2020년	84	82	73	80	85	76	–

출처: 환경부(2021). 2020년 소음진동 관리시책 시도별 추진평가.

(2) 진동의 현황

진동은 주로 지반을 통하여 건축물에 전파되어 건물 내에 2차 소음을 발생시키는 것이 보통이다. 2020년 진동배출 허가·신고대상업소 수는 10,037개소로 2015년 7,173개소에 비해 39.9% 증가하였으며, 이중 허가대상업소는 143개소였다.

〈표 4-18〉 도로진동 현황

(단위: L10dB(V))

구분	낮					밤				
	'14년	'15년	'16년	'18년	'20년	'14년	'15년	'16년	'18년	'20년
전국 주거지역 평균	41	40	40	44	45	38	37	36	40	41
전국 상업지역 평균	39	38	39	44	44	36	36	36	40	40
전국 공업지역 평균	48	46	46	50	51	42	41	41	42	44

출처: 환경부(2021). 2020년 소음진동 관리시책 시도별 추진평가.

(3) 소음방지대책

① 교통소음 저감대책

교통기관으로 인하여 발생하는 소음·진동을 규제할 필요가 있는 지역을 교통소음·진동규제지역으로 지정하고, 규제지역 내에서는 자동차 경음기의 사용금지, 속도의 제한, 우회명령 등을 하고 있다. 특히 도로교통소음 저감을 위해서는 도로변에 인접하여 공동주택(아파트 등), 학교 등 정온(靜穩)시설 건축 시 적정 이격(離隔)거리 확보, 방음벽과 방음창 등을 설치하여 교통소음으로 인한 피해를 사전에 방지토록 조치하고, 기존 정온시설 주변의 도로 신·증설 시에는 방음벽 등을 설치하여 도로교통 소음으로 인한 피해가 최소화되도록 하는 것이 좋다.

또한 자동차소음을 줄이기 위하여 철저한 정비와 함께 자동차 제작사가 저소음자동차 개발을 위해 자체 기술개발 및 선진기술을 도입하도록 유도하고 있다.

철도소음은 특히 야간에 심각하다. 이에 노선의 양측에 콘크리트제 등 방음벽을 설치하기도 하나, 이는 노선에 가까운 곳에서 85dB(A) 정도의 소음을 5~8dB(A) 정도 줄일 수 있으므로 야간에는 열차의 속도제한 등이 필요하다.

② 생활소음 저감대책

생활소음은 우리의 생활영역에 다양하게 분포된 소음원에 기인한 것으로 어느 분야보다 대국민 홍보가 필요한 분야이다. 따라서 대도시 지역의 정온한 생활환경을 조성하기 위하여 확성기, 소규모 공장 및 건설공사장 등을 규제하며, 규제기준 초과 시 소음방지시설 설치, 작업시간 조정 등 소음저감대책을 강구하고 있다. 특히 건물의 계획 단계에서 기계나 장비별로 구조적인 소음을 방지하는 설계를 하고, 흡음 및 차음재료를 사용하고, 도로변에 방음벽을 설치한다.

주거공간에서는 외부와 연결된 개구부로부터 전달되는 소음을 차단하기 위해 창문, 덕트(duct) 등의 틈을 없애고, 문에서 나는 금속성 소리를 감소하기 위해 고무패킹을 접착하거나, 흡음효과가 큰 커튼이나 카펫을 설치하고, TV 등의 가전제품을 필요 이상으로 크게 틀지 않도록 한다. 또한 악기 연주나 세탁은 밤에는 피하도록 한다. 아파트의 경우 이웃과 함께 사는 공동 공간임을 인식하여 조용한 환경을 만들도록 노력하는 태도가 중요하다.

또한 굴삭기·브레이커·특정공사장비를 사용하는 건설공사장의 소음·진동을 규제하기 위해 건설공사 전에 소음저감대책을 마련하여 사전 신고[8)]하도록 함으로써 건설공사로 인한 소음피해를 줄이도록 하고 있다.

---

8) 고소음 기계 중의 저소음제품에 대한 소음표시 권고제를 1996년 2월 1일부터 시행하고 있다. 즉 우리 생활주변에서 높은 소음을 발생하는 기계 중 일정 기준 이하의 저소음제품에 대하여는 소음발생 정도를 표시하여 판매하도록 권고하고 있다. 소음표시 대상 기계는 굴삭기, 로더, 공기압축기, 발전기, 착암기, 압쇄기, 브레이커, 항타기 등 8종이다.

감각공해인 소음·진동의 근원적 저감은 모든 국민이 소음 발생을 억제하는 것인데, 이를 위해 교육·홍보의 확대를 통한 성숙한 시민의식의 고취가 앞으로 중요한 과제이다.

〈표 4-19〉 소음진동 배출허가

소음·진동 관리법 제8조 (배출시설의 설치신고 및 허가 등) 요약	① 배출시설을 설치하려는 자는 대통령령으로 정하는 바에 따라 특별자치도지사 또는 시장·군수·구청장(자치구의 구청장을 말한다. 이하 같다)에게 신고하여야 한다. 다만, 학교 또는 종합병원의 주변 등 대통령령으로 정하는 지역은 특별자치도지사 또는 시장·군수·구청장의 허가를 받아야 한다. 〈개정 2009. 6. 9〉 ② 제1항에 따른 신고한 사항이나 허가를 받은 사항 중 환경부령으로 정하는 중요한 사항을 변경하려면 특별자치도지사 또는 시장·군수·구청장에게 변경신고를 하여야 한다. 〈개정 2009. 6. 9〉 ③ 제1항에도 불구하고 산업단지나 그 밖에 대통령령으로 정하는 지역에 위치한 공장에 배출시설을 설치하려는 자의 경우에는 신고 또는 허가 대상에서 제외한다. 이 경우 신고 또는 허가 대상에서 제외된 자는 제14조부터 제16조까지, 제17조(허가취소의 경우는 제외한다), 제47조제1항제1호를 적용할 때에 사업자로 본다.
소음·진동 관리법 시행령 제2조 (배출시설의 설치허가 등) 요약	① 「소음·진동관리법」(이하 "법"이라 한다) 제8조제1항에 따른 배출시설의 설치신고를 하거나 설치허가를 받으려는 자는 배출시설 설치신고서 또는 배출시설 설치 허가신청서를 특별자치도지사 또는 시장·군수·구청장에게 제출하여야 한다. 〈개정 2010. 6. 28〉 ② 법 제8조제1항 단서에서 "학교 또는 종합병원의 주변 등 대통령령으로 정하는 지역"이란 다음 각호의 어느 하나에 해당하는 지역을 말한다. 〈개정 2010. 6. 28〉 1. 종합병원의 부지 경계선으로부터 직선거리 50미터 이내의 지역 2. 공공도서관의 부지 경계선으로부터 직선거리 50미터 이내의 지역 3. 학교의 부지 경계선으로부터 직선거리 50미터 이내의 지역 4. 공동주택의 부지 경계선으로부터 직선거리 50미터 이내의 지역 5. 주거지역 또는 제2종 지구단위계획구역(주거형만을 말한다) 6. 노인전문병원 중 입소 규모 100명 이상인 노인전문병원의 부지경계선으로부터 직선거리 50미터 이내의 지역 7. 보육시설 중 입소 규모 100명 이상인 보육시설의 부지경계선으로부터 직선거리 50미터 이내의 지역 ③ 생략 ④ 생략

출처: 소음·진동관리법, 소음·진동 배출허가, 개정 2010.6.30.

③ 공장소음의 저감대책

공장소음을 근본적으로 해결하기 위해서 토지이용의 적정화를 통한 소음배출원과 주거지역의 분리가 이루어져야 한다. 저소음 기계류의 개발과 소음방지시설의 기술개발과 소음방지시설의 기술개발 및 투자 확충 등도 활발히 이루어지도록 노력하여야 할 것이다. 정온(靜穩)이 필요한 지역에 설치되어 있는 공장에 대하여는 허가를 받도록 하는 한편, 소음 배출허용기준을 준수하도록 지도단속을 강화한다. 특히 민원대상이 되는 주택가의 공장은 철저한 소음방지시설을 설치하도록 지도하고, 소음방지시설을 설치하여도 효과가 없는 업소에 대하여는 공업지역으로 이전하도록 하는 등 다각적인 대책을 추진하고 있다.

④ 항공기소음 저감대책

항공기는 이착륙 시에 많은 동력이 소요되며 기기의 운전부하량 변화가 커서 많은 소음이 배출되기 때문에 인근지역에 심한 소음피해를 준다. 이에 일반주민이 상주하는 공항 주변지역의 항공기소음을 파악하기 위하여 항공기소음측정망을 설치하여, 그 자료를 기본 자료로 활용하여, 항공기소음의 한계를 새로 규정함과 동시에 소음피해 지역에 소음차폐막 등을 설치한다.

(4) 진동방지대책

「소음 · 진동규제법」에서는 탄성지지시설 및 방진구시설 등 3종류의 시설을 진동방지시설로 지정하고, 배출시설을 설치하고자 할 때는 진동방지시설 설치를 의무화하고 있다. 또한 진동배출허용기준을 준수하도록 지도 · 단속을 철저히 하고, 특히 공장, 건설공사장 등 배출원별로 진동에 대한 관리대책을 제도적으로 더욱 강화하는 한편, 저진동 기계와 기구의 개발 및 방진시설에 대한 기술개발도 더욱 노력하여야 한다.

2 빛환경

1) 일조환경

(1) 태양의 의미와 효과

에너지의 원천으로서의 태양은 지구로부터 대략 1억 5천만㎞의 거리를 유지하고 있는 거대한 빛의 덩어리로서 지름은 140만㎞로 지구의 110배나 되고, 질량은 지구의 약 33만 배이다. 그러나 태양은 지구와 같은 고체가 아닌 거대한 기체 덩어리로 되어 있는데, 태양 무게의 3/4 정도가 수소로 구성되어 있으며, 다음이 헬륨이고 이 밖에 극히 적은 양의 나트륨, 마그네슘, 철 등이 기체 상태로 존재한다.

'헬륨'이라는 말은 라틴어로 '태양'을 뜻하는데, 태양을 오랫동안 관측해온 천문학자들이 분광학적으로 분석한 결과 태양에 많이 존재한다고 하여 헬륨으로 이름을 붙이게 된 것이다. 동아시아에서는 태양을 큰 양의 기운이 모인 것으로 보아 태양이라 불렀다. 태양은 임금을 상징하였으며, 흑점이나 일식은 좋지 않은 조짐으로 여겨졌다. 한국에서는 삼국시대 이후로 이러한 태양과 관련된 변화를 관측하고 예측하기 위한 관리를 두었다. 고구려에서는 태양신에 해마다 제사를 지냈다.

태양에너지는 계속 사용하더라도 고갈되지 않는 영구적인 에너지이며, 청결하고 안전하다. 우리가 호흡하는 공기나 마시는 물을 오염시키지 않으며, 인류의 건강이나 생명을 위협하는 사고의 위험도 없고, 폐기물 처리 문제를 일으키는 독성 폐기물도 남기지 않는다. 또한 태양에너지는 어디에서나 이용할 수 있다. 태양에너지는 석유나 석탄과 같이 특정지역에 편재되어 있지 않으며, 지역적으로 다소 차이는 있으나 어떠한 지역에서도 이용 가능한 에너지이다.

태양에너지는 지구 전체에 넓고 얇게 퍼져 있어 한 장소에 비춰주는 에너지양이 매우 작아 에너지의 밀도가 낮다. 또한 야간이나 흐린 날에는 이용할 수 없으며 경제적이고 신뢰성이 높은 저장시스템을 개발해야 하는 간헐적인 단점이 있다.

태양은 우리 생활환경과 밀접한 요소이다. 인공조명의 발명 이후 현대사회에서는 인공조명의 역할이 늘어나고 있지만 자연의 빛인 태양의 영향은 여전히 무한하다. 태양에너지를 충분히 받지 못하는 환경에서 생활하는 사람들은 대부분은 우울하다. 이는 태양에너지가 인체의 호르몬 체계에 영향을 미치기 때문이다. 일 년 동안 맑은 날이 50일 정도인 유럽의 경우 많은 사람이 일광욕하는데, 이는 부족한 일조량을 보충하기 위한 것이다. 또한 인체의 바이오리듬은 태양의 변화를 기초로 유지되고 있다. 아침에 일어나 낮 동안 활동하고 저녁에 잠을 자는 사이클은 태양의 움직임에 따른 것이다. 따라서 태양에너지를 충분히 접하지 못하면 바이오리듬이 깨어질 우려가 있다.

태양의 직사광선이 입사하면 밝기와 열 등의 여러 가지 작용을 유발하며, 건강과 쾌적한 생활을 위하여 필요한 것이다. 또한 화석에너지의 고갈에 대한 대비, 에너지의 편중 분포에 따른 수입의손도의 심화, 생활수준의 향상에 따른 에너지소비 증가 및 환경오염, 에너지 수입, 소비증가에 따른 국가 및 개인 경제 부담의 가중 등의 이유로 태양에너지의 개발이 시급히 필요하다.

〈표 4-20〉 태양의 효과

빛효과	• 태양직사광의 입사는 조도의 불규칙, 휘도대비(輝度對比)의 증대, 반사현휘(反射眩輝) 등을 일으켜서 채광에는 불리하다. • 광량(光量)이 많은 경우에는 루버(louver)나 유리블록을 이용하여 직사광선을 굴절시켜 실내를 밝게 하는 것이 좋다.
보건효과	• 지상에 도달한 태양자외선은 세포의 발육을 촉진하거나 신진대사를 증진해 비타민 D를 생성하게 한다. • 매연이나 안개 등에 흡수되기 쉬우므로 도시 중심부는 그 양이 작다.
열효과	• 엄밀한 실내기후 설계에서는 태양열의 불규칙성으로 인하여 이용하지 않는다. • 냉방이 필요한 경우에는 태양 입사가 경제적 부담이 된다. • 에너지 절약의 방안으로 일반주택의 난방 수단으로 활용되기도 한다.
심리효과	• 일조는 인간의 정신위생에 미치는 심리적 효과가 매우 크다.

(2) 일조와 일조권

태양광선이 구름이나 안개로 가려지지 않고 지상을 비추는 것을 일조(日照, sunshine)라고 하고, 그 비친 시간을 일조시간이라고 한다. 일조시간은 보통 1일이나 한 달 동안에 비친 시간으로 나타낸다. 일조시간으로 일사량도 추정할 수 있으며, 낮 동안에 구름이 어느 정도 끼었는가도 나타낼 수 있다. 어떤 지점에 있어서 맑은 날의 일조시수(日照時數)는 그 지점의 위도에 따라 정해져 있다. 산이나 언덕 등의 장애물이 없다고 가정하여 어느 지점에 햇빛이 비칠 수 있는 시간은 미리 계산되어 있는데, 이것을 가조시간(可照時間)이라고 한다. 어떤 날의 실제 일조시간과 가조시간의 비를 일조율(日照率)이라고 한다. 산간지방에서는 구름이나 안개가 없을 때도 일조시간이 가조시간보다 짧다. 일조율은 낮의 기상상태를 나타내는 중요한 요소 중의 하나로 농업기상이나 장기예보에 많이 이용되고 있다.

최근 들어 대도시의 토지 이용효율을 높이기 위하여 기존의 저층건물을 고층건물로 재건축 또는 재개발하는 경우가 많다. 이때 신축되는 고층건물의 북측에 있는 기존의 저층주택의 일조환경이 악화하고 경관이 나빠지게 된다. 즉 도심지 스카이라인, 지형요건 및 건물군 형성 정도, 주변의 차폐 정도에 따른 심리적 압박감 등에 영향을 준다.

일조권(日照權, Right of Light)이란 햇볕을 쬘 수 있는 권리이다. 우리나라에서는 1960년대 공업화가 추진되면서 도시의 팽창 및 과밀화, 인구의 급증 등으로 건물의 고층화가 급속히 이루어지자 일조권 문제가 사회문제로 대두되었다. 일조권은 서구에서는 태양의 광 효과만을 보호하는 채광권(The Right of Light)의 형태로 나타나고 있고, 일본과 우리나라에서는 광 효과뿐만 아니라 열 효과, 압박감 등과 관련된 부수적인 효과를 포함하는 복합적인 내용의 권리로 인식되고 있다.

공동주택에 있어서 일조권의 문제는 건물 간의 인동간격과 층고(層高)의 문제로 일조권 침해의 문제가 발생하게 되면 동시에 조망, 프라이버시 등의 침해가 발생할 개연성이 높아진다. 실제로 공동주택 시장에서는 특별한 조망요인(예를 들면, 강, 호수, 공원 등 녹지공간 등이 조망됨으로 쾌적성이 확보됨)이 없는 경우 조망과 압박감은 같은 의미로 이해되고 있으며 수평, 수직 시야의 범위 안에 마주 보는 건물 외에 외부공간의 조망이 가능한가에 따라 주거환경의 질이 결정되기도 한다.

우리나라에서 일조기준이 도입된 것은 1976년 「건축법」이 처음이었다. 「건축법시행령」에서는 일조 등의 확보를 위한 건축물의 높이제한을 하고 있으며, 전용주거지역 또는 일반주거지역 안에서 건축할 때는 건축물의 각 부분을 정북방향으로 인접 대지경계선으로부터 건축조례가 정하는 거리 이상을 띄어 건축하도록 하고 있다. 최근에는 동짓날을 기준으로 일정시간 이상의 일조 확보를 판례로 규정하고 있다. 즉 동짓날을 기준으로 9시부터 15시까지 사이의 6시간 중 일조시간이 연속하여 2시간 이상 확보되는 경우 또는 8시부터 16시까지 사이의 8시간 중 일조시간이 통틀어서 최소한 4시간 정도 확보되는 경우는 일조권이 확보되었다고 본다.

「건축법」에서 정하고 있는 인동간격(隣棟間隔)은 적정한 일조시간의 확보를 기본적인 목적으로 하고 있으며, 공동주택에 있어서는 일조권의 확보, 공간의 개방감 확보, 시각적 프라이버시 보호, 옥외공간의 활용 등을 목적으로 인동간거리 규제기준을 두고 있다. 그러나 이러한 기준은 부동산의 이용 상황이나 용도지역 등에 따라 일조시간을 규정하고 그에 따른 적합한 일조시간을 정하여 각 상황에 적합한 일조시간을 확보하고자 하는 일본과 공동주택에 있어서 인동간격과 건물의 높이가 18° 이하가 되도록 규정하고 있는 영국 등의 선진국에 비해서는 엄격하지 못한 실정이다.

영국에서는 채광권(일조권)을 개인의 권리 측면으로 보고 있다. 토지소유권과 관련된 법으로 유명한 「Prescription Act 1832」에 근거하여 오랜 기간 거주한 주택 소유주의 창문 채광권이 인정된다. 인정기간은 20년으로, 20년간 지속된 건물의 창문은 그 각각이 다른 어떤 건축물에 의해 채광을 방해받지 않을 권리를 갖게 된다. 권리를 갖는 주택 창호 외벽에는 채광(ancient light)의 권리가 있는 창임을 직접 표시하기도 하는데, 창을 넓히거나 변경하면 그 권리가 사라지게 된다.

우리나라 인동간격(동간 간격/건물높이)은 1979년까지는 2.7, 1980~1985년은 2.6, 1986~1989년은 1.6, 1990년 이후 1.5로 크게 낮아져 옥외공간이 좁아지고 있으며, 현재는 그보다도 낮은 0.8배에서 0.6으로 하향하였다.

일조권 소송

건축심의도 통과했고, 설계사와 시공사 등 전문가들이 포진해 있는데 왜 일조권 침해 소송을 막지 못하나 공법상의 행정절차 이행과 민법상의 일조권 침해에 따른 손해배상 책임은 별개의 사안이다. 일조권 침해에 따른 배상 청구소송은 일종의 소유권을 침해했다는 근거로 청구를 요구하는 소송이다. 일조권 침해는 결국 부동산 가치 하락을 유발하고, 부동산 가치는 개인의 소유권이므로 소유권을 침해했다는 법리다.

출처: 하우징헤럴드(2018.6.18.). 기사 요약.

〈표 4-21〉 일조 등의 확보를 위한 건축물의 높이 제한

① 전용주거지역과 일반주거지역 안에서 건축하는 건축물의 높이는 일조(日照) 등의 확보를 위하여 정북방향(正北方向)의 인접 대지경계선으로부터의 거리에 따라 대통령령으로 정하는 높이 이하로 하여야 한다.

② 공동주택(일반상업지역과 중심상업지역에 건축하는 것은 제외한다)의 높이는 제1항에 따른 기준에 맞아야 할 뿐만 아니라 대통령령으로 정하는 높이 이하로 하여야 한다.

③ 생략

④ 2층 이하로서 높이가 8미터 이하인 건축물에는 해당 지방자치단체의 조례로 정하는 바에 따라 제1항부터 제3항까지의 규정을 적용하지 아니할 수 있다.

출처: 건축법 제61조.

일조권

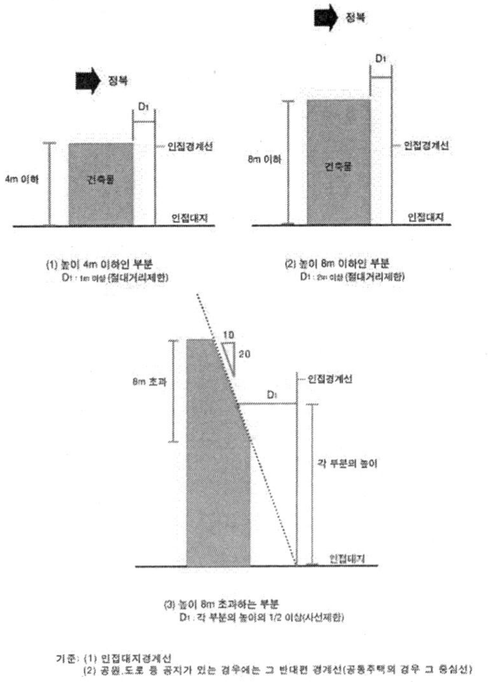

건축법 시행령에는 △높이 4m 이하인 건물은 1m 이상 △높이 8m 이하면 2m 이상 △높이 8m를 초과하면 높이의 2분의 1 이상 거리를 대지경계선에서 떨어뜨린 상황에서 건물을 짓게 되어 있다. 다만 건물 미관 향상을 위해 너비 20m 이상 도로를 두고 건물을 지을 때는 적용하지 않는다.

건축법 제61조 2항에 규정된 일반·중심상업지역을 제외한 지역에 들어서는 주상복합아파트 등 공동주택은 몇 가지 규정이 추가된다. 이에 따라 국토해양부와 건축업계에서는 준수거지역에 들어서는 공동주택은 정북향 일조권 규제를 받지 않는 것으로 이해하고 있었다.

출처: 매일경제(2012.3.13.) 기사 요약

〈표 4-22〉 일조 등의 확보를 위한 건축물의 높이 제한

① 전용주거지역이나 일반주거지역에서 건축물을 건축하는 경우에는 법 제61조제1항에 따라 건축물의 각 부분을 정북 방향으로의 인접 대지경계선으로부터 다음 각 호의 범위에서 건축조례로 정하는 거리 이상을 띄어 건축하여야 한다. 다만, 건축물의 미관 향상을 위하여 너비 20미터 이상의 도로(자동차·보행자·자전거 전용도로를 포함한다)로서 건축조례로 정하는 도로에 접한 대지(도로와 대지 사이에 도시계획시설인 완충녹지가 있는 경우 그 대지를 포함한다) 상호간에 건축하는 건축물의 경우에는 그러하지 아니하다. 〈개정 2010.2.18〉

1. 높이 4미터 이하인 부분: 인접 대지경계선으로부터 1미터 이상
2. 높이 8미터 이하인 부분: 인접 대지경계선으로부터 2미터 이상
3. 높이 8미터를 초과하는 부분: 인접 대지경계선으로부터 해당 건축물 각 부분 높이의 2분의 1 이상

② 법 제61조제2항에 따라 공동주택은 제1항에 따른 기준에 적합하여야 할 뿐만 아니라 다음 각 호의 기준

에 적합하여야 한다. 다만, 채광을 위한 창문 등이 있는 벽면에서 직각 방향으로 인접 대지경계선까지의 수평거리가 1미터 이상으로서 건축조례로 정하는 거리 이상인 다세대주택은 제1호를 적용하지 아니한다. 〈개정 2009.7.16〉

1. 건축물(기숙사는 제외한다)의 각 부분의 높이는 그 부분으로부터 채광을 위한 창문 등이 있는 벽면에서 직각 방향으로 인접 대지경계선까지의 수평거리의 2배(근린상업지역 또는 준주거지역의 건축물은 4배) 이하로 할 것
2. 같은 대지에서 두 동(棟) 이상의 건축물이 서로 마주보고 있는 경우(한 동의 건축물 각 부분이 서로 마주보고 있는 경우를 포함한다)에 건축물 각 부분 사이의 거리는 다음 각 목의 거리 이상을 띄어 건축할 것. 다만, 그 대지의 모든 세대가 동지(冬至)를 기준으로 9시에서 15시 사이에 2시간 이상을 계속하여 일조(日照)를 확보할 수 있는 거리 이상으로 할 수 있다.
   가. 채광을 위한 창문 등이 있는 벽면으로부터 직각방향으로 건축물 각 부분 높이의 0.5배
   나. 가목에도 불구하고 서로 마주보는 건축물 중 남쪽 방향(마주보는 두 동의 축이 남동에서 남서 방향인 경우만 해당한다)의 건축물 높이가 낮고, 주된 개구부(거실과 주된 침실이 있는 부분의 개구부를 말한다)의 방향이 남쪽을 향하는 경우에는 높은 건축물 각 부분의 높이의 0.4배(도시형 생활주택의 경우에는 0.2배) 이상의 범위에서 건축조례로 정하는 거리 이상이고 낮은 건축물 각 부분의 높이의 0.5배(도시형 생활주택의 경우에는 0.25배) 이상의 범위에서 건축조례로 정하는 거리 이상
   다. 가목에도 불구하고 건축물과 부대시설 또는 복리시설이 서로 마주보고 있는 경우에는 부대시설 또는 복리시설 각 부분 높이의 1배 이상
   라. 채광창(창넓이가 0.5제곱미터 이상인 창을 말한다)이 없는 벽면과 측벽이 마주보는 경우에는 8미터 이상
   마. 측벽과 측벽이 마주보는 경우[마주보는 측벽 중 하나의 측벽에 채광을 위한 창문 등이 설치되어 있지 아니한 바닥면적 3제곱미터 이하의 발코니(출입을 위한 개구부를 포함한다)를 설치하는 경우를 포함한다]에는 4미터 이상
3. 제3조제1항제4호에 따른 주택단지에 두 동 이상의 건축물이 법 제2조제1항제11호에 따른 도로를 사이에 두고 서로 마주보고 있는 경우에는 제2호가목부터 다목까지의 규정을 적용하지 아니하되, 해당 도로의 중심선을 인접 대지경계선으로 보아 제1호를 적용한다.

③ 법 제61조제3항 각 호 외의 부분에서 "대통령령으로 정하는 높이"란 제1항에 따른 높이의 범위에서 특별자치도지사 또는 시장·군수·구청장이 정하여 고시하는 높이를 말한다.

④ 특별자치도지사 또는 시장·군수·구청장은 제3항에 따라 건축물의 높이를 고시하려면 국토해양부령으로 정하는 바에 따라 미리 해당 지역주민의 의견을 들어야 한다. 다만, 법 제61조제3항제1호부터 제6호까지의 어느 하나에 해당하는 지역인 경우로서 건축위원회의 심의를 거친 경우에는 그러하지 아니하다.

⑤ 제1항부터 제4항까지를 적용할 때 건축물을 건축하려는 대지와 다른 대지 사이에 공원(「도시공원 및 녹지 등에 관한 법률」 제2조제3호에 따른 도시공원 중 지방건축위원회의 심의를 거쳐 허가권자가 공원의 일조 등을 확보할 필요가 있다고 인정하는 공원은 제외한다), 도로, 철도, 하천, 광장, 공공공지, 녹지, 유수지, 자동차 전용 도로, 유원지, 그밖에 건축이 허용되지 아니하는 공지가 있는 경우에는 그 반대편의 대지경계선(공동주택은 인접 대지경계선과 그 반대편 대지 경계선의 중심선)을 인접 대지경계선으로 한다. 〈개정 2009. 7. 16.〉 [전문개정 2008. 10. 29.]

출처: 건축법시행령 제86조.

(3) 자연조명

자연조명(주광조명(晝光照明), 채광)은 태양 빛을 이용하여 밝기를 확보하는 것이다. 좋은 채광이란 봐야 할 대상물을 확실히 볼 수가 있고, 피로감이나 불쾌감을 일으키게 하지 않는 것이다. 그러기 위해서는 밝기와 분위기의 양면이 적당히 조절되어야 한다.

채광은 작업을 위한 빛을 고려할 뿐만 아니라 사물의 형태나 음영(陰影)을 확실히 보이게 하거나, 어떤 것을 특히 인상적으로 보이게 하고, 또 예술품 등을 감상하기 좋게 하거나 방의 분위기를 만드는 목적에도 사용된다. 이를 위해서는 명암의 대비, 광선의 방향 및 색 등을 각각 그 목적에 따라 알맞게 하여야 한다.

① 밝기

옥외(屋外)의 밝기는 계절이나 시각에 따른 태양 고도의 변화, 기상 조건 등에 의하여 끊임없이 변화한다. 이에 영향을 받아 실내의 밝기도 동시에 변동한다. 밝기를 나타내는 일반적인 단위로서는 럭스(lx)가 사용되고 있으나, 채광 설계일 때 이처럼 변동하고 있는 값을 사용하여 창이나 건물의 형태를 정하기는 어려우므로 이때에는 옥외의 밝기를 항시 일정하다고 가정했을 때의 실내의 조도로써 밝기를 결정한다. 즉 주광률(晝光率)이라고 하는 수치를 사용한다. 주광률은 실내의 어떤 점의 조도와 그 점을 둘러싼 천장·벽 등을 모두 제거했을 때 그 점의 전천공(全天空)에 의한 수평면조도와의 비(比)를 %로 나타낸 것이다. 실내 밝기의 기준으로서는 일반적으로 독서·사무 등에는 주광률 2%, 제도·재봉 등의 세밀한 작업에는 5% 정도이다.

② 분위기

주택의 거실 등에는 밝기뿐만 아니고 분위기를 고려한 채광이 필요하다. 실내에 아주 밝은 곳과 아주 어두운 곳이 있는 것은 분위기를 강조하는 방에는 바람직하나 일반적으로 정밀작업에는 작업능률이 저하되고 피로가 커져 채광 조건이 좋지 않다.

보통 창에 의한 채광은 창 옆은 밝고, 방의 안쪽은 어두워 주광률의 차이가 벌어져서 실내 전체로서의 주광률 분포는 나쁜 경우가 많다. 이와 같은 창, 즉 측창(側窓)에 의한 채광 때의 주광률 분포는 10 : 1 정도의 범위를 넘지 않는 것이 바람직하다. 이를 위해서는 직사광선이 작업면에 비치는 것을 막고 창의 상부에 루버나 유리블록을 사용하거나, 천장과 벽을 밝은색으로 채색하거나 하여 빛을 반사함으로써 방안의 밝기를 높인다.

③ 창의 형식

채광으로 창문을 분류하면 건물 단면 중에서 어느 위치에 창문이 있는가에 따라 다음과 같이 분류된다.

가. 측창

측창(側窓)은 보통의 외벽 창이며, 이는 비막이에 좋고 개폐조작 · 청소 등에 편리하다. 또 방의 개방감(開放感) · 전망 · 통풍을 위해서도 좋다. 그러나 주광률 분포는 창 옆과 방의 안쪽에서 불균일하게 되기 쉬우며, 또 이웃집이 창 가까이 있으면 채광을 방해받을 때가 있다. 방의 양쪽에 창이 있을 때는 한쪽 창일 때보다 주광률 분포는 균일하게 되나, 방의 안정감은 좋지 않다.

나. 천창

천창(天窓)은 지붕에 만든 상향창(上向窓)을 말하며, 비막이 · 개폐조작 · 개방감 · 전망 · 통풍 등의 점에서 불리하나 채광의 양은 측창에 비하여 훨씬 많아지며 주광률 분포를 균일하게 하고 또 이웃집이 가까이 있어도 영향을 받지 않는 이점이 있다. 천창은 측창에 비해 3배 정도 채광량이 많은 것으로 본다.

다. 측정창

측정창(側頂窓)은 천창과 마찬가지로 천장에 만들어진 창이지만, 창면의 비막이를 좋게 하도록 창을 수직으로 한 것이다. 공장의 톱날지붕이 이 형식이다. 톱날지붕의 채광은 넓은 면적의 주광률 분포를 균일하게 하여 고루 밝게 할 수가 있다.

측창　　　　천창　　　　측정창

[그림 4-1] 창의 형태

④ 채광창에 관한 법규

채광에 유효한 창의 면적에 대하여는「건축법시행령」제51조에 규정하고 있다. 즉 채광을 위한 부분의 면적은 그 방의 바닥면적에 대하여 1/10 이상을 확보하게 되어 있다. 또 창문 앞에 높은 건물 등이 접근하여 있는 곳에서는 그 창의 채광효과를 기대할 수 없으므로 건물의 높이와 창에서 건물까지의 거리의 관계를 정하여 채광에 유효한 창을 규정하고 있다.

직사광을 막고 천공광을 넣기 위해서는 창의 방향과 위치가 우선 문제가 된다. 안정된 채광을 위하여 창을 북향으로 만드는 일이 많은 것은 채광의 조건을 고려한 것이다. 옥외의 전천공조도는 기후나 계절과 시각에 의한 태양 고도의 변화 때문에 크게 변동한다. 그 범위는 특히 밝은 날의 약 50,000lx부터 대단히 어두운 날의 2,000lx까지이므로 이 변동은 채광하고 있는 실내의 밝기에도 같은 변동을 가져온다. 일반적인 실내의 주광률은 1%에서 10% 정도이다.

2) 인공조명

(1) 광원과 조도기준

① 광원

주거의 빛은 단지 밝기만 하면 좋다고는 말할 수 없다. 가사를 돌보거나 독서와 취미, 오락 등 시작업(視作業)을 하는 행동은 보기 쉬운 만큼의 밝기는 당연히 필요하다. 그러나 주거에는 휴양의 장이라고 하는 중요한 역할이 있다. 편안한 분위기를 만들기 위해서는 어느 정도 어두운 것이 좋으며 수면을 위해서는 어슴푸레한 빛이 좋다. 사무실이나 작업장 등과 같이 특정 용도로 사용하는 건물에 대해서는 작업의 능률을 중시하면 좋으나 활동에서 휴식까지 넓은 범위의 생활행위가 영위되는 주택에서는 넓은 범위에 대응할 수 있는 배려가 필요하다. 주택에서 많이 사용하는 광원을 살펴보면 다음과 같다.

가. 백열램프

백열램프는 필라멘트에 전류를 흘려서 그것을 고온으로 발열시켜 온도방사에 의하여 빛을 방사하는 광원이다. 따라서 백열등은 전력 사용량 중 5%만 빛을 내고, 95%는 열에너지로 발산되어 에너지 효율이 매우 낮다.

우리나라에서는 1887년 3월 6일 경복궁 내 건청궁 뜰 앞에서 처음으로 에디슨의 회사가 만든 백열전구가 불을 밝혔다. 1945년에 백열전구 한 개 값은 방직공장 여공 월급(20원)보다 비싼 37원이었다. 그러나 에너지 효율성이 낮은 백열등은 우리나라에서는 2013년에 70와트(W)급 이상 백열전구를 퇴출하고, 2014년부터 모든 백열전구의 생산, 수입, 판매가 금지되었다.

나. 형광램프

형광등은 열음극으로 된 저압수은의 방전에서 발생한 자외선 2,537Å의 방사로서 방사 루미네센스에 의하여 유리관 내면에 바른 형광물질을 자극해 효율이 좋은 광도를 얻도록 만든 광원이다.

한편, 형광램프는 형광체의 종류에 따라서 여러 가지의 광색(光色)을 나타낸다. 형광램프는 점등 장치가 필요하지만, 광질(光質)이 좋고 고효율이므로 경제성도 좋다. 그리고 램프의 모양은 종래의 직관형과 도넛형(서크라인형)에 한하지 않고 U형, 전구형 등 그 밖에 여러 가지 형태가 용도에 따라서 다양하게 실용화되고 있다.

다. 할로겐램프

할로겐램프는 미량의 할로겐 물질을 포함한 불활성가스를 봉입하여 할로겐 물질의 화학반응을 응용한 텅스텐전구로써 1959년 미국에서 개발되었으며, 일반램프에 비해서 크기가 작다. 이 광원은 흑화가 적으므로 유리구가 적어도 되며 체적이 일반램프에 비하여 1/10 정도로도 충분하다. 광원의 효율은 20lm/w이고 수명은 3,000~4,000시간이다. 용도는 점포의 스포트라이트나 다운라이트 및 주택에서 높은 광질의 조명용 광원으로 사용되고 있다. 할로겐램프는 컴팩트한 크기이므로 작은 공간에 알맞고, 수명이 길어 백열램프의 1.5~2배이다. 그리고 백열램프의 1.2개 정도의 효율이 높으며, 사용 중 밝기의 저하가 없다. 또한 음영이 뚜렷하고 반짝이는 효과가 있으며, 연색성이 뛰어나다. 그러나 맨손으로 만지면 화상의 염려가 있고, 점등 방향에 제한이 있다.

라. 수은램프

수은등(Mercurl lamp)은 수은과 금속 사이에 방전시켜 수은증기의 방전으로 발광하는 것이다. 수은등의 효율은 약 50lm/w 정도로 높고 수명이 10,000시간이므로 도로, 공원, 광장, 경기장 등의 실외조명에 주로 사용되고 또한 천장 높이가 높은 대공장의 전반조명에 사용되고 있다. 그러나 수은등은 점등 후 소요밝기(최대광도)에 도달하는 데 20분 정도 시간이 걸린다. 그러므로 점멸하면 발광은 멈추지만, 발광관 내 수은증기의 압력이 높아서 다시 점등하여 전압을 가해도 점등되지 않는다. 그런데 약 5분 정도 지나면 발광관이 냉각되어 수은증기의 압력이 저하되면 다시 점등된다.

마. LED 램프

발광 다이오드(Light Emitting Diode: LED)는 다이오드의 P-N 접합부에 전계가 가해지면 전류가 흐르면서 발광하는 것으로 이는 전계에 의해서 고체가 발광하는 전계 루미네센스의 일종이다. 점등 또는 소등 속도가 빠르며 전력 소모가 적고 수명이 길다. 그리고 다양한 색상 연출이 가능하고, 다른 광원에 비해 눈부심이 적고 필라멘트가 없으므로 백열등과 같이 필라멘트가 끊어지는 일이 없다. 주로 옥외용 전광판의 광원, 교통신호등, 일반 조명기기, 광케이블용 전기-광 변환장치, LCD(Liquid Crystal Display)용 광원으로 사용된다.

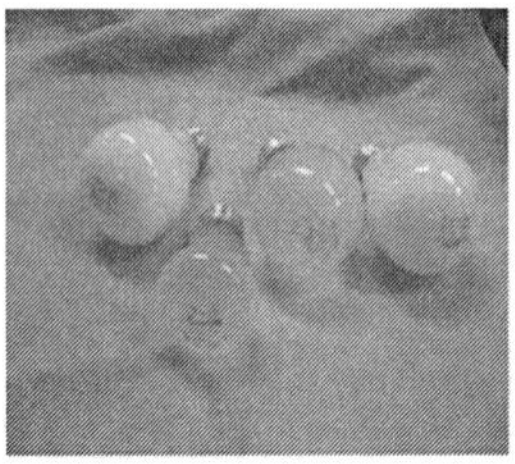

백열램프

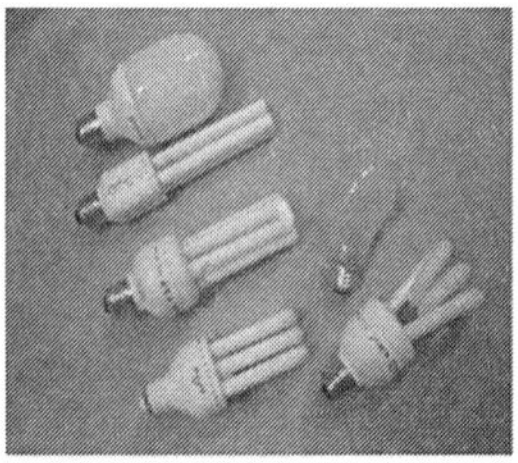

형광램프

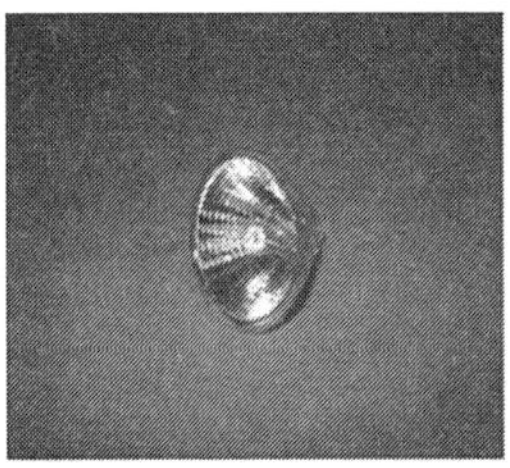

할로겐램프

수은램프

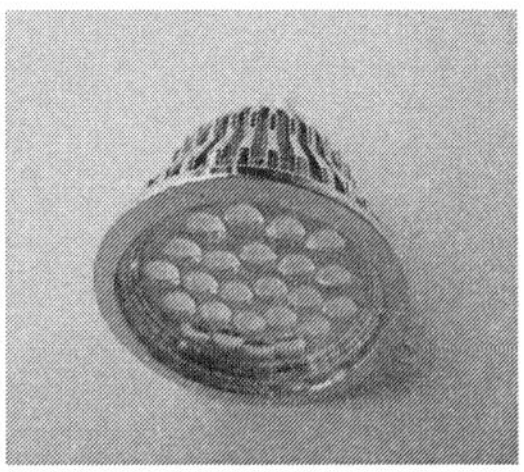

LED램프

[그림 4-2] 램프의 종류

② 조도기준

조도기준(KS A 3011)은 시(視)작업면(특별히 시작업면이 지정되어있지 않으면 바닥 위 85cm, 앉아서 하는 일이면 바닥 위 40cm, 복도, 옥외 등은 바닥면)에 있어서의 수평면조도를 나타내지만, 작업내용에 따라서는 수직면 또는 경사면의 조도를 표시하는 것도 있다. 또 조도는 설비 당초의 값은 아니고 항상 유지하여야 하는 값을 나타낸다. 국부조명을 사용하여 기준조도에 맞추는 경우 전체조명의 조도는 국부조명에 의한 조도의 10% 이상인 것이 바람직하다. 또한 인접한 방, 방과 복도 사이의 조도차가 현저하지 않도록 한다.

우리나라 조도기준은 최저-표준-최고기준 조도를 제시하고 있으나, ISO(국제표준화기구)와 CIE(국제조명위원회)가 2002년에 공동으로 제정한 국제표준인 ISO표준(ISO/CIE 8995-1)에는 평균조도와 함께 색온도, 연색성, 균제도, 불쾌글레어와 함께 작업에 따라서는 연직면 조도를 추천하고 있다.

〈표 4-23〉 KS 조도분류와 일반활동 유형에 따른 조도값

활동유형	조도분류	조도범위	참고작업면 조명방법
• 어두운 분위기 중의 시식별 작업장	A	3-4-6	공간의 전반조명
• 어두운 분위기의 이용이 빈번하지 않은 장소	B	6-10-15	
• 어두운 분위기의 공공장소	C	15-20-30	
• 밤시간 동안의 단순 작업장	D	30-40-60	
• 시작업이 빈번하지 않은 작업장	E	60-100-150	
• 고휘도 대비 혹은 큰 물체 대상의 시작업 수행	F	150-200-300	작업면 조명
• 일반휘도 대비 혹은 작은 물체 대상의 시작업 수행	G	300-400-600	
• 저휘도 대비 혹은 매우 작은 물체 대상의 시작업 수행	H	600-1000-1500	
• 비교적 장시간 동안 저휘도 대비 혹은 매우 작은 물체 대상의 시작업 수행	I	1500-2000-3000	전반조명과 국부조명을 병행한 작업면 조명
• 장시간 동안 힘든 작업수행 시작업	J	3000-4000-6000	
• 휘도대비가 거의 안 되며 작은 물체의 매우 특별한 시작업 수행	K	6000-10000-15000	

출처: 한국공업표준협회(2002). 한국공업규격집 KS 조도측정방법.

〈표 4-24〉 장소와 활동종류에 의한 KS 조도분류

Area/Activity	Illuminance Cctegory	Area/Activity	Illuminance Cctegory
공공주택 공용부문		주방	
계단/복도	E	– 세탁/조리대	G
관리사무실	G	– 싱크대	F
구내 광장	A	– 전반	E
로비/집회실	F	욕실/화장실	E
비상계단/차고/창고	D	침실	
세탁장	F	– 도서/화장	G
엘리베이터/엘리베이터 홀	F	– 심야	A
주택		정원	
가사·작업실		– 방범	A
– 공작	G	– 식사/파티	E
– 바느질/수예/지붕	H	– 테라스 전반	D
– 세탁	F	– 통로	B
– 전반	E	서재	
객실		– 공부/독서	H
– 앉아 쓰는 책상	F	– 전반	E
– 전반	D	현관안쪽	
거실		– 거울	G
– 단란/오락	F	– 신발장/장식대	F
– 독서/전화/화장	G	– 전반	E
– 수예/재봉	H	현관바깥쪽	
– 전반	D	– 문패/우편접수/초인종	D
공부방		– 방범	A
– 공부/독서	H	– 통로	B
– 놀이	F	차고	
– 전반	E	– 전반	D
계단 복도		– 점검/청소	G
– 심야	A	응접실	
– 전반	D	– 소파/장식선반/테이블	F
벽장	D	– 전반	D

〈표 4-25〉 주거공간 조도기준(KS) 「주택조도기준 A 3011」

장소/활동			조도범위
주택	가사실 작업실	공작	300–400–600
		바느질, 수예, 재봉	600–1000–1500
		세탁	150–200–300
		전반	60–100–150
	거실	단란, 오락	150–200–300
		독서, 전화, 화장	300–400–600
		수예, 재봉	600–1000–1500
		전반	30–40–60
	공부방	공부, 독서	600–1000–1500
		놀이	150–200–300
		전반	60–100–150
	서재	공부, 독서	600–1000–1500
		전반	60–100–150
	욕실, 화장실	전반	60–100–150
	주방	식탁, 조리대	300–400–600
		싱크대	150–200–300
		전반	60–100–150
	침실	독서, 화장	300–400–600
		심야	3–4–6

(2) 빛공해

① 빛공해의 개념

과거에는 야간 활동성을 강조하여 야간조명의 양적 증대가 중요하였다. 그러다가 조명의 심미성이 강조되면서 조명기구의 디자인에 관심을 가졌으며, 현재는 친환경성이 강조되면서 조명영역과 생태계의 조화에 관심이 쏠리고 있다. 한편, 경제적 발전과 밤 시간대 생활활동의 확대 등으로 인공조명의 사용이 획기적으로 늘어나면서 불필요하거나 과도한 인공 빛의 사용이 문제가 되고 있다.

빛공해는 천문학에서 비롯된 용어로 대기 중에 미립자를 비롯한 오염물질이 늘어나 인공조명 불빛이 먼지층에 반사되어 별을 제대로 볼 수 없는 현상을 말한다. 하지만 최근에는 가로등, 네온사인 등 인간이 만든 필요 이상의 과도한 인공 빛이 생태계와 인간생활에 악영향을 미치는 현상을 빛공해라고 정의한다.

빛공해는 인간에 의해 만들어진 과도하거나 보기 싫게 눈에 띄는 빛이다. 빌딩의 외·내부 조명, 상업적 광고판, 공장, 가로조명 등이 원인이 되며 고도의 산업화가 진행된 곳에서 심각하게 나타난다. 공기오염, 소음, 수질오염, 토질오염과 같은 오염의 한 형태로서 인간과 자연환경에 악영향을 미친다.

국제조명위원회(CIE)에서는 빛공해에 대해 원하지 않는 양, 방향, 파장대의 빛이 불쾌함과 불편함, 주의 산만, 또는 시각능력 저하에 영향을 끼치는 것으로 정의한다. CIE의 권고안은 주거지역이나 잠재적 주거지역 특히 창면부에 대해 제한하고 이 규제 값들은 설치되어 있는 모든 조명의 조도 값을 더한 값이다.

환경부의 빛공해 실태 결과, 전체의 45% 지점이 국제조명위원회 기준값을 초과하였고, 서울은 세계 주요 21개 도시 중 가장 밝은 도시로 평가되었다. 이에 「인공조명에 대한 빛공해방지법」(2018.6.13.)이 시행되었다. 「환경정책기본법」의 생활환경영역에 인공조명분야가 최근에 포함된 것은 빛공해가 생활환경의 중요한 영역이 되었기 때문이라고 볼 수 있다.

여기에서 인공조명에 의한 빛공해란 인공조명의 부적절한 사용으로 인한 과도한 빛 또는 비추고자 하는 조명영역 밖으로 누출되는 빛이 국민의 건강하고 쾌적한 생활을 방해하거나 환경에 피해를 주는 상태를 말한다. 그리고 조명기구란 공간을 밝게 하거나 광고, 장식 등을 위하여 설치된 발광기구 및 부속장치로서 대통령령으로 정하는 것을 말한다.

② 빛공해의 유형

빛공해는 비효율적이고 불필요한 인공 빛의 사용이 원인이 되는 복합적인 문제로 인식된다. 빛공해의 유형으로는 빛의 침입, 과도한 빛, 눈부심, 빛무리, 하늘 밝음 등이 있다.

가. 빛의 침해

빛의 침해는 어떠한 공간에 원하지 않는 빛이 들어올 때 발생한다. 일반적으로 가로등이나 광고물의 강한 빛이 외부로부터 창문을 통해 주거환경에 들어와 안락한 야간환경을 조성하지 못하게 함으로써 수면장애와 같은 문제의 원인이 된다.

나. 과도한 빛

과도한 빛은 조명의 지나친 사용을 말한다. 이는 타이머를 사용하지 않아 조명이 필요하지 않을 때도 빛을 비추고 있거나 적합하지 않은 조명환경 디자인으로 필요 이상으로 과도한 수준의 조명이 사용되는 경우를 들 수 있다.

다. 눈부심

눈부심은 밝고 어둠의 과도한 대비로 생기는 현상이다. 인간의 눈은 어둠 속에서 밝음에 적응하기 위해 얼마간의 적응 시간이 필요한데 갑작스러운 야간의 밝은 빛은 보행자나 운전자들의 시야 확보를 어렵게 만들거나, 순간적으로 시각이 마비되어 야간 교통사고의 원인이 되기도 한다.

라. 빛무리

빛무리는 과도한 빛의 군집 때문에 발생하며 잘못 디자인된 거리조명이나 도로 주위에서 밝게 빛나고 있는 광고판, 네온사인 등에서 찾아볼 수 있다. 의도적으로 운전자들에게 보이게 하려고 만든 광고판들은 야간사고의 주된 원인이 될 수 있다. 또한 빛무리는 비행사들이 항공로를 찾을 때 혼란을 줄 수 있어 항공환경에도 위험을 초래한다.

마. 하늘 밝음

하늘 밝음은 과잉인구 지역에서 찾아볼 수 있다. 이는 조명으로부터의 반사된 빛과 빛의 파장과 밀접하게 연관된 대기 중의 굴절된 빛의 조합이다. 즉 조명기구나 간판 등에서 나오는 빛이 대기의 수증기나 안개로 인해 굴절되면서 하늘 전체가 뿌옇게 보이는 현상이다. 자연현상이 백야와는 다른 것이다. 이같이 야간의 밝은 조명은 밤하늘을 밝게 만듦으로써 별의 관측을 어렵게 하고 있다.

주거지역의 빛공해에 주요 원인인 가로조명의 경우 유용한 빛으로 판단되는 비치는 영역을 제외한 나머지 빛은 새는 빛으로 판단되어 주거지역 빛공해에 직접적인 영향을 주고 있다.

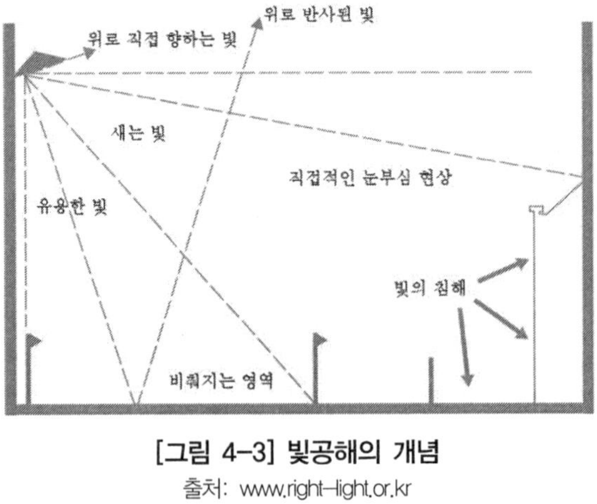

[그림 4-3] 빛공해의 개념

출처: www.right-light.or.kr

③ 빛공해의 영향

빛공해는 비효율적이고 불필요한 조명을 사용함으로써 에너지 낭비를 유발하고 야간에 밝은 빛에 노출됨으로써 인간의 건강과 생태계에 악영향을 준다.

가. 에너지 낭비

인간은 세계에서 소비되는 모든 에너지의 1/4을 조명을 사용하는 것으로 소모한다. 보통 유용한 빛을 공급하지 않는, 위를 향하는 조명은 에너지 낭비의 주된 원인이 되며 미국의 경우 하루에 기름 200만 배럴 정도가 과도한 조명으로 낭비된다. 이것은 하루에 석유 5,000만 배럴을 소비하는 것과 동등한 양이다.

나. 인간의 건강과 심리적 영향

빛공해로 인해 과도한 조명에 노출됨으로서 두통과 피로, 불안감, 스트레스가 증가하고 성적기능이 감소한다. 형광등은 혈압을 8 정도 증가시키고 매일 지속해서 노출되면 성적기능이 감소하며 이러한 환경은 스트레스를 증가시키고 일에서 실수를 유발한다. 또한 야간에 빛에 노출되면 멜라토닌의 생성이 억제되고 여러 암과 질병의 원인이 될 수 있다. 야간의 밝은 환경은 수면을 방해하고 불면증을 유발하고 그로 인해 정신적 스트레스를 가져온다.

다. 생태계 파괴

생태계는 낮과 밤의 자연적인 행동 패턴이 존재하며 이 패턴의 붕괴는 동·식물의 삶에 영향을 준다. 빛공해는 동물의 항로 결정에 혼란을 주고 경쟁적 상호작용과 먹이사슬의 변화를 가져오며 동물의 생물학적 기능 작용에도 악영향을 준다. 야간의 빛공해로 인해 물벼룩 같은 동물성 플랑크톤이 사라지고 나방이나 야행성 곤충들은 길 찾기에 방해를 받는다. 이로 인해 야간에 나방에 의존하여 개화하는 꽃들은 꽃가루 매개자를 잃게 됨으로써 번식이 어렵게 되고 멸종에 이를 수 있다. 높은 건물의 빛은 야간에 이동하는 철새들에게 혼란을 주며 빛이 없을 때 깨어나는 야행성 개구리와 도롱뇽은 야간의 밝은 빛으로 인해 교배와 번식을 위한 충분한 시간을 가질 수 없다.

④ 빛공해 예방기준

빛공해를 예방하기 위해 「빛공해방지법」에서는 빛방사허용기준을 적용시간과 조명환경관리구역 별로 정해 놓았다.

조명환경관리구역은 총 4종이다. 제1종은 과도한 인공조명이 자연환경에 부정적인 영향을 미치거나 미칠 우려가 있는 구역, 제2종은 과도한 인공조명이 농림수산업의 영위 및 동물·식물의 생장에 부정적인 영향을 미치거나 미칠 우려가 있는 구역, 제3종은 국민의 안전과 편의를 위하여 인공조명이 필요한 구역으로서 과도한 인공조명이 국민의 주거생활에 부정적인 영향을 미치거나 미칠 우려가 있는 구역, 제4종은 상업활동을 위하여 일정 수준 이상의 인공조명이 필요한 구역으로서 과도한 인공조명이 국민의 쾌적하고 건강한 생활에 부정적인 영향을 미치거나 미칠 우려가 있는 구역이다.

〈표 4-26〉 대구광역시 조명환경관리구역

조명환경관리구역	용도지역 등 이용현황	면적(㎢)	비율(%)
제1종	보전녹지지역, 보전관리지역, 자연환경보전지역, 자연녹지(도립공원, 묘지공원, 습지보호지역, 생태경관보전지역, 야생생물보호구역 등)	640.7	72.5
제2종	생산녹지지역, 자연녹지지역(1종 제외지역), 농림지역	62.2	7.0
제3종	전용주거지역, 일반주거지역, 준주거지역, 공업지역	162.3	18.4
제4종	상업지역	18.3	2.1

출처: 대구광역시(2022). 빛공해 없는 친환경적 광고조명 설치·관리.

〈표 4-27〉 빛방사 허용기준

1. 도로, 보행자길, 공원녹지, 시도의 조례로 정한 옥외공간을 비추는 조명기구

<table>
<tr><th rowspan="2"></th><th rowspan="2">적용시간</th><th rowspan="2">기준값</th><th colspan="4">조명환경관리구역</th><th rowspan="2">단위</th></tr>
<tr><th>제1종</th><th>제2종</th><th>제3종</th><th>제4종</th></tr>
<tr><td>주거지 연직면 조도</td><td>해진 후 60분~ 해뜨기 전 60분</td><td>최대값</td><td colspan="3">10 이하</td><td>25 이하</td><td>lx (lm/㎡)</td></tr>
</table>

2. 옥외광고물에 설치되거나 광고를 목적으로 그 옥외광고물을 비추는 조명기구

가. 점멸 또는 동영상 변화가 있는 전광류 광고물

<table>
<tr><th rowspan="2"></th><th rowspan="2">적용시간</th><th rowspan="2">기준값</th><th colspan="4">조명환경관리구역</th><th rowspan="2">단위</th></tr>
<tr><th>제1종</th><th>제2종</th><th>제3종</th><th>제4종</th></tr>
<tr><td>주거지 연직면 조도</td><td>해진 후 60분~ 해뜨기 전 60분</td><td>최대값</td><td colspan="3">10 이하</td><td>25 이하</td><td>lx (lm/㎡)</td></tr>
<tr><td rowspan="2">발광표면 휘도</td><td>해진 후 60분~ 24:00</td><td rowspan="2">평균값</td><td>400 이하</td><td>800 이하</td><td>1000 이하</td><td>1500 이하</td><td rowspan="2">cd/㎡</td></tr>
<tr><td>24:00~ 해뜨기 전 60분</td><td>50 이하</td><td>400 이하</td><td>800 이하</td><td>1000 이하</td></tr>
</table>

나. 그 밖의 조명기구

<table>
<tr><th rowspan="2"></th><th rowspan="2">적용시간</th><th rowspan="2">기준값</th><th colspan="4">조명환경관리구역</th><th rowspan="2">단위</th></tr>
<tr><th>제1종</th><th>제2종</th><th>제3종</th><th>제4종</th></tr>
<tr><td>발광표면 휘도</td><td>해진 후 60분~ 해뜨기 전 60분</td><td>최대값</td><td>50 이하</td><td>400 이하</td><td>800 이하</td><td>1000 이하</td><td>cd/㎡</td></tr>
</table>

3. 장식할 목적으로 그 외관에 설치되거나 외관에 설치되거나 외관을 비추는 조명기구*

<table>
<tr><th rowspan="2"></th><th rowspan="2">적용시간</th><th rowspan="2">기준값</th><th colspan="4">조명환경관리구역</th><th rowspan="2">단위</th></tr>
<tr><th>제1종</th><th>제2종</th><th>제3종</th><th>제4종</th></tr>
<tr><td rowspan="2">발광표면 휘도</td><td rowspan="2">해진 후 60분~ 해뜨기 전 60분</td><td>평균값</td><td colspan="2">5 이하</td><td>15이하</td><td>25이하</td><td rowspan="2">cd/㎡</td></tr>
<tr><td>최대값</td><td>20이하</td><td>60이하</td><td>180이하</td><td>300이하</td></tr>
</table>

*연면적 2000㎡ 이상이거나 5층 이상의 건축물, 숙박시설 및 위락시설, 교량, 그 밖의 시도의 조례로 전한 조형물 또는 자연환경의 장식

출처: 빛공해방지법 시행규칙 별표1. 개정 2020.5.26.

(3) 빛공해 관리

① 빛공해 관리기반 구축

지자체와 공동으로 빛공해 환경영향 평가를 시행하고, 빛공해방지계획을 수립하고 조명환경관리구역을 지정한다. 그리고 빛공해 우려 조명기구의 실태조사를 하고 지자체 민원 발생 시 현장 측정 및 빛공해 저감 컨설팅을 시행한다.

② 빛공해 사전예방 및 관리 실효성 제고

빛공해방지법 관리대상이 아닌 조명기구로 인한 빛공해를 예방한다. 그리고 조명기구의 설치 및 유지관리단계에서 고려해야 하는 사항을 제시하고, 조명환경관리구역 외 지역의 빛공해관리 및 기술적 지원을 한다.

③ 빛공해 대국민 인식제고를 위한 홍보 강화

빛공해에 관한 정보를 제공하고, 빛방사량을 온라인으로 간단히 측정해 볼 수 있는 빛공해 간편 측정 서비스를 제공한다.

(4) 주택 조명환경의 에너지 절약

조명기기는 소비되는 전기에너지가 빛으로 전환되는 효율이 높은 제품을 쓰는 것이 바람직하다. 백열등을 효율이 높은 형광등으로 교체하면 60~70%의 절전이 가능하며, 32W 고효율 형광등은 일반 40W 형광등에 비해 20~35%의 에너지 절약효과를 얻을 수 있다.

① 효율이 높은 조명기기를 선택하기

에너지효율등급 1등급 형광등은 3등급 형광등에 비해서 16%의 에너지 절감효과를 가지고 있다. 조명기기에 대해 고효율에너지 기자재 인증을 확인해서 고효율 제품으로 선택한다.

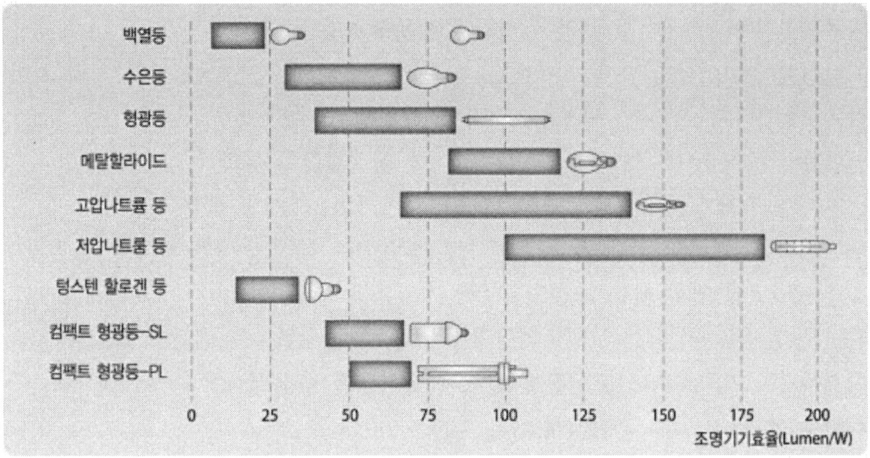

[그림 4-4] 조명기기 효율

② 조명기기 및 반사판을 자주 청소하기

먼지에 의해 오염이 되면 밝기를 떨어뜨리는 원인이 되므로 주기적으로 청소하여 밝기를 지속해서 유지한다. 조명기구의 청소만으로 10% 정도의 조명효율을 높일 수 있다.

③ 자동점멸 조명기구로 교체하기

현관, 복도, 계단 등 필요할 때만 잠시 점등하는 공용공간에는 인체 동작을 감지하는 자동점멸 조명기구, 타임스위치를 설치하는 것이 바람직하다.

④ 일괄소등스위치를 설치하기

일괄 소등스위치를 설치하면 에너지 낭비도 줄여준다. 향후 건설되는 20세대 이상의 공동주택에는 일괄 소등스위치를 의무적으로 설치하여야 한다.

참고자료

참고문헌

대구광역시(2022). 빛공해 없는 친환경적 광고조명 설치·관리.

매일경제 (2012. 03. 13.). 8m 넘는 신축건물 높이의 절반만큼 거리 띄워 지어야.

안옥희, 김현지 (2008). **색채와 조명디자인**. 서울: 기문당.

연합뉴스 (2002. 05. 29.). 교통소음, 아동 정신건강에 유해.

주거공간 조도기준(KS) (1998). 주택조도기준 3011.

하우징헤럴드 (2018. 06. 18.). 조용성 인텔리전트솔루션즈 대표 "건축심의 받았다고 일조권 안심 못해".

환경부 환경보건정책관실 생활환경과 (2012). 빛공해전문가 간담회 자료.

환경부 (2017). 2016년 소음진동 관리시책 시도별 추진평가.

환경부 (2018). 2017 환경백서.

환경부 (2021). 2020년 소음진동 관리시책 시도별 추진평가.

환경부 (2022). 2021 환경백서.

사이트

- 국가소음정보시스템 http://www.noiseinfo.or.kr/index.jsp
- 빛공해 http://www.lighting-museum.com
- 상지대학교 일조권 분석팀 http://www.daylight.sangji.ac.kr
- 생활환경정보센터 http://www.iaqinfo.org
- 주거문화 개선연구소 http://www.noisestip.co.kr
- 주택조명 에너지 절약 http://www.kemco.or.kr
- 한국소음진동공학회 http://www.ksnve.or.kr

CHAPTER 05

안전하고 쾌적한 생활환경

□ Contents

CHAPTER 05

안전하고 쾌적한 생활환경

어떤 환경에 대한 쾌적성의 기준은 양적인 규범으로 제시하기 힘들며, 개인적 특성과 물리적 환경과 사회적 체계 등 여러 측면의 규범으로 정해진다. 특히 안전하고 쾌적한 생활환경을 조성하는 것은 한 개인의 노력만으로는 거의 불가능하며 지역뿐만 아니라 국가, 지구 전체의 노력이 필요한 부분이 많다. 본 장에서는 안전하고 쾌적한 생활환경 조성을 위하여 폐기물환경, 화학물질과 에너지, 교통환경, 그리고 주거와 근린생활환경에 대하여 살펴보기로 한다.

1 폐기물환경

1) 폐기물의 분류와 관리

(1) 폐기물의 분류

폐기물이란 인류의 생산 및 소비활동의 필연적 결과물로써 사람의 생활이나 사업활동에 필요하지 않게 된 것으로 인류가 지구상에 탄생한 이후 지금까지 계속 발생하고 있다. 「폐기물관리법」에 의하면 폐기물이란 쓰레기 · 연소재 ·

오니·폐유·폐산·폐알카리·동물의 사체 등으로서 사람의 생활이나 사업활동에 필요하지 않게 된 물질을 말한다.

폐기물은 크게 생활폐기물과 사업장폐기물로 구분된다. 생활폐기물은 사업장폐기물 외의 폐기물이다. 사업장폐기물은 「대기환경보전법」, 「수질 및 수생태계 보전에 관한 법률」 또는 「소음진동규제법」에 따라 배출시설을 설치, 운영하는 사업장이나 그 밖에 대통령령으로 정하는 사업장에서 발생하는 폐기물이다. 여기에는 사업장 일반폐기물, 지정폐기물, 건설폐기물이 속한다.

① 사업장 일반폐기물

사업장폐기물로서 지정폐기물과 건설폐기물을 제외한 폐기물이다. 여기에는 사업장 생활계폐기물과 사업장 배출시설계폐기물이 속한다.

사업장 생활계폐기물은 폐기물을 1일 평균 300kg 이상 배출하는 사업장, 일련의 공사(건설공사는 제외) 또는 작업으로 폐기물을 5t(공사를 착공하거나 작업을 시작할 때부터 마칠 때까지 발생하는 폐기물의 양) 이상 배출하는 사업장에서 발생하는 폐기물을 말한다.

사업장 배출시설계폐기물은 「대기환경보전법」, 「수질 및 수생태계 보전에 관한 법률」 또는 「소음진동규제법」에 따라 배출시설 또는 폐수종말처리시설, 공공하수처리시설, 분뇨처리시설, 가축공공처리시설, 폐기물처리시설에서 발생하는 폐기물을 말한다.

② 지정폐기물

지정폐기물은 사업장폐기물 중 폐유, 폐산 등 주변 환경을 오염시킬 수 있거나 의료폐기물 등 인체에 위해를 줄 수 있는 유해한 물질로서 대통령령으로 정하는 폐기물이다. 이는 특정시설에서 발생하는 폐기물, 부식성 폐기물, 유해물질함유 폐기물, 폐유기용제, 폐페인트 및 폐래커, 폐유 폐석면, 폴리클로로니네이티드비페닐 함유 폐기물, 폐유독물, 의료폐기물이 속한다.

특히 의료폐기물은 보건의료기관, 동물병원, 시험검사기관 등에서 배출되는 폐기물 중 인체에 감염 등 위해를 줄 우려가 있는 폐기물과 인체조직 등 적출물, 실험동물의 사체 등 보건환경 보호상 특별한 관리가 필요하다고 인정되는 폐기물로서 대통령으로 정하는 폐기물이다.

③ 건설폐기물

「건설산업기본법」에 해당하는 건설공사로 인하여 건설현장에서 발생하는 5t 이상의 폐기물(공사를 시작할 때부터 완료할 때까지 발생하는 것만 해당)로서 대통령령으로 정하는 폐기물이다.

〈표 5-1〉 폐기물의 분류

<table>
<tr><td rowspan="5">폐기물</td><td>생활폐기물</td><td colspan="2">사업장폐기물 외의 폐기물</td></tr>
<tr><td rowspan="4">사업장 폐기물</td><td rowspan="2">사업장 일반폐기물: 사업장폐기물로서 지정폐기물과 건설폐기물을 제외한 폐기물</td><td>사업장 생활계폐기물</td></tr>
<tr><td>사업장 배출시설계폐기물</td></tr>
<tr><td>지정폐기물: 인체에 위해한 물질로 대통령령으로 정하는 폐기물</td><td>특정시설에서 발생하는 폐기물</td></tr>
<tr><td colspan="2">건설폐기물</td></tr>
</table>

모든 폐기물이 「폐기물관리법」의 적용을 받는 것은 아니다. 「원자력법」에 의한 방사성 물질 및 이에 의하여 오염된 물질, 용기에 들어 있지 아니한 기체상의 물질, 「수질환경보전법」에 의한 수질오염방지시설에 유입되거나 공공수역으로 배출되는 폐수, 「오수·분뇨 및 축산폐수의 처리에 관한 법률」에 의한 오수, 분뇨 및 축산폐수, 「하수도법」에 의한 하수 등에는 「폐기물관리법」이 적용되지 않으며, 해역 배출방법에 의해 처리되는 폐기물의 처리방법 등은 「해양오염방지법」을 따르게 되어 있다.

한편, 「폐기물관리법」에 의한 폐기물 공정시험방법에서는 폐기물을 고형물의 함량에 따라 액상 폐기물(고형물함량이 5% 미만인 것), 반고상폐기물(고형물함량이 5% 이상 15% 미만인 것), 고상폐기물(고형물함량이 15% 이상인 것)로 구분하고 있다.

〈표 5-2〉 지정폐기물의 종류

1. 특정시설에서 발생되는 폐기물
   가. 폐합성 고분자화합물: 폐합성수지, 폐합성 고무
   나. 오니류(수분함량이 95% 미만이거나 고형물함량이 5% 이상인 것)
      1) 폐수처리 오니, 2) 공정 오니
   다. 폐농약(농약의 제조·판매업소에서 발생되는 것)
2. 부식성 폐기물
   가. 폐산, 나. 폐알칼리
3. 유해물질 함유 폐기물
   가. 광재(鑛滓),
   나. 분진(대기오염 방지시설에서 포집된 것으로 한정하되, 소각시설에서 발생되는 것은 제외),
   다. 폐주물사 및 샌드블라스트 폐사(廢砂), 라. 폐내화물(廢耐火物) 및 재벌구이 전에 유약을 바른 도자기 조각, 마. 소각재, 바. 안정화 또는 고형화·고화처리물, 사. 폐촉매, 아. 폐흡착제 및 폐흡수제, 자. 폐형광등의 파쇄물
4. 폐유기용제
   가. 할로겐족, 나. 그 밖의 폐유기용제
5. 폐페인트 및 폐래커
6. 폐유
7. 폐석면
8. 폴리클로리네이티드비페닐 함유 폐기물
9. 폐유독물질
10. 의료폐기물
10-2 천연방사신제품 폐기물
11. 수은폐기물
    가. 수은함유 폐기물
    나. 수은구성폐기물
    다. 수은함유폐기물 처리잔재물
12. 그 밖에 주변환경을 오염시킬 수 있는 유해한 물질로서 환경부장관이 정하여 고시하는 물질

출처: 폐기물관리법 시행령 별표1. 개정 2021.3.9.

〈표 5-3〉 의료폐기물의 종류

1. 격리 의료폐기물: 감염병으로부터 타인을 보호하기 위하여 격리된 사람에 대한 의료행위에서 발생한 일체의 폐기물 2. 위해 의료폐기물 가. 조직물류 폐기물: 인체 또는 동물의 조직·장기·기관·신체의 일부, 동물의 사체, 혈액·고름 및 혈액생성물(혈청, 혈장, 혈액제제) 나. 병리계 폐기물: 시험·검사 등에 사용된 배양액, 배양용기, 보관균주, 폐시험관, 슬라이드, 커버글라스, 폐배지, 폐장갑 다. 손상성 폐기물: 주사바늘, 봉합바늘, 수술용 칼날, 한방침, 치과용침, 파손된 유리재질의 시험기구 라. 생물·화학폐기물: 폐백신, 폐항암제, 폐화학치료제 마. 혈액오염 폐기물: 폐혈액백, 혈액투석 시 사용된 폐기물, 그 밖에 혈액이 유출될 정도로 포함되어 있어 특별한 관리가 필요한 폐기물 3. 일반 의료폐기물: 혈액·체액·분비물·배설물이 함유되어 있는 탈지면, 붕대, 거즈, 일회용 기저귀, 생리대, 일회용 주사기, 수액세트

출처: 폐기물관리법 시행령 별표2. 개정 2019.10.29.

(2) 폐기물의 관리

폐기물의 관리는 원천적 발생억제 및 감량(prevention and reduction) → 재이용(reuse) → 재활용(recycling) → 에너지회수(energy recovery) → 소각(incineration) → 매립(landfill)의 순으로 우선순위(발생억제에서 에너지회수까지를 '폐기물최소화'라 함)를 두는 것을 기본원칙으로 하고 있다.

생산단계에서는 사업장폐기물 감량화제도, 제품의 환경성 제고를 위한 부담금제도 등을 운영하고 있으며, 유통단계에서는 과대포장 규제, 리필제품 생산권고제도, 합성수지 포장재의 감량화제도를 운영하고, 소비단계에서는 쓰레기 종량제, 1회용품 사용억제시책을 추진하고 있다. 그리고 포장용기, 윤활유, 가전제품 등에 대해서는 소비 후 생산자가 회수·재활용하도록 예치금제도를 운영하고 있으며, 처분단계에서는 폐기물의 보관·운반기준, 폐기물처리시설 설치기준, 폐기물처리시설 관리기준 등을 설정하여 관리하고 있다.

생활폐기물은 주로 수거하여 처리시설로 보내는데, 이때 폐기물은 재활용성, 가연성, 불연성으로 구분하여 수집, 운반하여야 한다(폐기물관리법 시행령

제6조 제2항). 생활폐기물의 수거 운반 및 처리업무는 자치단체가 담당하고 있으며, 자치단체 조례에 따라 업무 일부를 민간에 위탁하여 수행하고 있다.

폐기물 관리의 비용 면에서 볼 때 약 70%가 수거비용이다. 따라서 효율적인 수거는 비용 면에서 효과가 크다. 이러한 수집·운반체계와 함께 재활용품 분리수거 체계가 별도로 운영되고 있다. 수익성이 높은 폐지·고철류 등은 민간업체가 주로 수거하며 폐플라스틱 등 경제성이 낮은 재활용품은 자치단체가 수거하여 보관장이나 집하선별장으로 운송하여 민간에 판매하거나 한국자원재생공사 재활용시설로 운반하는 형태로 처분되고 있다.

〈표 5-4〉 폐기물관리정책의 흐름

구분	정책 특징
방어적 위생개념 (1961~1977년)	• 주로 쓰레기를 주거지역에서 신속하게 치움으로써 도시지역 주민의 보건위생 수준을 향상하는 데 중점을 둠 • 청소구역, 하수도, 하천 및 해역 등에 쓰레기 버리기를 금지함 • 1973년 개정된 「오물청소법」에서는 '오물'의 개념에 '폐기물'을 포함해 산업 활동으로 생기는 오물을 사업자 스스로 처리하도록 규정함으로써 산업폐기물이 형식적으로는 제도권 내에서 관리됨
적극적 환경보전개념 (1978~1986년)	•'소극적 방어적 개념'에서 '적극적 환경보전적 개념'으로 전환됨. • 농촌 폐비닐이 사회문제가 되어 「합성수지 폐기물 처리사업법」이 제정되고, 이의 집행을 위해 한국자원재생공사가 설립됨. • 생활폐기물은 여전히 「오물청소법」에 의해 관리되고, 산업폐기물은 새로 제정된 「환경보전법」에 의해 관리됨 • 아직 폐기물은 '처리개념' 중심으로 다루어짐
재활용 개념 (1986~1992년)	• 1986년 「폐기물관리법」을 제정하여 '재활용'이란 개념이 도입됨. • 1991년 「오수·분뇨 및 축산폐수의 처리에 관한 법률」이 제정되어 오수, 분뇨 등이 수질관리 측면에서 다루어짐
폐기물최소화 개념 (1993~2005)	• 1994년 바젤협약의 국내 이행을 위해 「폐기물의 국가 간 이동 및 그 처리에 관한 법률」을 제정함. • 1995년 님비(NIMBY)현상을 극복하고 폐기물처리시설 설치를 효율적으로 추진하고 그 과정에 주민참여를 확대하기 위한 「폐기물 처리시설 설치 촉진 및 그 주변지역 지원 등에 관한 법률」이 분법·정비됨 • 2002년 분리배출표시, 빈병보증금 실시 • 2005년 대형폐기물처리, 재활용센터 운영
자원순환 개념 (2006~현재)	• 2007년 자원순환 개념 도입 • 자원순환성 평가, 재활용품 인증, 폐자원 에너지화, 처리 광역화

〈표 5-5〉 자원순환형 폐기물 관리체계

단계	내용
발생억제	1회용품 사용억제: 1회용 컵, 용기, 수저, 면도기, 쇼핑백, 응원용품 등 18개 품목
	과대포장 규제: 음식료품류, 화장품, 세제류, 의류, 잡화류 등 7개 품목
	폐기물부담금제도: 플라스틱제품, 유독물제품, 껌 담배, 1회용품, 기저귀 등 7개 품목
재사용	빈용기(공병)보증금제: 증류주류, 청량음료류 빈병 세척, 재사용
재활용	생산자책임재활용제: 금속캔, 유리병, 종이팩, 합성수지포장재, 전자제품, 형광등, 타이어, 윤활유 등 21개 품목
	재활용시설 지원: 선별, 보관 및 압축, 파쇄시설 등 국고 지원
	재활용산업 육성: 재활용시설자금 지원, 재활용품 사용 촉진
소각	소각시설 설치: 다이옥신 관리기준 강화, 주민지원
	소각 에너지회수: 지역난방, 전력생산
매립	매립시설 확충: 위생매립 및 침출수 처리강화, 주민지원사업
	매립지 자원화: 가스발전 전력생산, 생태공원, 체육시설 조성

바젤협약(Basel Convention)

1976년 이탈리아 소베소에서 발생한 다이옥신 유출 사고 때 사라진 폐기물 41배럴이 1983년 그린피스(Green Peace)에 의해 프랑스의 한 마을에서 발견되었다. 그 후 1987년 6월 '유해폐기물의 환경적으로 건전한 관리를 위한 카이로지침과 원칙'이 채택되었고, 1989년 3월 카이로지침을 바탕으로 스위스 바젤에서 세계 116개국 대표가 참석한 가운데 바젤협약이 채택되어, 1992년 5월 5일 협약이 발효되었다. 대부분의 환경 관련 국제협약이 미국, EU 등 선진국 주도로 이루어진 데 반해 바젤협약은 아프리카 등 77그룹이 주도적인 역할을 하고 있다. 후진국이 선진국의 폐기물 처리장이 돼서는 안 되겠다는 위기의식이 발동한 것이다.

즉 바젤협약은 병원성 폐기물을 포함한 유해폐기물에 대한 국제적 이동의 통제와 규제를 목적으로 하며, 유해폐기물의 수출·수입 경유국 및 수입국에 사전 통보를 의무화하고 있다. 우리나라는 1994년 3월에 가입하고 관련 국내법으로 「폐기물의 국가간 이동 및 그 처리에 관한 법률」이 시행되고 있다.

[그림 5-1] 과대포장과 종량제 봉투

2) 폐기물 현황

(1) 폐기물의 발생현황

폐기물은 인간생활에서 필연적으로 발생하는 것이다. 인간이 생활하는 장소, 도시의 규모, 생활수준, 기후, 관리상태 등에 따라 폐기물의 발생량이 달라진다. 우리나라 국민 한 사람이 70년을 산다고 하면 평생 배출하는 쓰레기는 2,500t의 폐수, 7,765t의 대기오염물질, 55t의 생활쓰레기, 7t의 자동차, 냉장고, 세탁기 등의 도시쓰레기를 배출한다.

폐기물의 발생실태를 보면 폐기물의 총량은 증가하는 추세이다. 사업장폐기물은 매년 10% 이상의 높은 증가율을 보이나, 생활폐기물은 증가율이 정체되었다. 즉 생활폐기물 발생량은 1990년에 1일 83,962t이었으나, 쓰레기종량제가 시행된 1995년에 거의 절반 수준인 47,774t으로 급격하게 감소하였으며, 쓰레기종량제가 시행된 10년 후인 2005년에는 48,398t으로, 20년 후인 2015년에는 51,247t으로 거의 정체 상태에 있어 쓰레기종량제 시행이 매우 성공적이라는 것을 알 수 있다.

1인당 생활쓰레기 발생량은 1990년에 1일 2.32kg이었으나 1995년에는 1.07kg, 2005년에는 0.99kg, 2019년에는 1.09kg으로 감소하여, OECD 국가의 평균 발생량 1.19kg(2016년 기준)과 유사하다.

폐기물 발생량에 영향을 끼치는 용소는 장소, 도시규모, 생활수준, 기후, 관리상태 등이 있으며, 이들은 모두 폐기물 관리계획의 수립에 매우 중요한 요인들이다.

〈표 5-6〉 폐기물 발생량에 영향을 끼치는 요소

요소	설명
장소	주택지역은 음식물쓰레기, 상업지역은 종이류, 공원은 캔과 비닐류의 쓰레기가 많음
도시규모	도시규모가 클수록 쓰레기 발생량이 많음
생활수준	생활수준이 높을수록 쓰레기 발생량이 많으며, 쓰레기의 성상도 다양함
기후	추운 지방은 연료 쓰레기, 김장철에는 채소류의 쓰레기 발생량이 많음
관리상태	• 수집빈도가 높을수록, 쓰레기통이 클수록 쓰레기 발생량이 증가함 • 부엌에서 분쇄기를 사용하면 발생량이 감소함 • 재활용 회수 및 재이용이 증가할수록 발생량이 감소함 • 쓰레기 관리정책에 따라 발생량 및 성상이 변함

〈표 5-7〉 폐기물 발생추이

(단위: 톤/일)

구분	2000년	2005년	2010년	2015년	2019년
생활폐기물	46,438	48,398	49,159	51,247	57,961
사업장폐기물	180,230	241,991	137,875	155,305	202,619
지정폐기물	7,614	8,634	9,488	13,410	15,556
건설폐기물	–	–	178,120	198,260	221,102

출처: 환경부(2012). 환경통계포털. 환경부(2022). 2021 환경백서.

〈표 5-8〉 생활폐기물 발생량

(단위: 톤/일)

구분	2000년	2005년	2010년	2015년	2018년
총계	39,384	40,566	40,920	43,411	56,035
가연성	23,738	24,630	16,471	18,157	20,211
불연성	4,309	3,389	2,476	2,773	4,602
재활용	11,336	12,546	12,868	11,928	15,985
음식물	–	–	11,580	13,325	1,546

출처: 환경부(2022). 환경통계포털.

(2) 폐기물의 처리현황

폐기물의 처리방법은 재활용, 위생매립, 소각이 있다. 재활용은 분리수거한 폐기물을 다시 자원화하는 방법이며, 위생매립은 폐기물 속의 유기물 분해를 촉진하는 방법으로 침출수의 토양 유입을 방지하며, 메탄가스를 이용하는 방식이다. 소각은 폐기물을 태워서 없애는 방법으로 부피를 감소시키고 유해물질을 사전 제거할 수 있으며 작은 면적에 설치할 수 있어 국토 면적이 좁은 우리나라에는 소각처리가 적합한 방식이라 할 수 있으나, 대기오염을 시킬 우려가 있다.

우리나라의 경우, 전체적으로 매립처리 비율이 크게 낮아지고 재활용이 크게 확대되는 한편, 소각처리율도 점진적으로 증가하는 추세에 있다. 즉 1991년에는 생활폐기물 중 89.2%를 매립처리하고 7.9%만을 재활용하였으나, 2005년에는 매립처리율이 27.7%로 줄어드는 한편 재활용률이 56.3%로 증가하였고, 2015년에는 매립처리율은 더욱 줄어 15%를 차지하고 재활용률은 60%로 증가하는 등 바람직한 폐기물처리구조로 변화되고 있다. 2019년 기준으로 생활 및 사업장을 포함하는 전체 폐기물의 6.1%가 매립, 5.2%가 소각, 86.6%가 재활용, 2.1%가 기타의 방법으로 처리되었다. 즉 재활용 비율은 증가하는 추세이며, 소각과 매립은 감소하는 추세이다.

한편, 1991년부터 폐기물처리에 대한 전문인의 양성을 위해 폐기물처리기사 자격제도를 제정하였다. 폐기물처리기사는 일반폐기물과 산업폐기물을 기계적 분리, 증발, 여과, 건조, 파쇄, 압축, 흡수, 흡착, 이온교환, 소각, 소성, 생물학적 산화, 소화, 퇴비화 등의 인위적, 물리적, 기계적 단위조작과 생물학적, 화학적 반응조작을 주어 감량화, 무해화, 안전화 등 폐기물을 취급하기 쉽고 위험성이 작은 성상과 형태로 변화시키는 일련의 처리업무 담당한다. 그리고 2018년 5월에 수도권 폐비닐 수거중단 사태를 계기로 플라스틱 폐기물의 감량과 재활용 촉진을 위한 대책으론 '재활용 폐기물 관리종합대책'을 수립하였다.

〈표 5-9〉 생활폐기물의 분해기간

생활폐기물	분해기간	생활폐기물	분해기간
종이	2~5개월	금속캔	100년
우유팩	5년	일회용 기저귀	100년 이상
담배필터	10~12년	칫솔	500년 이상
나무젓가락	20년	알루미늄캔	500년 이상
일회용 컵	20년 이상	플라스틱병	500년 이상
가죽구두	25~40년	플라스틱백	500년 이상
나일론천	30~40년	스티로폼	500년 이상

〈표 5-10〉 폐기물 처리현황

(단위: 톤/일)

구분		2000년	2005년	2010년	2015년	2019년
생활폐기물	소계	46,438	48,393	49,159	51,247	57,961
	매립	21,831	13,402	8,797	7,719	7,336
	소각	5,441	7,753	10,609	13,176	14,919
	재활용	19,166	27,243	29,753	30,352	34,613
사업장폐기물	소계	180,230	247,325	315,995	353,565	439,277
	매립	28,983	20,095	25,509	27,413	23,178
	소각	10,105	8,197	8,902	10,729	11,065
	재활용	134,199	207,408	274,628	314,762	395,732
	기타	6,943	11,625	6,956	661	9,302

출처: 환경부(2018). 환경통계포털, 환경부(2022). 2021 환경백서.

① 재활용

대부분 폐기물에는 많은 원재료가 포함되어 있으므로 더 이상 재사용할 수 없으면 그 물건을 만든 재료를 재활용한다. 예를 들어, 재활용품에서 원료를 추출하면 알루미늄의 경우 광석으로 생산할 때의 약 20배의 에너지를 절약할 수 있으며, 철의 경우 2배, 종이의 경우 2배의 에너지를 절약할 수 있으며, 재활용 공정이 최초 제조공정에 비해 오염물질 배출이 적다.

재활용 비율을 높이기 위해서는 재활용품의 분리배출을 잘하여야 한다. 예를 들어 종이류의 경우에는 물기나 오염물이 묻지 않아야 하고 비닐 코팅된 것이나 공책의 스프링 등은 제거하여야 한다. 금속캔은 내용물을 비우고 가능한 압착하는 것이 좋으며 플라스틱 뚜껑은 제거하고 담배꽁초 등 이물질은 넣지 않아야 한다. 유리병은 병뚜껑을 제거한 후 내용물을 비우고 배출해야 하며, 전지는 제품에서 분리하여 배출해야 한다.

우리나라의 폐기물 재활용 현황을 보면, 2019년 기준으로 폐지사용률은 96.7%로 높으나, 폐타이어 재활용률은 73.1%임으로 품목에 따라 재활용률을 높일 방안이 요구된다.

〈표 5-11〉 폐기물 재활용 현황

구분		2000년	2005년	2010년	2015년	2019년
폐지 (천톤)	종이생산량	10,078	11,279	11,473	11,969	11,809
	종이소비량	8,366	9,868	9548	10,014	8,881
	폐지사용률	59.8	71.8	92.7	87.0	96.7
고철 (천톤)	철재소비량	38,333	47,124	55,906	69,670	–
	고철사용량	22,234	25,641	22,400	29,362	22,575
	고철사용률	40.1	39.9	28.9	–	–
금속캔 (천톤)	발생량	334	331	35.2	177	188
	재활용량	211	146	138	134	168
	재활용율	63.1	44.1	39.2	75.4	89.4
폐유리 (천톤)	유리병사용량	731	776	660	665	615
	폐유리사용량	492	567	495	514	486
	재활용율	67.4	73.0	75.0	77.0	79.0
폐타이어 (천개)	발생량	19,596	275,072	316,721	349,386	384,163
	재활용량	13,271	212,997	236,903	246,919	280,945
	재활용율	67.7	77.5	74.8	70.7	73.1
폐윤활유 (톤)	폐윤활유발생량	210,497	239,744	244,456	251,028	243,633
	폐윤활유재사용량	137,691	149,259	160,972	186,854	189,038
	재활용률	65.4	62.4	65.8	74.4	77.6

출처: 환경부(2022). 환경통계포털.

② 매립

매립의 종류는 단순매립, 안전매립, 위생매립으로 나뉜다. 단순매립(Open dump)은 비위생적 매립형태로 폐기물을 그대로 하역하여 쌓는 방법으로 매립 시설을 갖추지 않는 매립방법이다. 안전매립(Secure landfill)은 유해폐기물의 최종 처분방법으로 환경오염을 최소화하기 위하여 유해폐기물을 자연계와 완전히 차단하는 방법이다. 위생매립(Sanitary landfill)은 일반폐기물 처분에 가장 경제적이고 흔히 사용되는 방법이다. 이는 메우는 주위에 울타리 설치, 복토, 침출수 방지 등을 위한 시설을 갖추고 메우는 방식이다. 위생매립은 야적이나 해양투기에 비해 환경에의 영향이 적다.

쓰레기가 매립장에 반입되면 중장비로 압축하고 그 위에 15~30m 정도의 흙을 덮어 대기, 설치류 또는 해충과의 접촉을 막는다. 그러나 위생매립을 위해 미개발지가 매립지로 변하면 서식처가 파괴된다. 많은 경우 습지대가 매립지로 사용되고 있는데, 이러한 습지에는 생태적으로 중요한 많은 종이 서식하고 있으므로 습지를 없앤다는 것은 귀중한 생태계를 파괴하는 결과를 초래한다. 그리고 많은 대도시권에는 적절한 매립지가 고갈되고 있다. 따라서 쓰레기를 농촌까지 운반하는데 이에 따른 수송비가 많이 든다. 가장 심각한 문제는 메운다는 것은 자원을 고갈시키는 것이다. 비료로 사용될 수 있는 음식 찌꺼기나 하수슬러지가 지하에 매립되고 재활용될 수 있는 나무나 종이가 없어져 버리고, 금속과 같이 재생 불가한 자원이 없어져 버린다. 특히 우리나라와 같이 국토가 좁은 국가에서는 폐기물의 매립은 신중하게 결정하여야 한다.

우리나라의 일반폐기물 매립 현황을 보면, 2019년 기준으로 매립지 수는 307개로, 2000년에 비해 개수는 줄었으나 총매립지 면적은 늘었다. 즉 하나의 매립지의 면적이 넓다는 것을 알 수 있다. 이는 매립지 확보의 어려움을 나타내는 것이기도 함으로 효율적인 매립방법과 매립지 확보에 대한 강구가 필요하다.

〈표 5-12〉 일반폐기물 매립시설 현황

구분	2000년	2005년	2010년	2015년	2019년
매립지수(개소)	383	262	267	287	307
총매립지 면적(천㎡)	35,923	29,289	46,573	43,227	42,324
총매립용량(천㎥)	486,464	379,085	533,095	655,634	663,861
기매립량(천㎥)	169,138	169,499	271,955	341,648	391,653
잔여매립가능량(천㎥)	317,346	209,587	261,151	313,986	272,208

출처: 환경부(2022). 환경통계포털.

침출수

침출오수라고도 한다. 일반적으로 부패성 유기물 때문에 생화학적 산소요구량(BOD)과 화학적 산소요구량(COD)이 크다. 산업폐기물 매립지에서 나온 침출수는 폐기물의 종류나 질에 따라서 각종 수질오염 물질을 포함하는 일이 많다.

폐기물을 메워 처분 시 침출수에 의해 공공의 수역 및 지하수를 오염시킬 염려가 있는 경우에는 침출수 처리설비를 갖추도록 하고 있다. 침출수는 폐기물의 종류와 매립량, 매립공법, 강우량, 경시 변화, 중금속류의 함량, 토양의 성질 등에 따라 다른 성질과 형태를 나타내므로 침출수 처리설비의 설치에는 충분한 사전검토가 필요하다.

③ 소각

소각은 폐기물 관리체계 중 중간처리 과정의 하나이며 화학적 방법에 속한다. 폐기물을 땅에 묻는 것보다 부피는 1/5, 중량은 1/4로 줄일 수 있으며, 열에너지가 회수되는 경제성도 있다. 그러나 설치비용이 비싸고 운영비용이 많이 들며 처리과정에서 대기 및 토양오염 원인물질이 생긴다. 즉 대부분의 유기성폐기물은 열적으로 불안정하므로 처리할 때 먼지·중금속·일산화탄소·질소산화물·황산화물·염화수소·다이옥신 등 여러 종류의 오염물질이 발생한다. 또 연료가 되는 폐기물의 복합성분과 처리조건에 따라 불완전연소가 생길 가능성이 큰데, 이 경우 다량의 일산화탄소와 탄화수소·벤젠·클로로폼·폼알데하이드·클로로메테인·다이클로로에테인 등의 독성물질이 배출될 수도 있다. 따라서 소각처리를 할 때는 환경오염에 대한 방지시설을 반드시 하여야 한다.

우리나라의 일반폐기물 소각 현황을 보면, 2019년 기준으로 자치단체, 자가처리, 처리업체 등 소각을 하는 시설 전체의 수는 372개로 2000년에 비해 1/3 수준으로 많이 줄었으나, 처리용량은 하루에 32,081t으로 오히려 늘었다. 즉 시설에서 처리하는 용량이 늘어 시설의 효율성이 높아졌음을 알 수 있다.

〈표 5-13〉 일반폐기물 소각시설 현황

구분		2000년	2005년	2010년	2015년	2019년
합계	시설수(개소)	10,055	3,085	672	457	372
	시설용량(톤/일)	27,066	28,656	28,457	32,111	32,081
자치단체	시설수(개소)	605	230	176	186	180
	시설용량(톤/일)	8,599	13,223	16,081	17,238	18,609
자가처리업체	시설수(개소)	9,395	2,747	425	199	121
	시설용량(톤/일)	15,239	9,477	6,339	7,729	5,565
처리업체	시설수(개소)	55	108	71	72	71
	시설용량(톤/일)	3,228	5,956	6,037	7,144	7,907

출처: 환경부(2022). 환경통계포털.

④ 야적

쓰레기를 처리하는 방법 중 가장 나쁜 것은 야적(open dump)하는 것이다. 이는 쓰레기를 수집하여 공간과 수송비를 절약하기 위하여 압축하고 적당한 장소로 이동시켜 땅 위에 쌓아놓는 것이다. 유기물질은 부패하여 곤충이나 쥐 또는 새 등에 의해 전염병을 유발할 위험성도 있다. 즉 야적은 심각한 환경적 문제를 일으킨다. 야적 그 자체가 질병의 잠재적 근원이 되며, 통제되지 않은 소각을 하면 매연이 발생하여 공기를 오염시킨다. 그리고 우수가 쓰레기를 침식하여 오염된 물이 근처 강이나 지하수로 흘러 들어가고, 미관상 불결하다. 야적은 불법이나 아직 일부 지역에서는 행하고 있으므로 관리가 필요하다.

⑤ 해양투기

많은 해안지역에서 이루어지는 것이 해양투기이다. 쓰레기를 운반하는 바지선이 해안에서 멀리 떨어진 바다로 나와 자연적 해구(trench)나 협곡에 쓰레기를 버린다. 이러한 방법으로 많은 쓰레기가 시야에서 사라지지만 자연계로부터 제거되는 것은 아니다. 해양투기는 바다의 생태적 균형을 교란하고 있다. 즉 많은 유기체가 죽으며 플랑크톤이나 물고기가 오염된 환경에 영향을 받게 되어 변형되기도 한다. 예를 들어, 가정용 살충제나 다른 화학물질이 포함된 쓰레기나 불법적인 산업폐기물이 바다에 버려지면 수중생태계에 치명적인 위해를 입힐 수도 있다. 그리고 폐기물 해양배출 비용이 종류에 따라 많게는 육상보다 90%까지 싸기 때문에 폐기물 배출업체는 해양투기를 선호한다.

한편, 우리나라에서는 후쿠시마 원전 오염수의 해양 방출 문제를 심각하게 생각하고 있으나, 일본 측은 오염수 해양 방출 문제는 육상시설에서 해양으로 방류하는 것이기 때문에 선박에서 바다로 투기하는 해상투기를 다루는 런던협약의 논의 대상이 아니라고 주장을 하고 있어, 런던협약 당사국 총회에서 이 사안을 논의할 필요가 있다.

런던협약

폐기물 해양투기로 인한 해양오염을 방지하기 위한 국제협약인 런던협약은 1972년에 채택하고 1975년에 효력이 발생하였으며, 우리나라는 1992년에 가입하여 1994년부터 가입국으로서 효력이 발생하였다. 런던협약은 사전예방적 접근원칙, 오염자 부담의 원치, 해양오염의 전가 금지 등의 기조를 가지고 있다. 우리나라는 1996년에 분뇨 156만 톤, 유기성 폐수 150만 톤, 하수 오니 169만㎥를 해양에 배출하였으나, 2012년부터 가축분뇨와 하수 찌꺼기, 2013년 음식물 폐수, 2014년부터 산업폐수와 폐수 오니 투기가 금지되었다.

3) 폐기물 저감

(1) 폐기물의 최소화

폐기물최소화란 우리의 생활환경에서 불가피하게 발생하는 폐기물을 환경시스템으로 배출하지 않고 경제시스템 내에서 작동하게 하는 것이다. 즉 폐기물의 발생 억제, 감량, 재이용, 재활용 및 에너지회수(소각처리 시 열에너지 활용) 등을 통칭하여 폐기물의 최소화라 한다.

① 쓰레기종량제

쓰레기종량제(1995년 1월 1일부터 전국적으로 시행)란 쓰레기 배출량에 따라 배출자에게 쓰레기 처리비용을 부담하도록 함으로써 쓰레기의 발생을 근본적으로 억제하고 재활용품의 분리배출을 촉진하기 위한 경제적 유인 수단으로서 이전까지 재산세나 건물면적 등을 기준으로 하는 정액 부과방식의 쓰레기 수수료 부과체계를 쓰레기 배출량에 비례하는 부과체계로 전환한 것이다.

쓰레기종량제는 시민에게는 쓰레기 배출량에 대한 책임의식을 고취해 절약정신과 환경보전 의식을 함양시키며, 기업에는 과대포장 금지, 1회용품 생산의 자제 등 환경친화적 경영을 유도하며, 지방자치단체에는 쓰레기를 위생적으로 처리할 수 있는 기반 조성과 대시민 청소행정서비스 개선의 계기를 마련하였다. 따라서 쓰레기종량제 이후 쓰레기 발생량 감소, 재활용품 증가, 쓰레기행정 서비스 개선, 국민의 환경의식 향상, 제품의 생산·유통·소비 모든 과정이 친환경적으로 변화하는 효과가 나타났다.

2019년 쓰레기 수수료 종량제 실시지역은 전국 3,491개 읍면동 중 3,489개 지역으로 전체의 99.9%가 실시하고 있으며, 전체 22,481천 가구 중 22,469천 가구에서 종량제를 시행하고 있다. 가정용 종량제 봉투 평균 판매가격은 10ℓ의 경우 258원, 20ℓ는 508원이다.

② 음식물쓰레기 감량화

음식물쓰레기란 "농·축·수산물 유통과정 중에서 버려지는 쓰레기, 가정·음식점 등에서 조리과정 중 식품을 다듬고 버리는 식품쓰레기, 먹고 남긴 음식물찌꺼기, 보관했다가 그냥 버려지는 식품폐기물"을 말한다.

2020년을 기준으로 음식물쓰레기 발생량은 1일 14,210t으로서 전체 생활폐기물 발생량의 22.1%에 해당하며, 음식물쓰레기가 차지하는 점유비율이 점차 증가추세를 보인다. 특히, 음식물쓰레기 직매립 금지(2005. 1. 1) 이후 분리 배출되는 음식물쓰레기가 증가하고, 국민의 생활수준 향상 및 세대수(1~2인 가구가 전체의 43% 차지) 증가 등으로 음식물쓰레기 발생량은 매년 지속해서 증가하고 있다.

우리나라 국민 1인당 하루 음식물쓰레기 발생량은 0.32kg으로 OECD 등 선진국(0.26~0.27kg)에 비해 많이 배출되는 실정이다. 음식물쓰레기는 음식 준비과정에서 생기는 쓰레기(75.4%)가 가장 많으며, 다음으로 먹다 남은 음식물쓰레기(17.7%), 쓰지 못하거나 못 먹은 식품쓰레기(6.9%) 순으로 발생한다.

음식물쓰레기는 다른 쓰레기와 함께 버리거나(48.8%) 음식물쓰레기만 모아 따로 버리고(41.3%) 있으며, 흙(정원, 화단 등)에 묻기(10.0%)도 한다. 그러나 음식물쓰레기는 수분함량이 80~85%로서 매우 높아 쉽게 부패하기 때문에 수거, 운반 시 악취가 발생하고, 매립처리 시 다량의 침출수가 흘러나와 지하수 오염 등 2차 환경오염을 유발하며, 침출수를 처리하는 데 큰 비용이 소요된다. 소각 시에도 발열량이 적고 물기가 많아 소각온도 저하에 따른 보조연료 사용이 필요하다. 그리고 음식물쓰레기에 비닐, 병마개, 일반쓰레기 등이 함께 섞여 이를 분리해 내기 위해 최소한의 수작업, 기계적 분리 등을 해야 하므로 비용이 발생하고, 재활용 퇴비나 사료의 품질 저하의 요인이 된다.

이에 음식물쓰레기 직매립 금지(2005) 등, 음식물쓰레기 줄이기 종합대책(2010)을 수립하여 음식물쓰레기 발생억제 정책을 추진하고 있다.

〈표 5-14〉 생활폐기물 중 음식물류 폐기물 점유비율

구분	2001년	2005년	2010년	2015년	2020년
생활폐기물발생량(톤/일)	48,499	48,398	49,159	51,247	64,333
음식물류 폐기물발생량(톤/일)	11,237	12,977	13,671	15,340	14,210
점유율(%)	23.2	26.8	27.8	29.9	22.1

출처: 2015년 이전은 환경통계포털, 2020년은 2021환경백서.

〈표 5-15〉 음식물쓰레기 발생 및 처리현황

(단위: 톤/일)

구분	2010년	2012년	2014년	2016년	2018년
발생량	13,671	13,209	13,697	15,680	16,221
매립	193.9	153	258	399	455
(%)	1.4%	1.1%	1.9%	2.5%	2.8%
소각	422.1	381	517	1,148	1,392
(%)	3.1%	2.9%	3.8%	7.3%	8.6%
재활용	13,055	12,675	12,922	14,133	14,374
(%)	95.5%	96.0%	94.3%	90.2%	88.6%

출처: 환경부(2022) 2021 환경백서.

음식물쓰레기를 줄이려면 음식 조리 시 계량을 생활화하고, 일주일 단위로 식단을 작성하여 가능한 한 버리지 않고 알뜰히 이용하는 것이 좋다. 음식물쓰레기 감량화를 위해 기업에서는 남는 음식을 만들지 않고, 가정에서는 음식 수분량을 줄이고, 농산물 시장에서는 포장 출하를 하는 것이 좋다. 2013년부터는 각종 음식물 폐수의 해양투기가 금지되면서 음식물쓰레기의 종량제가 전국적으로 시급하다.

그간 음식쓰레기를 분리해 배출하는 145개 시·구 지역에서는 음식쓰레기를 무상으로 수거하거나 일정 금액을 일괄 부과하였으나 2014년 1월부터 전국적으로 음식쓰레기 종량제를 시행 중이다. 2012년부터는 RFID(Radio Frequency Identification) 기반 음식쓰레기 종량제 방식을 본격적으로 도입하여, 2020년

기준 총 161개 시·군·구에서 RFID방식을 시행 중이다. RFID방식은 배출원 정보가 입력된 전자태그를 통해 배출원별 정보를 수집하고 배출 무게를 측정하여 수수료를 부과하는 방법으로 종량제 취지에 가장 적합한 방식이다.

음식물쓰레기를 줄이기 위해서는 수분을 줄이고, 부피를 줄이고, 배출요령(음식물쓰레기 외의 이물질은 제거하고, 덩어리가 큰 수박 등은 잘게 썰어 폐기물의 크기를 작게 하고, 배출 요일 및 시간을 지키고, 음식물쓰레기 전용용기나 음식물쓰레기 종량제 봉투에 넣어서 배출하기)을 실천해야 한다. 그리고 장보기 전에 필요한 품목을 메모하고, 장을 본 후에는 바로 손질하고, 식사량에 맞게 요리하고 자투리 식재료도 활용하는 것이 좋다. 달걀 껍데기, 양파껍질이나 채소 뿌리, 딱딱한 과일껍질, 1회용 티백, 조개껍데기, 생선 뼈, 포화지방산, 육류 및 어패류의 뼈, 독성이 있는 음식물은 일반종량제 봉투에 담아서 버려야 한다.

〈표 5-16〉 가정에서의 음식물쓰레기 감량 노력

구분	내용
조리과정	• 물기 있는 쓰레기는 물기를 꼭 뺀 후 버린다. • 과일 껍질은 냄새가 나지 않으므로 베란다나 장독대 난간에 하루 성도 말렸다가 버린다. • 나머지 음식물쓰레기는 개수대 위에 걸쳐놓은 소쿠리나 망사주머니에 담아두었다가 다음 날 아침에 쓰레기봉투에 담는다. • 고무장갑을 낀 손으로 꼭 짠 다음 신문지로 싸서 봉투에 담는다(신문지가 남은 물기를 흡수해 준다) • 마당이 있는 집은 밭을 만들어 음식쓰레기를 묻으면 수분이 80%이므로 1/10 정도로 무게와 양이 감소한다. • 음식물은 먹을 만큼만 만들고 찌꺼기는 물기를 꼭 짜서 버린다(수분함량 40% 미만).
식생활 문화형성	• 식단계획을 생활화하고 냉장고 안의 식품을 정리한 후 꼭 필요한 식품만 구매한다. • 식품 구매 시 선도가 좋은 식품을 선택한다. • 관혼상제나 손님 접대 시 모자랄 듯이 음식을 준비한다. • 생긴 음식물쓰레기는 물기를 제거하고 이물질이 섞이지 않도록 분리, 배출한다. • 자녀들에게 음식물을 남기지 않는 식습관을 기르도록 교육한다. • 소형 찬그릇을 준비하여 남겨 버리는 음식이 없도록 한다. • 여행 시에는 도시락을 준비한다. • 음식점에서 남겨진 음식은 청결하게 포장하여 싸 온다. • 장바구니를 들고 다닌다. • 과대포장을 삼간다.

③ 1회용품과 과대포장 줄이기

1회용품 사용 규제는 일회용 컵(종이컵 제외)·접시·용기, 봉투·쇼핑백 등 1회용품을 많이 사용하는 업종을 대상으로 업종별로 사용되는 1회용품 특성을 고려하여 사용을 원천적으로 제한하는 '사용억제 품목'과 무상으로 제공하는 것을 금하는 '무상제공 금지품목'으로 나누어 시행 중이다. 2008년에 폐지된 일회용 컵 보증금제도가 2022년에 부활하는 등 1회용품 사용 규제가 강화되고 있다.

또한 포장폐기물 규제는 재활용이 쉬운 친환경적 재질 대체를 위한 포장 재질 규제와 포장폐기물 감량화를 위한 포장방법 규제를 위하여 포장공간비율을 10%~35%, 포장 횟수를 2차 이내로 제한하고 있다.

(2) 폐기물 자원화

폐기물 재활용의 기본 방향은 재활용 순환과정인 수집, 가공, 재생처리, 판매 및 소비의 각 단계의 균형 있는 발전을 통한 자원순환형 경제·사회구조를 구축해 나가는 데에 있다. 재활용단계는 쓰레기 줄이기(reduce)→재사용(reuse)→재활용품 배출→재활용품 회수→재활용(recycle)→재활용품 소비이다.

① 폐기물 재활용 배출

종이 1t 생산에는 30년생 나무 17그루가 필요하며, 폐지 1t당 1.07t의 이산화탄소(CO_2) 저감효과 및 탄소흡수원인 산림보호 효과가 있다. 그러나 우리나라의 폐지자급률은 낮으므로 폐지는 오물이나 물에 젖지 않도록 분리 배출하여 재활용률을 높이도록 한다.

유리병은 플라스틱이나 알루미늄 뚜껑을 제거하고 내용물을 깨끗이 비운 후 물로 헹구고 이물질을 넣지 말고 배출하며, 맥주병, 소주병, 음료수병 등은 공병보증금을 환불받도록 한다.

고철은 제강기술의 발전으로 전기로(電氣爐)에서 철강, 합금철 제조 시 사용할 수 있게 됨에 따라 고철 사용량이 증가하는 추세이다. 금속캔은 폐금속캔을 공동으로 회수·처리하는 사업자 단체의 활동으로 재활용량이 증가하고 있다.

폐타이어는 타이어 제조업체들이 중심이 되어 구성된 대한타이어공업협회가 수거업자를 통하여 회수하여 재활용업체에 납품하고 있다.

폐윤활유는 정제연료유 생산업체로 구성된 한국석유재활용협회를 통하여 회수·재활용하고 있다.

의류의 경우, 입을만한 헌옷은 깨끗이 빨아 알뜰매장 등에서 교환하거나 이웃과 나누어 입는다. 버려야 하는 옷은 물기에 젖지 않도록 하여 분리 배출한다.

가전제품이나 가구 중 수리만 하면 재활용할 수 있는 것이 70%나 된다. 폐가전제품, 가구는 지방자치단체에서 배출자에게 수수료를 받고 수거, 처리하며, 제조업체에서는 신제품 구매 시 구제품을 수거하여 처리하고 있다.

형광등은 1개당 평균 25mg의 수은이 함유되어 있으므로 배출 후 관리를 소홀히 하면 토양오염의 위험이 있다. 2001년부터 자발적 재활용협의회가 구성되어 재활용이 보다 쉬워졌으므로 깨어지지 않은 상태에서 분리수거함에 배출하여야 한다.

[그림 5-2] 분리배출함과 옷, 빈병 수거함

② 폐기물 자원화 방안

가. 재활용품 분리배출 및 수거체계의 효율화

재활용품은 지역 실정에 따라 아파트 등 공동주택지역에서는 종이, 고철, 유리병, 캔, 플라스틱 등 5종으로, 단독주택지역에서는 2~4종으로 분류하여 분리수거하고 있다. 재활용 가능 표시는 주로 생활폐기물로 많이 발생하는 고철류(비철금속 포함), 합성수지류, 종이류, 유리병류 제품에 있다. 재활용품의 분리배출이 촉진되어야 매립·소각대상 폐기물의 감량과 재활용자원의 확보가 가능하다. 따라서 분리배출 대상품목 및 배출요령을 잘 알고 실천하여야 한다.

나. 재활용품 유통구조의 선진화

우리나라의 재활용품 수요·공급은 대체로 시장기능에 의존하는 형태를 가지고 있다. 종량제 이후 재활용품이 증가하여 가격하락과 적체 현상이 심화함에 따라 재활용품의 비축기능 및 정보체계를 확충하여 가격안정과 안정적인 수요기반을 확보한다. 또한 재활용품 유통 관련 정보기능을 확대하며 재활용 시장 모니터링 사업을 정착화하고 재활용 관련 표시제도의 효율성을 높이어야 한다.

다. 재활용산업의 경쟁력 강화

제품을 폐기할 때 재활용이 쉽게 하려면 제품의 구조 재질 등의 개선이 필요한 자동차, 가전제품(TV, 냉장고, 세탁기, 에어컨)을 제1종 지정제품으로 지정하여 이를 일정규모 이상 제조·수입하는 자(제1종 지정사업자)는 제품이 재활용이 쉬운 구조와 재질로 만들어질 수 있도록 제품설계단계부터 구조 및 재질 개선사항에 대해 평가하도록 한다.

재활용품이 산업의 원료로 안정적으로 사용되기 위해서는 수집·가공하는 재활용업체의 발전이 병행되어야 한다. 재활용산업에 대한 금융지원의 확대,

재활용산업의 범위 확대, 재활용산업 창업지원 등을 하는 것이 좋겠다.

라. 재활용제품 수요기반 및 재활용의식 확산

재활용업체의 부지 확보난 해소의 목적으로 재활용제품제조업을 현지 근린공장의 범위에 포함해 수도권지역의 과밀억제지역 및 성장관리권역에서 공장설치가 가능하게 하고, 자연보전녹지지역과 생산녹지지역 내에 재활용시설 및 개발제한구역 내 시·군·구 집하선별장과 민간 건설폐재 재활용시설의 입지가 가능하게 하고 있다.

재활용제품이 원활히 소비되어야 분리수거 등 재활용 전 과정이 원활히 움직일 수 있다. 따라서 공공기관의 재활용제품 구매·사용 확대[9], 재활용제품 판매매장 확대[10], 재활용제품 품질인증제도 확대[11], 재활용제품 조달구매 촉진, 알뜰시장 개최 활성화 및 재활용제품에 대한 인식을 높이어야 한다. 한편, 민간의 재활용제품 소비 확대를 위하여 백화점에 10㎡ 이상의 재활용제품 전용 판매매장을 설치하거나 유사 일반제품 판매장에서 10가지 이상의 재활용품목을 취급하도록 의무화하고 전국에 재활용제품 상설 알뜰매장 확대를 촉진하고 있다.

---

9) 재활용제품의 수요 확대의 일환으로서 국가 등 공공기관부터 재활용제품을 우선 사용하도록 '공공기관의 재활용제품 우선구매제도'를 1992년에 도입하여 시행 중이다. 대상기관은 국가 및 지자체, 정부투자기관, 출자·출연기관 및 특별법인, 자회사 등이다. 동 제도 시행 이후 대상품목, 기관, 금액이 지속해서 확대되고 있으며, GR마크, 환경마크, 조달청등록증 등 품질인증을 받은 재활용제품을 우선구매품목으로 신규 지정하고 있다.

10) '공공기관의 폐기물 재활용 촉진을 위한 지침'(국무총리훈령 제381호, 1999. 3. 30)에 의거 인구 5만 이상 시·군·구의 경우에는 재활용제품 상설매장(1개소 이상)을 의무적으로 설치하도록 한다. 별도 장소 확보가 어려운 경우에는 연금매장, 재활용센터 등을 활용하도록 한다.

11) 재활용제품 품질인증 제도(Good Recycled Product: GR)란 자원의 절약과 재활용촉진에 관한 법률에 따라 국내에서 개발된 재활용제품에 대한 생산현장의 기술력과 품질, 성능 등을 평가하여 별도로 정하는 기준 이상의 품질수준을 유지하고 있는 우수제품임을 정부가 인정하는 제도이다.

마. 생산자 책임 재활용제도와 폐가전 무상방문 수거 서비스

생산자 책임 재활용제도(EPR: Extended Producer Responsibility)는 기업에서 장기적인 관점에서 체계적인 재활용계획을 수립할 수 있도록 장기 재활용 목표율을 설정·고시하는 제도이다. 즉 제품생산자나 포장재를 이용한 제품의 생산자에게 그 제품이나 포장재의 폐기물에 대하여 일정량의 재활용 의무를 부여하여 재활용하게 하고 이를 이행하지 않으면 재활용에 드는 비용 이상의 재활용 부과금을 생산자에게 부과하는 제도이다. 종이팩·유리병·금속캔·합성수지 포장재·전지류·타이어·윤활유·전자제품·김발장·곤포사일리지용 필름 등의 제품이나 포장재가 대상품목이다.

한편, 국내 주요 가전제품 출고량은 지속해서 증가하고 있으나, 배출 시 운반이 곤란하고 배출 수수료 부담이 있으므로 2014년부터 전국적으로 폐가전 무상방문 수거 서비스를 시행하고 있다. 2014년도 35만 대, 2015년도 78만 대, 2016년도 122만 대를 수거하여, 재활용업체에서 재활용하여 환경오염 방지 및 자원절약 효과를 얻고 있다.

(3) 폐기물환경관리

가. 쓰레기투기 신고포상금 제도

1995년부터 쓰레기종량제가 시행된 이후 도로나 유원지 등 감시가 소홀한 곳에서는 쓰레기를 몰래 버리는 행위가 근절되지 않고 있다. 이에 쓰레기투기 신고포상금 제도를 2000년부터 전국적으로 확대 시행하고 있다.

쓰레기투기 신고포상금제란 쓰레기 불법투기, 무단 소각, 종량제 봉투를 사용하지 않고 쓰레기를 버리는 행위 등 법규 위반행위를 신고한 사람에게 포상금을 지급하는 제도로서 지방자치단체의 장이 불법행위 신고자로부터 신고를 받아 법규위반자에게 과태료를 부과하며, 과태료의 일정액을 신고자에게 포상금으로 지급하게 된다. 구체적인 포상금액은 불법행위별 과태료 부과금액의

80% 범위에서 지방자치단체가 조례로 정하도록 하고 있다.

나. 순환자원정보센터 운영

순환자원정보센터는 폐기물 공급자와 수요자 간의 최적 맞춤식 온라인 거래장터로서 폐기물 공급자가 폐기물 종류, 성상, 물량, 품질 등에 대한 정보를 정보센터에 등록하면 폐기물 수요자는 순환자원정보센터 내에서 최단거리 업체정보와 가격, 지역, 품질 등 조건검색을 통하여 최적의 물품을 구매할 수 있도록 연계하여 주는 시스템이다.

2012년 폐합성수지 폐기물, 중고가전, 가구나 유아용품 등을 대상으로 시범사업을 추진하였으며, 2014년에는 위치정보기반 GIS시스템 활용, 2016년에는 폐자원 전자거래서비스 강화, 2018년에는 중고장터 및 학교장터의 조회서비스 제공, 2019년에는 공동주택 재활용폐기물처리 전자신고 기능을 구축하였다.

다. 폐자원의 안전처리

종전에 수작업으로 이루어지던 폐기물 처리증명제를 대체하여 2002년에 폐기물 전자정보처리 시스템(Allbaro시스템)을 구축하였다. 이 시스템은 배출자, 운반자, 처리자와 행정기관 사이에 유통되는 폐기물 인계서를 인터넷상에서 전자정보 형태로 처리하여, 사용자는 자신의 폐기물인계정보와 처리상황, 처리결과를 수시로 조회할 수 있으며, 행정기관에서는 폐기물 이동이 적법하고 투명하게 이루어지는지를 실시간으로 확인할 수 있는 시스템이다.

〈표 5-17〉 공공 폐기물처리시설(2020)

구분	매립시설	소각시설	음식물쓰레기 처리시설
개소	212	181	111
시설용량	478,236,335㎥	18,176톤/일	9,492톤/일

출처: 환경부(2022), 2021 환경백서.

2 화학물질과 에너지자원

현재 전 세계적으로 유통되고 있는 화학물질의 수는 20만여 종이며, 매년 3,000여 종의 새로운 화학물질이 개발되어 상품화되고 있으며, 앞으로 화학산업의 지속적인 성장이 예상된다. 국내에는 44,000여 종 이상의 화학물질이 유통되고 있고, 매년 2,000여 종이 새로이 국내시장에 진입하는 등, 화학물질의 사용이 꾸준히 증가하고 있다. 또한 화학산업은 다른 분야에 비해 빠르게 성장하며 우리나라는 세계 5위의 화학산업 국가로 국제적으로도 큰 비중을 차지하고 있다. 이에 다양한 화학물질에 대한 안전관리가 중요하다.

또한 현대사회에서는 에너지는 가장 필수적이고 기본적인 중요한 요소로서 모든 인간활동의 원동력이 되며, 국가의 경제규모와 산업발전의 척도가 된다. 특히 개발의 반대급부로 환경문제가 심각해지고 있는 현대사회에서 환경파괴의 주범으로 화석연료의 사용이 지탄받고 있으며, 사용량의 제한이 있는 에너지원을 대체할 수 있는 새로운 에너지자원의 개발이 요구된다.

여기에서는 환경을 파괴하지 않고 안전하게 사용할 수 있도록 화학물질의 관리와 에너지자원에 대하여 알아보기로 한다.

1) 화학물질의 관리

(1) 화학물질의 관리현황

가습기살균제 사고, 구미 불화수소 누출사고 등을 계기로 화학제품 화학물질 관리에 대해 국민적 불안이 가중되고 경각심이 높아지고 있다. 이에 체계적인 화학제품 화학물질의 안전관리가 필요하다.

「화학물질 등록 및 평가 등에 관한 법률」(이하 화평법)이 2013년 제정하였다. 이 법을 통하여 일상생활에서 접하고 사용하는 화학제품 내 화학물질에 대한 안전성 관리를 강화하였다.

2018년에는 살생물제 사전승인제를 도입하는 「생활화학제품 및 살생물제의 안전관리에 관한 법률」(이하 화학제품안전법)을 제정하였다. 이 법에 따라 관리되는 안전확인대상 생활화학제품은 총 39품목이다.

〈표 5-18〉 안전확인대상 생활화학제품

구분	제품
종전 위해우려제품 (23품종)	세정제, 세탁세제, 표백제, 섬유유연제, 광택코팅제, 접착제, 방향제, 탈취제, 물체 염색제, 자동차용 워셔액, 인쇄용 잉크·토너, 미용접착제, 습기제거제 등
식약처 이관된 종전 의약외품 (7종)	가습기용 항균·소독제제, 감염병 예방용 살균·소독제제, 기타 방역용 소독제제, 보건용 구제·방지·유인살충제, 보건용 기피제, 감염병 예방용 살충제, 감염병 예방용 살서제
신규·확대제품 (9종)	필터형 보존처리제품, 인공 눈 스프레이, 살균제, 기피제, 초, 인주, 수정액 및 수정테이프, 공연용 포그액, 가습기용 생활화학제품

출처: 환경부(2022), 2021 환경백서.

현재 화학물질은 유해화학물질(유독, 제한, 금지물질 및 사고대비물질 등, 933여 종), 공정안전보고서 작성대상 유해, 위험물질(50여 종), 고압독성가스(40여 종), 위험물(3,000여 종) 등으로 구분되어 있으며, 이를 위험물질로 통칭한다. 이들 화학물질의 화학사고 예방 및 대응체계를 강화하기 위하여 2015년에 「화학물질관리법」을 제정하고, 유해화학물질 영업허가제를 도입하였다.

화학물질 관리를 위한 주요 정책은 다음과 같다.

① 잔류성유기오염물질관리

잔류성유기오염물질(POPs)이란 디디티(DDT), 폴리크로리네이티드비페닐(PCBs), 다이옥신 등과 같이 독성이 강하고 자연환경에서 잘 분해되지 않아 오랫동안 잔류하면서 생물 중에 고농도로 축적되어 인간과 생태계에 큰 위해를 주는 물질이다.

유엔환경계획(UNEP)은 2001년에 이들 물질의 생산과 사용금지 등에 관한 스톡홀름협약을 채택하여 2004년에 발효되었으며, 우리나라는 2007년 1월에 비준하였다.

② 수은관리 및 국제수은협약 대응

수은(Hg)은 지구상에 금속원소, 무기수은 및 유기화합물 등 3가지 형태로 존재한다. 무기수은은 흡입을 통한 고농도 노출 시 문제가 되고, 유기수은은 음식물 섭취 등을 통해 중추신경 장애, 신장 등에 심각한 영향을 준다.

우리 국민의 혈중수은농도(권고기준 EPA 5.8㎍/L)는 2.95/L(2018~2020년 조사)이다. 이는 미국(0.86㎍/L, 2015), 캐나다(0.79㎍/L, 2015)에 비해서는 높은 편이나 일본(3.63㎍/L, 2012), 홍콩(3.65㎍/L, 2012)보다는 낮은 수준이다.

유엔환경계획(UNEP)에서는 2013년에 수은에 관한 미나마타협약을 채택하여 2017년에 발효되었으며, 우리나라는 동 협약을 2014년 9월에 비준하였다. 우리나라는 미나마타협약 발효 이전부터 수은을 관리하고 있다. 2016~2019년에 총 117개 초등학교, 10,232명의 학생을 대상으로 수은을 비롯한 중금속 등 생활 속에서 접하기 쉬운 화학물질에 대하여 인체 노출을 저감하고 올바른 인식을 증진하기 위하여 교육하였으며, 2018년부터는 수은에 대한 정보와 수은 노출시 응급대처 등을 화학물질 정보시스템(http://ncis.nier.go.kr)를 통해서 제공하고 있다.

③ 나노물질 안전성 확보사업

나노물질은 1~100㎚(10^{-9}m) 크기로 제조된 입자성 화학물질로서, 은, 탄소, 이산화티타늄, 금 등을 나노크기로 제조하면 기존의 화학물질과는 다른 물리화학적 특성을 보인다. 이러한 나노물질의 독특한 성질을 이용한 제품이 많이 개발되어, 상용화된 제품을 일상생활에서 자주 접할 수 있으며, 신소재로 널리 사용되고 있다. 하지만 나노물질의 잠재적 위해성에 대한 충분한 검토가 이루어지지 않고 있다.

이에 2013년 12월부터 우리나라(환경부, 과학기술정보통신부)를 중심으로 한 한-EU 나노안전국제협력사업을 통하여 나노안전관리 제도 마련에 노력하고 있다.

④ 유독물질 지정 · 관리

유독물질이란 어류에 대한 급성독성 시험에서 시험어류의 반을 죽일 수 있는 농도가 1mg/L 이하인 화학물질, 피부에 3분 동안 노출하면 1시간 이내에 표피에서 진피까지 괴사를 일으키는 화학물질 등이다. 2018년 말 기준 페놀, 과사놔나트륨 등 876종이 지정되어 있다.

「화평법」에 따라 유해성 여부 및 위해성 수준에 따라 유독물질, 허가물질, 제한금지물질로 지정 관리된다. 2006년에는 청석면, 갈석면 등 총 5종을 취급금지물질로 지정하였으며, 2008년에는 노닐페놀, 백석면, 납, 카드뮴, 크로뮴 화합물과 트리클로로에틸렌, 테트라클로로에틸렌을 취급제한물질로 지정하였고, 2009년에는 석면이 1% 이상 함유된 탈크를 관리대상으로 지정하였다. 2021년 기준 1,082종이 지정되어 있다.

⑤ 허가 · 제한 · 금지물질 지정 · 관리

2015년부터 '허가물질 제도'가 도입되어 유해성심사 및 위해성평가 결과 위해성이 우려되거나 발암성, 돌연변이성, 생식독성, 내분비계 장애, 축적성, 잔류성이 있는 물질 등은 허가물질로 지정하여 고시토록 규정되어 있다. 허가물질로 지정되면 반드시 허가받아야만 제조 · 수입 · 사용 · 판매가 가능하다.

2021년 기준 허가물질로 지정된 물질은 없으며, 14종의 제한물질과 60종의 금지물질이 지정되어 있다.

⑥ 화학물질 배출량 조사 및 배출저감 추진

화학물질 배출량 조사제도란 화학물질을 제조, 사용하는 업체에서 화학물질이 환경(대기, 수계, 토양 및 폐기물 등) 중으로 배출되거나, 이동된 양을 파악하여 정부에 보고하고, 정부는 관련 자료를 업체와 국민에게 공개하는 제도이다.

2011년부터 39개 업종 415종 화학물질을 조사대상으로 하며, 2014년부터 종업원 수와 관계없이 조사대상 물질을 1~10t(1그룹 1t, 2그룹 10t) 이상 취급하는 사업장을 대상으로 조사하고 있다. 그리고 2010년부터는 이륜자동차, 선박, 건설기계를 추가한 18개 배출원, 388종의 화학물질을 대상으로 비점오염원 배출량 조사를 하고 있다.

(2) 미세플라스틱 관리

미세플라스틱은 통상적으로 5㎜ 크기 미만의 플라스틱을 미세플라스틱으로 구분하고 있으며, 제조되어 제품에 함유된 것은 1차(의도적) 미세플라스틱, 환경으로 배출된 플라스틱이 자연 상태에서 햇빛 바람 파도 등에 의해 풍화되면 2차(비의도적) 미세플라스틱으로 구분한다.

전 세계적으로 플라스틱이 생산된 이후 약 50년 동안 전 세계 플라스틱 생산량은 총 83억t으로 추정되고 있으며, 이 중 약 63억t(75%)은 쓰레기로 배출되었고, 현재 매년 최소한 8만t 이상이 해양으로 배출되는 것으로 추정되고 있다.

세계자연보전연맹(UNEP)에서는 미세플라스틱의 주요 발생원을 세탁, 타이어 마모, 도시 먼지, 도로 페인트, 선박 페인트, 세정용품 등으로 구분하고 있다. 전 세계적으로 수돗물, 먹는샘물, 하천·호수·해양 등과 해산물에서 미세플라스틱이 확인되고 있으며, 우리나라에서도 생활환경과 수산물 등에서 미세플라스틱이 검출되고 있다.

1차 미세플라스틱의 대표적인 발생원으로 알려진 씻어내는 세정용 화장품과 치약 등의 의약외품에 대해 선진국 중심으로 미세플라스틱 사용금지가 추진되었고, 미국, 캐나다, 대만 등에서는 1차 미세플라스틱에 대한 규제를 도입하였고, 우리나라는 식품의약품안전처에서 2017년에 씻어내는 화장품에 미세플라스틱 사용을 금지하였다. 최근에는 EU를 중심으로 생활화학제품과 의료·농업 등의 전문제품에 대한 미세플라스틱 사용을 금지하는 방안을 검토하고 있다.

미세플라스틱의 경우 눈에 보이지 않는 크기까지 작아질 수 있어 섭취를 통해 체내에 들어올 수 있다. 플라스틱의 원재료(PP, PE 등) 자체의 독성은 낮으나, 플라스틱 제조 시 사용되는 가소제·난연제 등의 첨가제가 추출되거나, 환경 중 독성물질이 미세플라스틱 표면에 흡착되어 생물 체내에 축적되는 것이 우려되고 있다. 이에 세계보건기구(WHO), 세계식품기구(FAO), 해양전문가연합(GESAMP) 등에서 미세플라스틱의 위해성을 검토했으나 현재까지 먹는 물 또는 해산물 섭취로 인체에 유입되는 미세플라스틱에 의한 위해성은 낮다고 밝히고 있지만, 사전예방적으로 미세플라스틱 관리가 필요하다.

(3) 화학 안전사고 방지

대규모 환경피해가 우려되는 화학사 고가 발생하면 관리물질 및 역할에 따라 유해화학물질에 대해서는 환경부, 위험물은 소방청, 독성가스는 산업통상자원부, 중대산업사고는 고용노동부 등으로 소관이 구분되어 있어 구미 불화수소 누출사고와 같이 소관이 중첩되는 경우 주관부처가 모호한 사례가 발생한다. 화학사고 발생 시 사고물질의 유해성 사고 설비의 특성 및 기상 조건 등 외부환경에 따라, 주민대피 등 대응 수습이 변화할 수 있고 사고의 전개가 빠르게 진행되므로 부처 간 이견조정, 필요한 자원 동원 등 적극적인 역할을 수행할 대응 수습의 컨트롤타워가 필요하다. 이에 모든 화학사고에 대한 주관부처를 환경부로 일원화하고 화학사고의 현장 상황에 대한 과학적 판단을 기초로 사고수습을 하는 현장수습조정관 제도를 도입하였다.

그리고 화학사고, 테러 방생에 대비하여 지원, 연구, 평가, 교육을 전담하는 화학물질안전원 신설, 화학사고대응 정보시스템(CARIS) 구축, 상시훈련체계 강화, 기업의 자발적 안전관리 강화를 유도하고 있다.

2) 에너지자원

(1) 에너지 분류

에너지(energy)라는 용어의 어원은 '일'을 의미하는 희랍어의 '에르곤(energon)'에서 유래하는 '에너르게이아(energeia)'이다. 이는 일을 하는 능력이라는 의미인데, 19세기에 들어와 자연과학이 발달하기 시작하면서 사용되었다. 그 후 에너지(energie)라는 용어는 T. Young(1773~1829)에 의하여 처음 사용되었고, W. J. M. Rankine(1820~1872)에 의하여 보급되기 시작하였다.

18세기 산업혁명 이전까지의 에너지원은 주로 수력, 풍력과 신탄 그리고 목탄이 사용되었으며, 증기기관의 발명으로 석탄이 새로운 에너지원으로 등장하면서 대폭적인 수요의 증가를 초래하게 되었다. 이후 20세기에 들어와 자동차 보급으로 석유가 새로운 에너지원으로 등장하였으며, 주택 및 상업, 수송, 산업분야에서 열과 동력의 주 에너지원으로 그 수요를 증가시켰다.

〈표 5-19〉 에너지자원의 분류

자원	분류	자원과 예
비금속광물자원	화석에너지	석탄, 석유, 천연가스, 타르샌드, 혈암
금속광물자원	핵분열에너지	우라늄, 토리움
비광물자원	대체에너지	태양열, 지열, 수력, 조력, 풍력
		신탄, 생물체, 폐기물
재생가능자원	핵융합에너지	중수소
동물자원	일에너지	소, 말, 개
인적자원		에너지소비 절약기술, 에너지의 효율적 사용

출처: 강석호(1998). 21세기의 에너지와 산업사회.

1960년대에 들어와 새로운 에너지원인 원자력의 실용화로 원자력시대를 맞이하였다. 원자력이 방사능 때문에 여러 가지 환경오염을 유발하는 문제가 있음에도 화석연료의 고갈로 인한 에너지자원의 확보 때문에 세계적으로 이용률이 점점 증가하고 있다. 실제로 1970년대에 겪었던 1, 2차 석유파동은 장기적으로 에너지 공급의 불안정과 고유가에 대한 문제로 세계 각국은 에너지원에 대한 다변화 정책과 더불어 새로운 에너지원의 개발 및 에너지 절약에 대한 대책을 마련하게 되었다.

국제에너지기구(International Energy Agency: IEA)에 의하면 에너지의 사용에 따라 20세기 전반은 석탄시대, 20세기 후반은 석유시대, 21세기에는 원자력에너지의 증가와 기후변화 협약에 따른 온실가스 감축 등으로 신재생에너지 시대가 될 것으로 예측하였다.

에너지자원은 인간이 사용할 수 있는 에너지의 형태로 바뀌기 전의 형태를 가진 모든 자원을 의미한다. 종래에는 석탄, 석유, 천연가스와 같은 에너지자원과 산림자원 등의 가연성 물질 자원과 인력, 동물의 노동력 등을 에너지자원으로 한정하였으나 에너지 문제가 심각해지면서 원자력에너지나 태양에너지와 같은 대체에너지가 현재의 에너지자원이 되고 있다.

에너지는 태양열, 바람, 지열, 수력 그리고 생물체(biomass) 등에서 얻을 수 있는 재생기능에너지(renewable energy)와 석탄, 석유, 천연가스, 원자력 등에서 얻을 수 있는 재생 불가능에너지(non-renewable)로 구분된다. 또 에너지자원의 분류로 살펴보면, 화석에너지, 핵분열에너지, 대체에너지, 핵융합에너지, 일에너지로 구분된다.

대체에너지는 넓은 의미로 석유를 대체할 수 있는 에너지자원을 통칭하는 것으로 원자력이나 가스 등을 포함하는 포괄적 의미로 쓰이기도 하였으나, 협의의 뜻으로는 기존 에너지를 대체하는 신재생에너지를 의미한다. 대체에너지는 국가나 에너지 분류 방법에 따라 신재생에너지, 신에너지, 미래에너지, 미활용에너지 등으로 불리며, 중복 또는 혼용되어 쓰이고 있다.

우리나라는 1987년 「대체에너지개발촉진법」을 제정하여, 대체에너지를 석유, 석탄, 원자력, 천연가스가 아닌 에너지로서 태양에너지(태양열과 태양광으로 구분), 바이오에너지, 풍력, 소수력(3,000㎾ 이하의 수력), 연료전지, 석탄액화가스화, 해양에너지, 폐기물에너지 및 기타의 에너지로 정의하고 있다.

이후 2006년 「에너지기본법」 제정과 2004년에 개정된 「신에너지 및 재생에너지 개발, 이용, 보급촉진법」에 의하여 신재생에너지를 재생에너지 8개 분야와 신에너지 3개 분야, 총 11개 분야로 구분하고 있다. 즉 태양열, 태양광, 바이오매스, 풍력, 소수력, 지열, 해양에너지, 폐기물에너지의 8개 분야의 재생에너지와, 연료전지, 석탄액화가스화 에너지 및 중질산사유가스화 에너지, 수소에너지의 3개 분야의 신에너지이다.

청정개발 및 기후에 관한 아시아-태평양 파트너십(Asia Pacific Partnership: APP)은 청정에너지 기술의 개발과 전개를 촉진하고자 하는 기구이며, 참여국은 호주, 캐나다, 중국, 인도, 일본, 한국, 및 미국의 7개국이다. 이들 7개국이 총체적으로 세계 경제와 인구 및 에너지 사용에서 절반 이상을 차지하고 있고, 세계 석탄의 65%, 시멘트의 62%, 알루미늄의 52%, 철강의 60% 이상을 생산하고 있다. APP회원국은 지속적인 경제 성장과 빈곤의 축소를 촉진하고자 에너지 안보와 자국 공해의 감소 및 기후변화에 대응하기 위하여 협력하며, 특히 청정에너지 기술과 상품 및 서비스를 위한 투자와 거래를 확산하는 데 주력하고 있다.

우리나라는 세계 10대 에너지 소비국으로서 총에너지의 97%를 해외 수입에 의존하고 있다. 그중 건축물은 국가 에너지 소비의 25%, 자원 소비의 40%를 차지하고 있으며, 계속되는 전력난을 경험하고 있다. 따라서 국가적인 차원뿐만 아니라 개인으로서도 에너지 기술개발과 절약에 관해 관심을 가져야 한다.

현재 우리나라 신재생에너지의 기술 수준은 분야별로 세계 최고 수준 대비

50~85%에 불과하며 세계적인 선도기업이 거의 없는 상태이다. 그중 실리콘계 태양광 분야는 세계 최고 수준의 88%까지 기술격차가 좁혀졌으나, 박막형 태양광은 61%로 아직 낮은 수준이다. 육상 풍력(79%)과 해상 풍력(68%)도 추가적인 기술개발 노력이 필요하며, LED의 경우 광 효율 80lm/W 이하는 세계 최고 수준의 80%로 기술 수준이 높아지고 있으나 100lm/W 이상 차세대 LED는 50%에 불과하다.

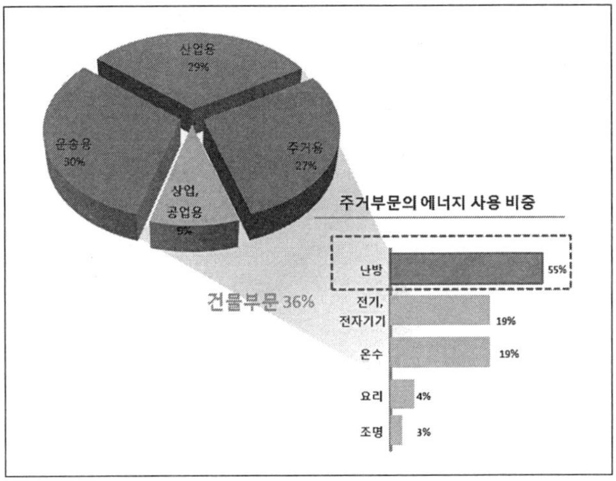

[그림 5-3] 부문별 에너지 사용 비중

〈표 5-20〉 우리나라 1차 에너지 소비량

구분	1차 에너지 공급량(천TOE)							실질GDP (십억 원)	GDP대비 공급량
	합계	석탄	석유	LNG	수력	원자력	신재생		
1981년	45,718	15,244	26,580	–	677	724	2,492	187,576	243.7
1990년	92,931	24,124	50,175	3,023	1,590	13,222	797	454,146	204.6
2010년	264,025	77,142	104,500	43,008	1,392	31,948	6,036	1,426,618	165.1
2015년	286,921	85,401	109,090	43,603	1,223	34,765	12,839	1,658,020	173.1
2019년	303,092	82,147	117,314	53,534	1,331	31,079	17,688	1,848,959	163.9

출처: 에너지경제연구원(2021). 2020 에너지통계연보, 자료추출.

〈표 5-21〉 우리나라 1인당 전력소비량

(단위: kWh, GWh/십억 원)

구분	1990년	2000년	2010년	2015년	2019년
1인당 전력소비량	2,202	5,067	8,883	9,555	10,039
GDP 대비 전력소비량	0.471	0.368	0.328	0.292	0.271

출처: 에너지경제연구원(2021), 2020 에너지통계연보, 자료추출.

〈표 5-22〉 신재생에너지 발전비율

(단위: GWh, %)

구분	2011년	2013년	2015년	2017년	2019년
총발전량(GWh)	501,527	543,098	560,974	577,331	587,981
신재생에너지 발전량(GWh)	17,346	21,438	37,079	46,623	33,029
신재생에너지 발전비율(%)	3.46	3.95	6.61	8.08	5.62

출처: 한국에너지공단(2021), 신재생에너지보급 실적조사, 자료추출.

(2) 신재생에너지

「신에너지 및 재생에너지개발 · 이용 · 보급촉진법」에서 신재생에너지란 기존의 화석연료를 변환시켜 이용하거나 햇빛 · 물 · 지열 · 강수 · 생물유기체 등을 포함하여 재생가능한 에너지를 변환시켜 이용하는 에너지로 정의하고, 11개 분야로 구분하고 있다.

신재생에너지는 재생에너지와 신에너지로 구분된다. 즉 재생에너지는 태양광, 태양열, 바이오, 풍력, 수력, 해양, 폐기물, 지열로 8개 분야이며, 신에너지는 연료전지, 석탄액화가스화 및 중질잔사유가스화, 수소에너지로 3개 분야에 해당한다.

신재생에너지로 분류되지는 않지만, 에너지 효율 향상을 위한 분야에 관해서도 관심을 가져야 한다. 에너지 효율 향상 분야는 LED, 전력 IT, 에너지 저장, 소형 열병합, 히트펌프, 초전도 등이다.

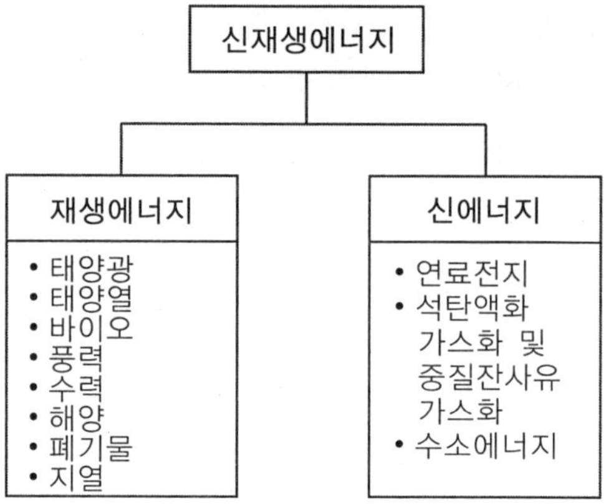

[그림 5-4] 신재생에너지 종류

우리나라는 화석연료뿐만 아니라 신재생에너지 자원 역시 부족한 국가이므로 적은 자원을 최대효율로 사용할 수 있는 기술개발을 하여야 한다. 또한 개발된 신재생에너지를 효율적으로 공급하고, 이를 활성화하여야 한다.

태양광과 풍력, 조력 등을 이용한 대체에너지 개발은 에너지 수급의 불안정성과 환경문제의 대두, 에너지산업의 구조변화에 기인하여 시대적인 개발 욕구가 증가하고 있다. 1970년대 이후에 일어난 여러 번의 석유자원에 대한 위기(오일쇼크)를 경험하고 화석연료의 고갈에 대한 불안 등의 요인으로 21세기에 접어들면서 대체에너지 개발은 세계적인 관심사로 떠오르고 있다. 더구나 화석연료에서 나오는 이산화탄소, 일산화탄소, 유황산화물, 질소산화물 등에 의한 산성비로 인하여 삼림과 수목들의 피해와 지구온난화에 의한 기후변화 등에 비추어 보면 신재생에너지의 개발은 매우 시급한 문제이다. 특히 에너지자원이 부족한 우리나라에서는 대체에너지의 개발 필요성이 더욱 크다.

그러나 우리나라의 신재생에너지 분야의 기술 및 가격경쟁력이 취약하고 산업 기반 형성이 미흡하다. 효율, 품질 등 기술경쟁력이 유럽, 일본, 미국에 미치지 못하며 가격경쟁력은 중국에 미치지 못하고 있다. 또한 소수 선도기업의 세계시장 독점으로 시장진입에 어려움이 많다. 태양광은 미국, 중국, 독일의 기업이 태양전지 시장의 74%를 장악하고 있으며, 풍력은 유럽, 미국, 중국, 인도의 업체가 82%를 장악하고 있다. 또한 부가가치가 높은 핵심분야의 국산화가 미흡하고 정부지원에 의존적 성향을 보이는 문제점이 있다.

〈표 5-23〉 우리나라 신재생에너지 공급비중

(단위: %)

	석탄	석유	LNG	원자력	신재생
OECD 평균	20.8	39.3	22.6	10.6	6.7
한국	25.3	43.1	13.7	16.4	1.4
미국	23.4	39.3	22.9	9.2	5.0
일본	21.9	46.0	15.9	13.2	3.1
독일	26.0	33.4	22.9	10.9	7.2
프랑스	5.0	32.9	14.2	42.7	6.9
스페인	13.6	48.2	21.7	9.7	7.2

출처: 한국은행.

① 태양열에너지

[그림 5-5] 태양열에너지

태양열에너지는 태양으로부터 지구 표면으로 오는 복사에너지를 흡수하여 열에너지로 변화시켜 생산하는 에너지로서, 바로 이용하거나 저장하여 필요할 때 이용하는 방법과 복사광선을 고밀도로 집광하여 열발전장치를 통해 전기를 발생하는 방법 등이 있다. 대부분 태양에너지를 열에너지로 직접 변환해서 사용하고 있다. 이러한 태양열에너지는 무공해 에너지원으로 화석연료를 바탕으로 하는 기준에너지 생산을 대체함과 동시에 환경문제도 해결할 수 있는 청정에너지 생산산업으로 대체에너지에 관심을 두기 시작한 초기부터 주목하였던 에너지이다.

1982년부터 2005년 12월까지 한국에너지기술연구원이 우리나라 주요 16개 지역에서 측정한 수평면 전일사량은 연 평균치로 계산하였을 때, 전국이 하루에 3,086kcal/㎡의 태양열에너지를 받는 것으로 조사되었다. 따라서 국내의 태양에너지자원 부존량은 연간 111억TOE[12]의 석유에너지에 해당하며, 태양에너지자원의 연간 가용량은 국토면적 중 임야와 하천면적 등을 제외한 사람이 살 수 있는 주거지면적(30,870㎢)으로 계산하여 21.5%(35억TOE) 규모로 추정되고 있다. 우리나라의 태양열자원에 대한 월별 수평면 전일사량은 1년을 기준으로 볼 때 태양열 조건이 가장 좋은 달인 5월은 하루 4,306kcal/㎡인 것으로 나타났으며, 가장 낮은 달인 12월은 하루에 1,733kcal/㎡로 나타났다.

태양열 이용기술은 태양광선의 파동 성질을 이용하는 태양에너지 광열학적 이용분야로 태양열의 흡수·저장·열변환 등을 통하여 건물의 냉난방 및 급탕 등에 활용하는 기술로서 태양열 이용시스템은 집열부, 축열부, 이용부로 구성된다.

태양열에너지 이용시스템은 무공해, 무제한 청정에너지원으로 기존의 화석에너지에 비해 지역적 편중이 적고, 다양한 적용성 및 이용성을 갖고 있으며, 저가의 유지보수비가 소요되는 장점을 갖고 있다. 반면 에너지 밀도가 낮고 간헐적이며, 특히 봄과 여름은 일사량 조건이 좋으나 겨울철에는 기후여건상 조건이 불리하고, 초기 설치비용이 많이 소요되며, 유가의 변동에 따른 영향을 받는 단점을 지니고 있다.

2014년도 기준으로 우리나라에 보급된 태양열 시스템은 전체 신재생에너지 생산량의 0.2%를 차지하고 있다. 2000년대는 복지시설, 수영장 및 목욕탕 등의 급탕시설 위주로 보급되었다가 2009년부터 주택의 난방과 급탕용 태양열

12) TOE는 kl, t, ㎥, ㎾ 등 여러 가지 단위로 표시되는 각종 에너지원을 원유 1t이 발열하는 열량을 기준으로 표준화한 단위이다. 1TOE는 원유 1t(7.41배럴)의 발열량 1,000만 kcal가 기준이 되며 석탄 1.55t, 천연가스 1,150㎥에 해당한다. TOE는 최근 에너지 과소비 현상을 총체적으로 표현하는 단위로 많이 사용된다(매일경제, 매경닷컴).

시스템이 보급되고 있다.

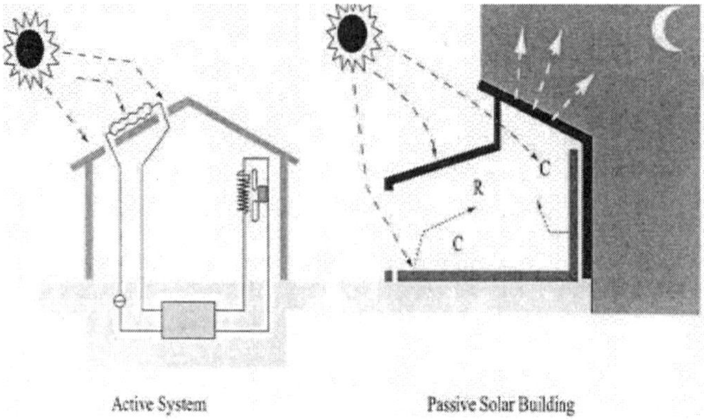

[그림 5-6] 설비형(active system)과 자연형(passive solar building) 태양열에너지 이용시스템의 기본 개념도

② 태양광에너지

[그림 5-7] 태양광에너지

태양광에너지는 태양과 빛에너지를 직접 전기에너지로 변환시키는 태양전지/발전시스템 기술이다. 태양의 복사에너지를 흡수하여 열에너지로 변환하여 이용하는 태양열 발전과는 달리 태양광발전은 반도체 혹은 염료, 고분자 등의 물질로 이루어진 태양전지를 이용하여 태양 빛을 바로 에너지의 한 형태인 전기를 직접 생성하는 기술이다.

태양광 발전시스템은 에너지원이 청정하고 고갈되지 않으며, 필요한 장소에서 필요한 발전이 가능하며, 유지보수가 쉽고, 무인화가 가능하며, 설비의 긴 수명(20년 이상) 등의 장점이 있지만, 전력생산량이 지역별 일사량에 의존하고,

에너지밀도가 낮아 큰 설치면적이 필요하며, 설치장소가 한정적일 뿐만 아니라 시스템의 비용이 고가여서 초기투자비와 발전단가가 높은 약점을 지니고 있다.

국내의 태양광 보급시장은 세계 평균을 크게 상회하는 급속한 성장률을 보인다. 태양광 전문가들을 대상으로 한 설문조사에 따르면, 2020년 국내 보급규모는 4GW, 2030년에는 18GW, 수출규모는 2020년에 연간 1조 4천억 원, 2030년에 연간 6조 원에 이를 것으로 전망된다.

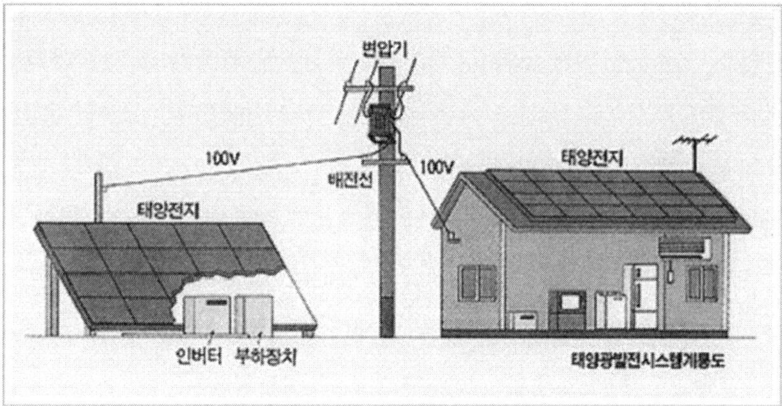

[그림 5-8] 태양광 발전시스템의 기본 개념도

③ 바이오에너지

바이오에너지란 바이오매스(Biomass)를 연료로 하여 얻어지는 에너지로서, 일반적으로 바이오매스라 하면 태양에너지를 받는 미생물과 식물이 광합성에 의해 생성되는 식물체·균체와 이를 먹고 살아가는 동물체를 포함하는 생물유기체를 통틀어 일컫는다. 이러한 바이오매스에서 얻어지는 자원은 곡물과 감자류를 포함한 전분질계의 자원과 초본, 임목, 볏짚, 왕겨 등과 같은 농수산물을 포함하는 셀룰로스계의 자원과 사탕수수, 사탕무와 같은 당질계의 자원은 물론

〈표 5-24〉 우리나라의 바이오에너지 기준 및 범위

	내용
기준	1. 생물유기체를 변환시켜 얻어지는 기체·액체 또는 고체의 연료
	2. 제1호의 연료를 연소 또는 변환하여 얻어지는 에너지
	3. 제1호 또는 제2호의 에너지가 신재생에너지가 아닌 석유제품 등과 혼합된 경우에는 생물유기체로부터 생산된 부분만을 바이오에너지로 본다.
범위	1. 생물유기체를 변환시켜 바이오가스·바이오에탄올·바이오액화유 및 합성가스
	2. 쓰레기매립장의 유기성폐자원을 변환시킨 매립지가스
	3. 동식물의 유지를 변환시킨 바이오디젤
	4. 생물유기체를 변환시킨 땔감·우드칩·펠렉 및 목탄 등의 고체연료

출처: 신에너지 및 재생에너지 개발 · 이용 · 보급 촉진법 제2조.

가축의 분뇨, 사체와 미생물의 균체를 포함하는 단백질계의 자원까지를 포함 함하는 다양한 성상을 지니고, 이들 자원으로부터 파생되는 종이, 음식찌꺼기 등의 유기성폐기물도 포함된다.

이러한 바이오매스를 직접 또는 생화학적, 물리적 변환과정을 통해 액체상, 가스상, 고체상 연료나 전기와 열에너지 형태로 이용하는 것을 바이오에너지라 한다. 바이오에너지 생산기술이란 동식물 유기체로부터 바이오에너지를 만드는 데 응용되는 화학, 생물, 연소공학 등을 일컫는다.

또한 유지작물, 전분작물, 섬유소식물체(나무, 볏짚, 밀짚 등)와 유기체폐기물로부터 바이오에너지를 생산하는 과정을 나타낸 것이다. 이 과정을 통해 바이오디젤, 열, 전기 및 가스 등의 다양한 형태의 에너지를 생산할 수 있다.

바이오매스를 이용한 에너지의 생산은 풍부한 자원을 기반으로 하는 경우 파급효과가 크며, 친환경 생산시스템으로서 역할을 하게 되고, 환경오염의 감소(온실가스 등) 효과가 존재하며, 생산에너지의 형태가 다양하다(연료, 전력, 천연화합물, 화학 원료 등)는 장점이 있다.

반면 바이오매스자원이 여러 지역에 산재하여 있어 수집과 수송이 어렵고, 다양한 자원의 형태에 따라 에너지 생산 및 이용기술이 다르게 되며, 이에 각

자원의 형태에 맞는 기술개발이 어렵다는 문제점을 갖고 있다. 또한 과도하게 이용하면 자연환경의 파괴 가능성이 존재하고, 식량자원의 부족 현상을 초래할 수 있으며, 단위공정의 대규모 설비투자가 요구되는 등의 단점이 존재한다. 그리고 원료확보를 위하여 넓은 면적의 토지가 필요하며 풍부한 자원이 필요하다. 바이오매스인 생물은 사용한 후 다시 생성되지만 사용한 뒤 금방 사용하기 이전의 상태로 재생되는 것은 아니며, 생물이 자라는 시간이 필요하다. 따라서 우리나라의 환경적 특성에 맞게 기술개발을 할 필요가 있다.

우리나라에서 바이오매스를 이용하고 있는 곳으로는 서산시의 자원순환형 바이오가스화 시설산업이 있다. 이곳은 가축의 분뇨, 음식물, 하수슬러지 등의 유기성 폐자원을 이용하여 바이오가스를 생산한다. 그리고 충남 당진의 바이오매스 발전소에서는 야자열매껍질로 전기를 생산하고 있는데, 그 규모는 105MW로 아시아에서 바이오매스를 이용하여 가장 많은 전기를 생산하고 있다. 그 외 대구시의 쓰레기매립지의 매립가스 자원화시설에서는 쓰레기를 열에너지로 바꾸는 사업을 시행하고 있다.

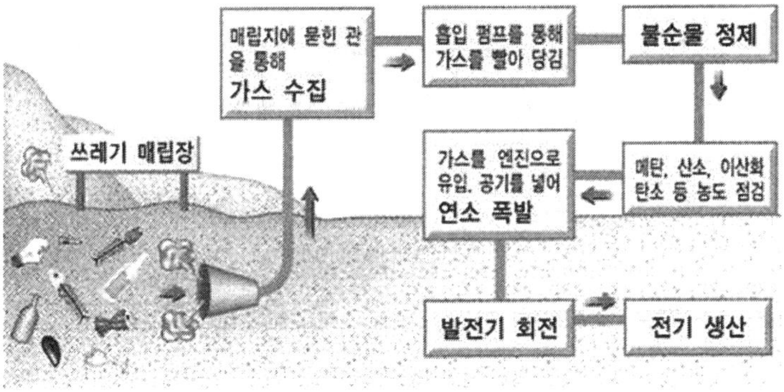

[그림 5-9] 쓰레기매립장의 에너지 변환과정

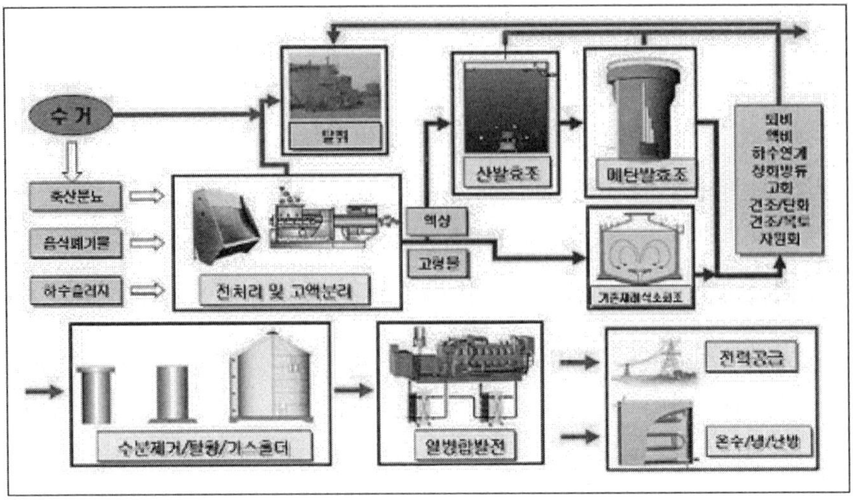

[그림 5-10] 가축분뇨를 이용한 바이오매스(Biomass) 에너지공정도

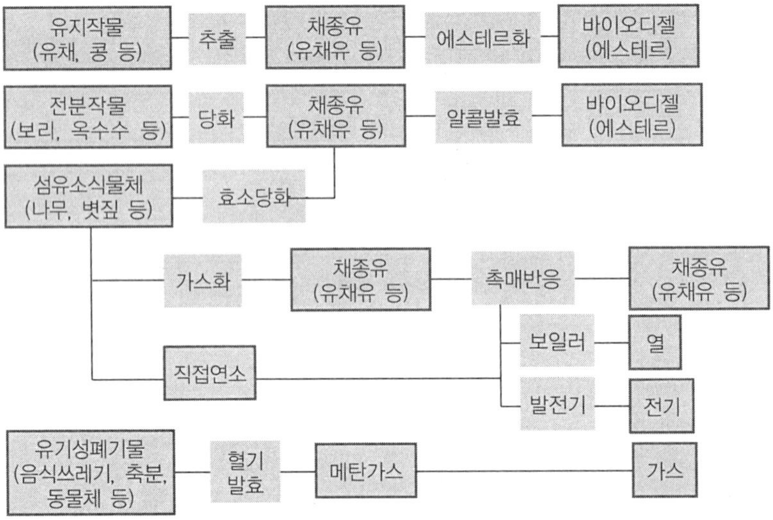

[그림 5-11] 바이오매스를 이용한 바이오에너지 계통도

④ 수력에너지

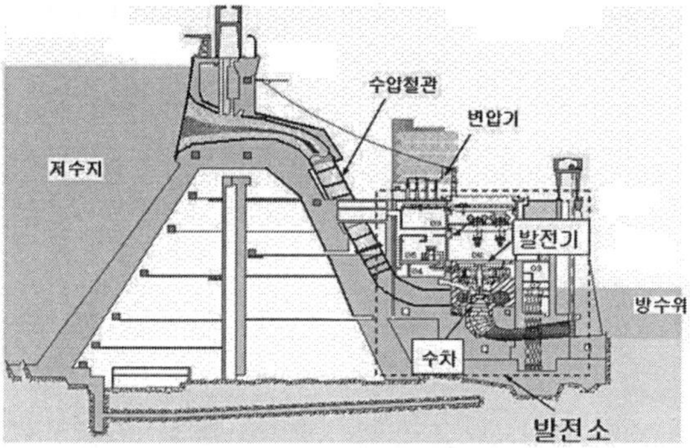

[그림 5-12] 수력발전의 구조

물은 중력의 영향을 받아 높은 곳에서 낮은 곳으로 흐른다. 그 흐름을 수로로 끌어드려 수차발전기를 회전시켜 전기에너지를 발생시키는 것이 수력발전이다. 즉 수력발전은 높은 위치에 있는 하천이나 저수지 물의 위치에너지인 낙차를 이용하여 수차에 회전력을 발생시키고, 수차와 직결된 발전기에 의해서 전기에너지로 변환시키는 것을 말한다. 수차를 회전시키는 물의 유량이 많고, 낙차가 클수록 발전설비의 용량이 커지고 전력량도 그만큼 많아진다.

이러한 수력발전의 기본기술은 19세기에 확립된 것으로 소수력 규모의 발전이 일반적이었기 때문에 기초 기술에 특별한 기술이 요구되지 않았다. 송전선로의 확장과 증가의 용이성으로 전력 생산은 대형화 중심으로 전개되어 1930년대의 소수력시스템과 1970년대의 대수력설비가 갖추어졌다.

국내에서는 이러한 수력을 신재생에너지로써 2005년도 이전에는 설비용량 10,000㎾ 이하의 수력발전을 기준으로 소수력(small hydropower)과 수력(hydropower)으로 구분하였으나, 2005년도에 개정된 「신에너지 및 재생에너지 개발이용보급시행규칙」에서는 설비용량이 삭제되어 물의 유동에너지를 변환시켜 전기를 생산하는 설비로 일원화하였다. 국내 소수력발전은 1982년 이후 현재까지 40개 지역(시설용량 약 53,408㎾)에 설치되었으며, 연간 전력생산량은 약 1억kWh에 달하고 있다. 특히 소수력 발전은 전력 생산 외에 농업용 저수지, 농업용 보, 하수처리장, 정수장, 다목적댐의 용수로 등에도 적응할 수 있는 점을 고려할 때 국내의 개발 잠재력은 풍부하며, 또한 청정자원으로서 개발할 가치가 큰 부존자원으로 평가받고 있다.

우리나라는 연평균 강수량이 1,245㎜로 강수량이 풍부하고 전 국토의 2/3가 산지이므로 지형에 맞는 치수사업으로 댐이나 저수지를 건설하여 생활용수, 공업용수, 관개용수, 하천유지용수, 수력발전 등으로 이용하고 있다. 일반 하천의 낙차 이용, 다목적댐 및 양수발전소의 수위 조절을 위한 낙차 이용, 농업용 저수지의 낙차 이용, 하수종말처리장의 방류수 이용, 수도 관로의 관압 이용, 화력발전소의 온배수 이용, 양어장의 순환수 이용, 공장의 냉각수 이용, 방조제 수문 이용 등 각 지역에 산재한 미활용 소수력 자원이 많이 존재하고 있어 앞으로 이를 활용한 에너지원의 개발이 요구되고 있다.

소수력 발전은 국내 부존자원을 활용할 수 있으며, 일단 건설 후에는 운영비가 저렴하고, 전력생산 외에 농업용수 공급, 홍수조절에 이바지할 수 있는 장점을 갖고 있으나, 대수력이나 양수발전과 같이 첨두부하에 대한 기여도가 적으며, 초기 건설비 소요가 크고, 발전량이 강수량에 따라 변동량이 크다는 단점을 갖고 있다.

⑤ 풍력에너지

풍력에너지는 바람의 힘을 회전력으로 전환해 발생하는 유도전기를 활용하는 것으로서 풍력발전이 이에 해당한다. 즉 풍력발전이란 공기의 유동이 가진 운동에너지의 공기역학적(aerodynamic) 특성을 이용하여 회전자(Rotor)를 회전시켜 기계적인 에너지로 변환시키고, 이 기계적인 에너지에 의해서 생성되는 유도전기를 전력계통이나 수요자에게 공급하는 기술이다. 이러한 과정에서 바람의 운동에너지를 날개를 이용해서 전기에너지로 바꾸는데, 이때 날개의 이론상 바람에너지 중에 59.5%만이 전기에너지로 바뀔 수 있다. 이것도 날개의 형상에 따른 효율, 기계적인 마찰, 발전기의 효율 등을 고려하면 실제로 20~40%만이 전기에너지로 이용할 수 있다.

풍력을 이용한 발전기술은 약 50년 전에 200㎾급 풍력발전기가 덴마크에서 개발된 이후 1973년 오일쇼크를 거치면서 풍력발전기의 설계기술은 비약적으로 진보되었고, 최근 들어 독일과 덴마크를 중심으로 5MW 이상의 대형 풍력발전기가 개발되면서 대용량 풍력발전과 계통연계시스템 등 다양한 개발이 이루어지고 있다. 우리나라에서 풍력발전시스템의 설치 우선순위는 첫 번째로는 제주도, 그리고 강원도 태백산맥과 호남지역 해안가, 영남 해안지역 등의 순이다. 현재 보급된 풍력발전시스템은 180MW 용량이며, 앞으로 보급될 풍력발전 용량은 보급된 것에 비해 약 10배에 해당하는 1,622MW에 해당한다.

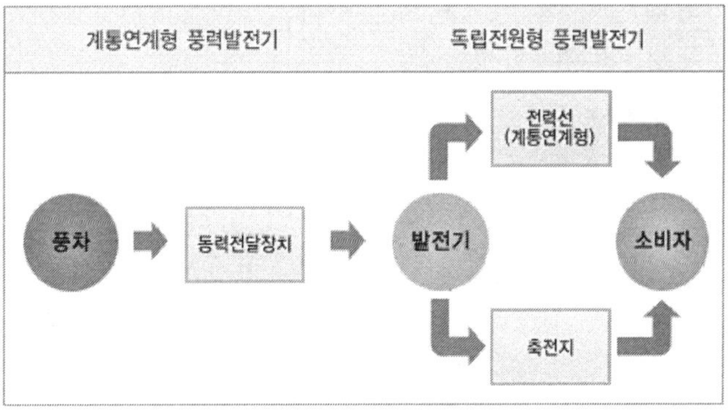

[그림 5-13] 풍력발전의 분류

⑥ 지열에너지

지열이란 지표면의 얕은 곳에서부터 수㎞ 깊이에 존재하는 뜨거운 물과 암석을 포함하여 땅이 가지고 있는 열에너지를 말하며, 통상 후자에 있어 뜨거운 물을 온천, 녹아 있는 암석을 마그마라고 불린다. 태양열의 약 47%가 지표면을 통해 지하에 저장되며, 이렇게 태양열을 흡수한 땅속 온도는 지형에 따라 다르지만, 이런 지열에너지는 지표면부터의 깊이에 따라 천부지열(shallow geothermal)과 심부지열(deep geothermal)로 구분된다. 천부지열 온도는 지형과 지역에 따라 다소 차이가 있지만 대략 10~20℃ 정도이며, 심부지열은 40~150℃ 이상의 온도를 보인다. 지열에너지를 활용하는 측면에서 보면, 직접이용(direct use)과 간접이용(indirect use) 기술로 분류할 수 있다. 지열에너지의 직접이용은 땅속의 중·저온 에너지(10~20℃)를 열펌프(heat pump)나 냉동기와 같은 에너지 변환기기의 열원으로 공급하여 건물의 냉난방, 각종 건조 산업, 도로의 눈 제설(snow melting), 온천, 양식업 및 시설영농, 지역난방 등에 활용하는 기술을 의미한다. 반면, 간접이용기술은 심부지열 중 대략 80℃ 이상의 고온의 물이나 증기를 끌어 올려 전기를 생산하기 위한 지열발전(deep geothermal)에 활용하는 기술을 말한다.

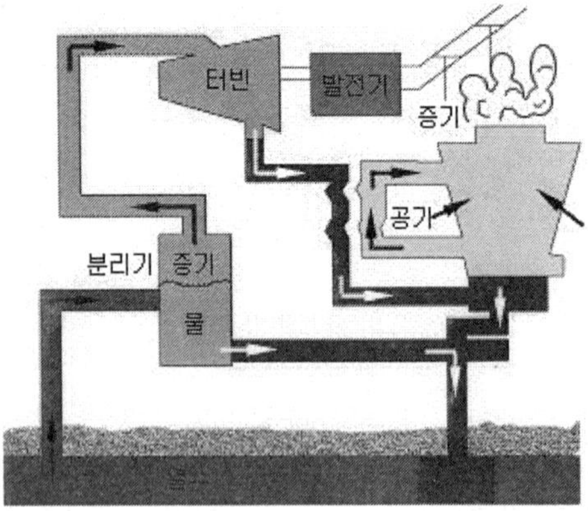

[그림 5-14] 지열발전기의 구조

우리나라의 경우 일본, 이태리 등과 같은 화산지대가 거의 존재하지 않아 심층지열 이용은 매우 어려운 것으로 나타나, 현재는 지하 100~150m 깊이의 지열을 이용하는 시스템의 개발 보급이 점차 활성화되고 있다.

⑦ 수소에너지

수소는 무한정인 물 또는 유기물질을 원료로 하여 제조할 수 있으며, 사용 후에 다시 물로 재순환되는 특징을 가지고 있다. 즉 자원의 고갈 우려가 없으므로 화석연료 자원이 빈약한 국가에 적합한 신재생에너지원 중의 하나이다. 이러한 수소는 물의 전기분해로 가장 쉽게 제조할 수 있으나, 입력에너지(전기에너지)에 비해 수소에너지가 경제성이 너무 낮아 대체전원 또는 촉매를 이용한 제조기술은 연구 진행하고 있다. 또한 수소는 가스나 액체로서 수송할 수 있으며 고압가스, 액체수소, 금속수소화물 등의 다양한 형태로 저장할 수 있다. 현재 수소는 기체로 저장하고 있으나 단위 부피당 수소저장밀도가 너무 낮아 경제성과 안정성이 부족하여 액체 및 고체 저장법의 연구를 진행하고 있다. 특히 수소는 연료로 사용하면 연소 시 극소량의 NOχ를 제외하고는 공해물질이 생성되지 않는다. 즉 단위에너지 제품기준으로 석탄의 이산화탄소 배출량을 100으로 할 때 석유와 천연가스는 각각 80 및 60의 이산화탄소를 배출하나 수소는 이산화탄소를 전혀 배출하지 않는다.

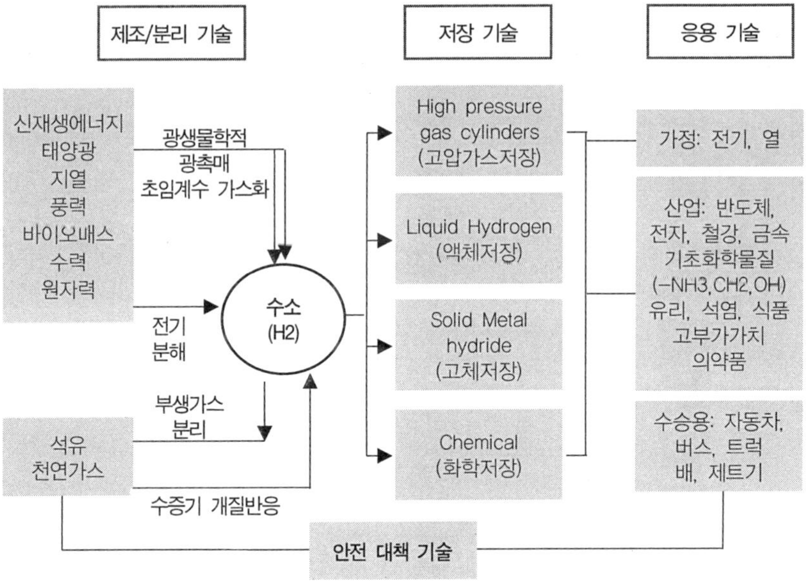

[그림 5-15] 수소에너지시스템

⑧ 폐기물에너지

폐기물에너지는 사업장 또는 가정에서 발생하는 가연성폐기물 중 에너지 함량이 높은 폐기물을 열분해에 의한 오일화 기술, 성형고체연료(RDF)의 제조기술, 가스화에 의한 가연성 가스 제조기술 및 소각에 의한 열회수기술 등의 가공처리 방법을 통해 고체연료, 액체연료, 가스연료, 폐열 등을 생산하고, 이를 산업생산에 필요한 에너지로 이용될 수 있도록 한 재생에너지이다.

150년 전부터 폐기물로부터 직접 에너지를 회수하는 방법인 재래식 소각시스템은 현재 가장 널리 이용되고 있지만, 다이옥신의 배출 우려, 낮은 열회수율, 시설의 초대형화, 소각재의 2차 처리요구 등의 문제가 있다. 이에 현재는 이들 문제를 해결할 수 있는 대기오염 제어장치가 강화되고 에너지 회수율을 높인 열회수 이용장치가 장착된 소각시스템이 보급되고 있으며, 소각기술을 대체할 수 있는 열분해·가스화 응용시스템의 개발 보급이 2000년 이후부터 증가하고 있다.

폐기물의 에너지화는 비교적 단기간 내에 상용화가 가능하고, 다른 신재생에너지에 비하여 경제성이 매우 높고 조기 보급이 가능하며, 폐기물의 청정처리 및 자원으로의 재활용 효과가 크기 때문에 적극적으로 활용하고 있어 우리나라에서도 현재 신재생에너지분야에서 폐기물에너지의 비중이 제일 크다. 또한 폐기물에너지는 대체에너지 효과가 크고, 온실가스를 줄이는 효과도 높아서 폐기물의 매립에 의한 처분보다는 에너지화하여 활용하는 것이 더 효율적이다.

폐기물로부터 얻을 수 있는 신재생에너지의 종류와 형태는 다음과 같다.

가. 성형고체연료(RDF)는 종이, 나무, 플라스틱 등의 가연성폐기물을 파쇄, 분리, 건조, 성형 등의 공정을 거쳐 제조된 고체연료

나. 폐기물의 소각여열은 가연성폐기물 소각열 회수에 의한 스팀생산 및 발전, 시멘트킬른 및 철강석 소성로 등의 열원으로의 이용 등

다. 가연성폐기물(도시고형폐기물, 플라스틱 등)의 열분해 연료유는 플라스틱, 합성수지, 고무, 타이어 등의 고분자 폐기물을 열분해하여 생산되는 청정연료유

라. 폐유의 전제유는 자동차 폐윤활유 등의 폐유를 이온정제법, 열분해 정제법, 감압 증류법 등의 공정으로 정제하여 생산된 재생유

〈표 5-25〉 폐기물의 에너지화 기술별 대체에너지 효과와 온실가스 저감량

구 분	에너지 대체에 의한 효과			기타 저감효과 (TC/톤)	합계 (TC/톤)
	에너지 대체효과(TOE/톤)	배출계수 (TC/TOE)	온실가스 저감량(TC/톤)		
단순소각	0	1.05	0	-	0
고형연료(RDF)	0.2	1.05	0.21	-	0.21
열분해 유화	0.57	0.84	0.48	-	0.48
가스화	0.26	1.05	0.27	0.2	0.47
소각열 회수 이용	0.18	1.05	0.19	-	0.19

주: 1) 생활폐기물 1톤 처리 기준(열분해 유화는 폐플라스틱 1톤 처리 기준)
2) 에너지 대체효과는 전환수율, 전환 후 발열량 및 에너지 이용효율을 고려하여 추정
3) 배출계수는 유연탄 기준(열분해 유화는 경유 기준)
4) 폐기물 가스화는 처리공정 특성상 CO2가 90% 이상 농축됨

⑨ 석탄(중질잔사유)의 가스화액화

석탄은 다른 화석연료와 비교하여 가치 매장량이 풍부하고(천연가스 및 석유의 가용연한 40~50년, 석탄 200~400년 전망), 지역적인 편재가 적어 가격변동이 크지 않아 발전용 연료로 수요가 계속 증가할 것으로 전망되고 있다. 그러나 석탄을 이용한 전력생산은 환경문제를 유발하는 SOχ, NOχ, CO2 등의 배출량이 다른 발전에너지원보다 상대적으로 많다는 단점이 존재한다. 따라서 이러한 공해성 석탄연료를 저공해성 연료로 변환시켜 청정에너지원으로 활용하고자 하는 기술이 개발되고 있다.

석탄을 사용하여 청정연료를 만드는 방법에는 메탄올을 만드는 방법, DME(D-methylether)를 만들어 활용하는 방법, 합성천연가스로 변환하여 사용하는 방법, 직접액화와 간접액화에 의해서 합성석유를 만들어 사용하는 방법 등이 있다. 이 가운데 대표적으로 현재 개발되어 사용되고 있는 기술은 합성천연가스(가스화공정) 생산과 액화유(직접액화, 간접액화) 생산기술이다. 합성천연가스는 높은 온도와 압력에서 석탄에 산소와 수소를 반응시켜 일산화탄소와 수구가 주성분인 합성가스를 생성하는 원리이다.

〈표 5-26〉 석탄으로부터 생산할 수 있는 청정연료의 적용처

청정연료	가솔린엔진	디젤엔진	연료전지(수소원)	복합발전	기타 전력생산
메탄올	적용 가능	불가능	적용 가능	적용 가능	적용 가능
DME	불가능	적용 가능	적용 가능	적용 가능	적용 가능
합성천연가스	불가능	불가능	적용 가능	적용 가능	적용 가능
간접액화유	적용 가능	적용 가능	적용 가능	적용 가능	적용 가능
직접액화유	적용 가능	적용 가능	불가능	적용 가능	적용 가능

출처: IEA Clean Coal Centre(2004). Profiles-Clean fuels coal.

⑩ 연료전지

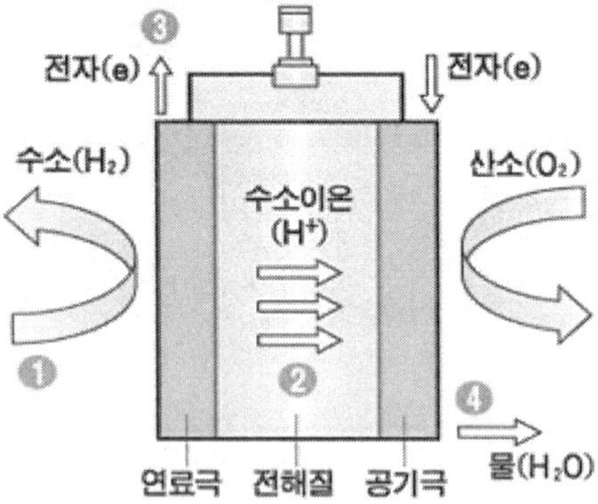

❶ 연료극에서 수소가 수소이온과 전자로 분해
❷ 수소이온은 전해질을 거쳐 공기극으로 이동
❸ 전자는 외부회로를 거쳐 전류를 발생
❹ 공기극에서 수소이온과 전자, 산소가 결합해 물이 된다.

[그림 5-16] 연료전지 전기발생 원리

연료전지란 연료의 산화(酸化)에 의해서 생기는 화학에너지를 직접 전기에너지로 변환시키는 전지로서 일종의 발전장치라고 할 수 있다. 산화·환원반응을 이용한다는 점 등 기본적으로는 보통의 화학전지와 같지만, 닫힌계에서 전지 반응을 하는 화학전지와는 달리 반응물질이 외부에서 연속적으로 공급되어, 반응생성물이 연속적으로 계의 외부로 배출되는 것으로 가장 전형적인 것은 수소·산소 연료전지가 있다. 특히 수소 외에 메탄과 천연가스 등의 화석연료를 사용하는 기체연료와 메탄올(메틸알코올) 및 히드라진과 같은 액체연료를 사용하는 것 등 여러 종류의 연료전지가 나와 있으며, 이 중에서 자공온도가 300℃ 정도 이하의 것을 저온형, 그 이상의 것을 고온형이라고 한다. 또한 발전효율의 향상을 꾀한 것이나, 귀금속 촉매를 사용하지

않는 고온형의 용융탄산염 연료전지를 제2세대라 하고, 더 높은 효율로 발전을 하는 고체전해질 연료전지를 제3세대의 연료전지라고 한다.

연료전지를 이용한 발전시스템에서 연료전지는 발전효율이 40~60%이며, 연료전지를 이용하여 열병합발전을 하면 효율이 80% 이상 가능하다. 연료전지는 천연가스와 메탄올, 석탄가스 등 다양한 연료의 사용이 가능하며, 환경오염물질 생성을 감소(배기가스 중 SOχ, NOχ 및 분진의 생성이 거의 없으며, CO2 발생량에서도 미분탄 화력발전에 비하여 20~40% 감소)할 수 있으며, 회전 부위가 없어 소음이 매우 낮으며, 기존 화력발전과 같은 다량의 냉각수가 필요하지 않다. 또한 전력의 주요 수요처인 도심부근에 설치가 가능하여 송배전 설비가 적게 소요되고, 이에 따른 전력 손실이 적고, 부하변동에 따라 신속히 대응할 수 있으며, 설치형태에 따라 다양한 용도로 사용이 가능하다는 특징을 가지고 있다.

⑪ 해양에너지

지구 표면의 70%를 차지하는 바닷물은 계속 움직이며 많은 에너지를 전달한다. 이러한 해양에너지 이용기술은 해양의 물리적인 특성이나 바닷물과 해안의 구조적인 특성에 의해서 해양에 광범위하게 분포하는 청정 재생에너지 자원인 파랑, 조류, 조석, 수온 등의 물리적인 에너지를 전기에너지로 변환하여 사용하는 것이다.

파도가 공기를 압축시키고, 그 압축 공기를 뿜어내 발전기를 돌리는 것이 파력 발전이다. 우리나라 연안의 파력 발전 에너지도 약 500만㎾로 추산되고 있지만, 아직 실용화된 곳은 없다. 그리고 해수면의 상승·하강 운동을 이용하여 전기를 생산하는 조력 발전은 밀물을 가두어 두었다가 썰물 때 내보내면서 발전기를 돌리는 방식이다. 서해안은 조류의 차가 매우 크기 때문에 좋은 입지조건을 갖추고 있어, 안산시 시화호, 태안반도 가로림만과 강화 석모도에 조력 발전소가 있다. 또한 조류에 의한 발전도 가능하다.

(3) 에너지관리와 절약

원천적인 에너지 절약과 지구환경 보호를 위해 세계 각국은 에너지 절약 제품 보급 확대를 위한 여러 제도를 시행하고 있다. 소비자가 고효율제품을 쉽게 선별하여 구매할 수 있도록 제품에 에너지소비효율이나 에너지비용을 나타내는 라벨링 표시와 저효율제품의 시장 유통을 금지하는 최저효율기준 적용을 주 내용으로 한다. 미국의 Energy Guide, 호주의 Energy Rating, 유럽의 Energy 효율등급 라벨표시와 각국에서 시행하는 최저효율기준이 이에 해당한다.

최근 들어 대기전력 감소를 위해 제조업체의 자발적 참가에 기초를 두고 인센티브 제공을 통한 에너지절약형 제품생산을 유도하는 자발적 프로그램이 활성화되고 있는데, 미국 환경보호청(EPA)의 Energy Star Program, 유럽 9개국이 공동으로 시행하는 GEEA, 스위스의 Energy 2000 등을 들 수 있다.

효율 관리제도는 에너지를 사용하는 기기의 효율 향상과 고효율제품의 보급 확대를 위하여 산업통상자원부와 한국에너지공단이 추진하고 있다. 고효율제품에 대한 소비자 신뢰도를 향상시키기 위하여 매년 제도별 사후관리를 하고 있으며, 이를 통해 업체의 제도 이행여부를 확인하고 불법제품의 시장유통을 금지하고 있다.

〈표 5-27〉 효율 관리제도

에너지소비 효율등급 표시제도	① 의무적 신고제도 ② 제품신고 및 에너지소비효율등급 라벨 의무표시 ③ 최저소비효율기준(MEPS) 미달제품에 대한 생산, 판매금지 ④ 냉장고, 자동차 등 33개 품목(자동차 제외)
고효율에너지 기자재 인증제도	① 자발적 인증제도 ② 기준 적합 시 고효율 기자재인증서 발급 ③ LED조명기기, 펌프, 송풍기 등 23개 품목
대기전력저감 표시제도	① 의무적 신고제도(일부제품 제외) ② 제품신고 및 기준 미달시 경고라벨 의무표시 ③ 컴퓨터, 모니터 등 21개 품목

① 에너지소비 효율등급 표시제도

[그림 5-17] 에너지소비 효율등급마크

에너지소비 효율등급 표시제도는 에너지소비 효율등급 표시, 의무적 신고, 최저소비효율기준 등으로 구성되어 있다. 에너지소비 효율등급 표시제도는 제품의 에너지소비효율 또는 에너지 사용량에 따라 1~5등급으로 구분하여 표시하도록 함으로써 소비자가 효율이 높은 에너지절약형 제품을 손쉽게 판단하여 구매할 수 있도록 하고, 제조(수입)업자가 생산(수입)단계에서부터 에너지절약을 하게 하기 위한 제도이다. 5등급 기준미달제품은 생산, 판매 금지하도록 최저소비효율기준(MEPS: Minimum Energy Performance Standard)을 적용하고 있다.

② 고효율에너지 기자재 인증제도

고효율에너지 기자재 인증제도는 고효율에너지 기자재 보급을 활성화하기 위하여 일정 기준 이상 제품에 대하여 인증하여 주는 효율보증제도이다. 인증제품에 고효율 기자재마크 부착과 고효율에너지 기자재 인증서를 발급하며, 유도 전동기·보일러·조명기기 등 46개 품목을 대상으로 하고 있다.

[그림 5-18] 고효율 기자재 인증마크 및 인증서

③ 대기전력저감 표시제도

대기전력은 전원을 끌 때 소비전력뿐만 아니라 무부하모드(No load), 리모컨을 끌 때 소비전력, 네트워크 통신 중 대기전력(Active standby), 동작 중 대기상태 소비전력(Sleep mode) 모두를 포함한다.

TV, 컴퓨터 등 전자제품은 실제로 사용하지 않은 대기상태에서도 많은 전력을 소비한다. 예를 들어, 복사기나 비디오의 경우 전체 전력소비의 80%를 차지하는 것으로 추정되며, 대기전력은 가정과 상업부분 전력사용량의 10%를 넘고 있다.

대기전력저감 표시제도는 사용하지 않는 대기시간에 절전모드 채택과 대기전력 최소화를 유도하고 대기전력저감기준 만족제품에 에너지절약 마크를 임의표시하고, 미달제품은 경고표시를 의무표시하는 제도이다. 이 제도는 2010년까지 대기전력을 1W 이하로 줄이려는 대기전력 1W 정책의 중심 프로그램이다. 특히 대기전력 경고표시 대상제품은 대기전력신고 의무화 및 대기전력저감기준 미달제품에 대한 경고표지를 의무적으로 하여야 한다.

2008년 TV 1개 품목을 경고표시제 대상품목으로 지정한 후, 2009년 컴퓨터, 모니터, 프린터, 복합기, 셋톱박스, 전자레인지의 6개 품목을 추가하였고, 2010년 팩시밀리, 복사기, 스캐너, 비디오, 오디오, DVD플레이어, 라디오, 도어폰, 유무선전화기, 비데, 모뎀, 홈 게이트웨어의 12개 품목을 추가하였다.

[그림 5-19] 대기전력저감 마크

(4) 가전제품의 에너지 절약

① TV

- 불필요한 시청은 자제한다. 하루에 1시간 사용시간을 줄이면 월 4.02kWh 절감, 488원 절감액, 1.8kg CO2가 감축된다.
- TV 플러그를 뽑아 둔다. 18.5시간 대기전력 차단 시, 월 2.4kWh 절감, 292원 절감액, 1.1kg CO2가 감축된다.
- 셋톱박스 플러그를 뽑아 둔다. 18.5시간 대기전력 차단 시, 월 4.35kWh 절감, 530원 절감액, 2kg CO2가 감축된다.
- 적정 볼륨으로 시청한다. TV 볼륨을 20% 키우면 한 달에 0.8kWh의 전력이 더 소비된다.
- 주 1회 화면을 닦는다.

② 세탁기

- 세탁은 모아서 한다. 세탁기의 에너지 절약은 세탁물 양보다 동작횟수를 줄이는 것이 중요하다. 월 12회 사용을 8회로 감소하면 월 2.02kWh 절감, 246원 절감액, 1kg CO2가 감축된다.
- 찬물로 세탁한다. 세탁기 소비에너지의 90%는 물을 데우는 데 소비된다. 40℃로 세탁하면 세탁에너지의 1/3 정도 감소한다.
- 절약모드를 이용한다.
- 탈수는 5분 이내로 한다.

③ 에어컨

- 하루 사용시간을 1시간 줄인다. 15평형 에어컨(소비전력 2kWh)의 하루 1시간, 20일 절약하면 월 40kWh 절감, 4,880원 절감액, 17kg CO2가 감축된다.
- 에어컨 대신 선풍기를 사용한다. 15평형 에어컨 대신 선풍기(소비전력 1.5

kW)를 하루 4시간, 20일 사용하면 월 120kWh 절감, 14,640원 절감액, 53 kg CO2가 감축된다.

- 에어컨과 선풍기를 같이 사용한다.
- 실내 전체에 냉기가 골고루 미치도록 에어컨 공기 방향을 조정한다.
- 뒷벽과 에어컨은 40㎝ 이상 간격을 두고 설치한다.
- 냉방 중 창과 문을 여닫는 횟수를 적게 한다.
- 낮에 외출할 때는 커튼을 쳐 햇빛을 차단한다.
- 여름철 냉방온도는 26℃ 이상으로 설정한다.
- 1등급 에어컨을 사용한다. 1등급 제품은 3등급 제품에 비해 연간 130kWh 절전이 가능하다.
- 필터를 청소하고 교체한다. 에어컨 필터를 청소하지 않으면 평균적으로 소비전력이 3~5% 증가하며, 월1~2회 청소하는 경우와 안 하는 경우를 비교하면 월 10.7kWh의 전력 소비 차이를 보인다. 2주에 1번 필터를 중성세제로 가볍게 씻어주고 마른걸레도 닦아준다. 사용 기한이 지난 필터는 교체한다.
- 온도조절장치 옆에 발열체를 두지 않는다. 에어컨이 실내온도를 1℃ 내리기 위해서는 7%의 전력을 더 소비해야 하므로, 에어컨 옆에 발열체를 놓지 않도록 한다.

④ 전기 진공청소기

- 진공청소기는 중간세기로 사용한다. 용량 1.4kW를 30분, 10% 절감하여 20일 사용하면 월 1.4kWh 절감, 170원 절감액, 0.63kg CO2가 감축된다.
- 청소하기 전에 청소기 청소부터 한다. 청소기 필터 먼지만 제거해도 청소기 효율이 높아져 흡입속도를 낮춰 사용할 수 있다.

3 교통환경

도로교통사고가 나면 많은 사회적 비용이 필요하다. 2020년 도로교통 사고비용은 26조916억 원에 달한다. 이는 도로교통사고로 인해 발생한 피해와 손실을 화폐가치로 환산한 것으로, 인적 피해비용, 물적 피해비용, 사회기관 비용을 합산하여 산출한다. 인적 피해비용은 의료비, 휴업손해, 위자료, 상실수익 등으로 13조4,466억 원(51.5%), 물적 피해비용은 차량 파손, 재문의 손괴 등으로 11조29억 원(42.2%), 사회기관 비용은 경찰 및 보험행정 비용, 구조구급 비용 등으로 1조6,421억 원(6.3%)이 처리되었다. 이같이 교통사고가 나면 개인은 물론이고 사회비용이 막대하게 필요하므로, 운전자 측면과 보행자 측면에서 안전하게 교통을 이용할 수 있도록 해야 한다.

1) 운전과 통행

(1) 운전자의 특성

운전적성이란 운전에 적합한 시력, 청력, 운동능력, 정신적 판단능력 등을 골고루 갖추어 교통정보를 신속·정확하게 인지하고 인지된 정보를 분석·종합하여 정확한 판단과 신속한 조작으로 이어지는 과정에 적합한 능력을 소지한 것을 말한다. 안전운전의 적성 조건은 심신이 건강해야 하고, 반응시간의 적정, 일정한 수준 이상의 시력, 시각, 지각과 반응 동작이 균형 있게 일치하여야 하는 의학적인 조건과 자기 억제력이 강해야 하고 주의 집중력이 있어야 하는 심리적 조건을 갖추어야 한다.

일반적으로 적성이란 어떤 특정 업무에 적응되는 체격, 체력, 지적 능력, 감각적 기능 및 성격 특성이 교육훈련 이전에 잠재적으로 존재하는 상태를 말한다. 운전적성과 밀접하게 관련된 특성은 다음과 같다.

① 반응특성

감각 수용기를 통하여 입수된 정보에 대응하는 행동은 운동기관이 동작을 시작함으로써 개시되며, 이때 운동기관의 동작이 완료되기까지의 시간을 반응시간이라 한다. 자극을 주는 감각의 종류에 따라 반응시간이 달라지고 신체 부위에 따라 반응시간이 달라진다. 운전 중 반사반응을 필요로 하는 경우는 거의 없으며, 자극이 너무 갑작스럽고, 강하여 발생하는 반사반응은 행동의 착오를 일으켜 잘못된 행동으로 이어지는 경우가 있다. 반사반응에 걸리는 시간은 0.1초 정도로 극히 짧다.

선택반응시간은 반응을 일으키기 전에 판별해야 하는 자극 수에 따라 다르다. 자극이 복잡해질수록 반응시간은 길어지고 반응시간은 제시된 자극의 성질에 따라 다르게 나타난다. 나이와 성별에 따라 차이가 있어서 어린이, 고령자, 여자 등은 반응시간이 길다. 한편, 피로, 음주 등이 반응시간의 길게 한다. 음주의 경우 위스키 60㎖ 정도의 소량에서는 오히려 반응시간이 짧아진다.

② 성격특성

운전은 그 사람의 성격을 반영한다는 말이 있다. 침착한 사람은 침착하게 운전하고, 성급한 사람은 성급하게 운전한다. 안전운전에 필요한 성격은 사람의 생명에 대한 존엄성에 대해 생각하는 신중성을 가진 안전 의식, 보행자나 다른 차량에게 길을 양보하는 겸허한 성품과 타인과 좋은 인간관계를 만드는 협조적인 성품이다.

또한 자기의 감정을 억제, 통제할 줄 아는 능력과 성품을 갖고 환경에 지배되지 않는 자주성으로 안정된 정서와 평정한 태도를 보여야 한다. 일에 대한 애정, 생활에 대한 즐거움을 느끼고 운전을 좋아하며 이를 자랑으로 알고 책임을 느낄 줄 아는 성품 등을 들 수 있다.

③ 시각특성

운전은 운전자의 시각특성이 중요한 영향요소이다. 단순히 시력의 좋고 나쁨이 아니라, 시각을 통해 교통정보를 빠르고 정확하게 판단하여야 하며, 정지한 상태와 달라지는 주행속도에 따른 동체시력 등 생리특성에 대해 알아야 한다.

〈표 5-28〉 운전자의 시각특성

정지시력	• 정지한 상태에서 물체를 볼 수 있는 시력인 정지시력은 한 곳을 주시하면 주시점의 물체는 뚜렷하게 보이나, 주시점에서 2도를 벗어나면 시력은 1/2로, 10도를 벗어나면 1/5로 줄어들므로 운전 중에는 전방을 넓게 고루 살펴보아야 한다. • 시력은 교통안전 표시판을 잘못 읽어 발생한 사고와 관련이 깊다.
동체시력	• 주행 중 운전자의 시력인 동체시력은 자동차의 속도가 빨라지면 점차 떨어진다. • 동체시력은 연령이 많아질수록 저하율이 높다. • 일반적으로 동체시력은 정지시력에 비해 30% 정도 낮다.
야간시력	• 야간시력은 일몰 전에 비하여 약 50% 저하된다. • 야간시력 저하는 노년층, 전면 유리가 착색되어 있거나 선글라스를 꼈을 때 가중된다. • 야간에 어두운 색깔의 옷을 입은 보행자를 치는 사고와 관계가 깊다.
암순응과 명순응	• 밝은 곳에서 어두운 곳으로 들어가서 눈이 익숙해져서 시력을 회복하는 것을 암순응이라고 하며 반대의 경우를 명순응이라 한다. • 급격한 명암의 변화는 순응에 장애를 일으키며, 특히 암순응은 실제 교통에서 명순능보다 많은 장애를 일으킨다. • 이런 특성을 반영하여 완화조명을 터널 입구부, 지하보도 입구부 등에 이용하고 있다.
시야	• 정지한 상태에서 한 물체에 눈을 고정하고 양쪽 눈으로 볼 수 있는 좌우의 범위를 시야라고 한다. • 정상적인 시력의 시야는 180도~200도 정도, 한쪽 눈의 시야는 좌우 각각 160도이다. 색채를 식별할 수 있는 범위는 약 70도이다. • 시야가 좁은 경우에는 마주칠 충돌, 끼어들기 사고, 측면 충격사고 등과 관련이 깊다.
주행 시 공간	• 주행 시 운전자의 시각은 끊임없이 이동(변화)한다. 가까운 거리에 있는 대상물일수록 급속히 이동하는 것처럼 보이며, 먼 대상물만이 움직이지 않고 천천히 바라볼 수 있다. • 운전자는 고속도로에서 300m~600m 전방에 주시점을 두고 운전한다. 고속운전이 될수록 주시점은 멀어진다.
색각	• 교통의 색채는 안전표지, 노면표지, 안내판 등 시인성과 식별력을 향상하는 데 있다. • 색광으로 가장 멀리에서 약한 빛으로 알아보기 쉬운 것은 적-녹-황-백색의 순이다. 표면색을 읽기 쉬운 것은 흑/황, 녹/백, 적/녹, 청/백, 흑/백색의 순이다. • 적색신호에서 주행하거나 교통안전표시판의 지시표지와 규제표지를 혼동하여 사고를 일으킬 우려가 있다.

④ 피로와 운전행위

운전하면서 인지하고 판단하는 것은 운전자들에게 정신적 피로를 유발하고, 자동차의 조작은 육체적 피로를 느끼게 한다. 이 밖에도 한정된 공간과 앉은 자세에서 계속 손과 발만을 사용하게 되므로, 차량을 조작하는 데서 오는 피로와는 또 다른 육체적 피로를 느끼게 된다. 이처럼 운전에서 오는 피로는 운전자의 운전에 상당한 영향을 미치게 된다. 즉 정신적 피로는 감각이나 지각이 감퇴·둔화하여서 인지의 부족으로 판단 착오를 일으키게 되고, 그것이 심해지면 감각기에서 중추로 가는 자극이 적어지게 되어, 의식이 저하되고 수면상태로까지 빠지게 되는 것이다.

육체적 피로가 운전에 미치는 영향으로서는 근육의 피로가 쌓이게 되면 신체기능이 저하되어, 유사시 동작이 제대로 되지 않아 작업능률이 떨어지게 되고 나아가서는 교통사고의 요인이 되기도 한다. 이처럼 피로는 잠재적 사고라 할 수 있는 운전자의 잘못, 주의력 집중의 편재, 외부의 정보를 차단하는 졸음 등을 발생시켜 결국 직접적으로 사고를 유발하는 요인이 된다. 따라서 장거리 운전을 할 때는 출발 전에 충분히 휴식을 취하고, 운전 중에는 눈을 계속 움직인다. 그리고 과식하거나 술을 마시지 않고 차창을 열어 차내에 신선한 공기를 소통시킨다. 2시간 정도 계속 운전한 뒤에는 반드시 5~10분간 휴식을 취하여 주의력의 저하와 피로를 방지하는 것이 좋다.

⑤ 음주와 운전행위

음주운전이란 혈중알코올의 법적 한계치를 넘어 법적 처벌을 받는 운전행동을 말한다. 이때 술이란 에틸알코올이 1%(1도) 이상 함유된 것을 말한다.

음주운전을 하게 되면 시각적 정보를 처리하는 능력이 저하된다. 시야가 좁아지고 시력이 떨어지고 갑작스러운 빛의 노출에 일시적으로 시력을 상실한다. 위험의 발견이 지연되어 신호위반, 보행자사고, 정면출동사고 등이 많이 발생한다. 그리고 이성적 판단력이 저하된다. 적발이나 사고의 위험보다는 순간의 이득을 우선하고 충동적인 음주운전을 감행하여 과속과 잦은 진로변경, 난폭운전으로 이어질 수 있다. 또한 공간 지각능력이 저하되어 거리감각, 방향감각 상실로 역주행사고 가능성이 커진다. 혈중알코올농도가 높으면 높을수록 다른 법규위반에 비해 사고 위험성이 높아진다. 0.06%에서 2배, 0.1%에서는 6배, 0.15%에서는 25배 정도로 다른 법규위반에 비해 음주운전이 사고 위험성이 높아진다.

〈표 5-29〉 음주가 인체에 미치는 영향

구분	음주량	혈중농도(%)	증상
무취			• 정상, 운전능력에 영향이 없다.
미취	소주 약 2~5잔	0.05~0.15	• 안면홍조(안면과 경부의 피부가 충혈) • 약간 취한 상태, 말이 많아지고 기분이 좋은 상태 • 기분이 좋아 결단이 빠르나 오판하기 쉽고, 침착성이 없음 • 이 정도는 오히려 능률이 향상된다고 생각하나 사실은 운동신경이 저하됨. 혈액 중의 알코올 농도가 0.05%의 경우 반응시간은 정상 시의 2배이고 0.1%가 되면 4배가 된다.
경취	소주 약 6~9잔	0.15~0.25	• 안면이 창백해지고, 보행이 비정상적이다. • 비뇨 감각이 저하된다. • 자기 자신이 술에 취했다는 것을 알게 된다. • 말이 다소 흐려지고 불명확하며, 감각이 둔하게 되며 작은 상처를 입어도 모름. 주의력이 산만하고 판단력이 둔하므로 운전사고를 내기 쉬움
심취	소주 약 10~13잔	0.25~0.35	• 모든 기능이 저하된다. • 사고력 감퇴, 운동신경의 마비가 극심, 언어는 전혀 알아듣지 못하게 됨 • 여러 신체적 반사작용이 현저하게 저하되며, 신체적 마비로 의식이 흐려짐
만취	소주 약 14잔 이상	0.35~0.45	• 의식이 없어 장소를 가리지 않고 아무 곳에서나 쓰러지게 되고 혼수상태에 빠짐 • 근육의 힘이 빠져 중심을 잃고, 대·소변을 함부로 함 • 호흡이 완만해지고 체온이 떨어지며, 때에 따라서는 호흡이 곤란해지게 방치하면 사망한다.
사망		0.45 이상	• 호흡마비, 심장마비, 심장쇠약으로 사망할 수 있음

스웨덴, 핀란드, 노르웨이 등 북유럽 국가들은 혈중알코올농도의 법적 처벌 한계에 대한 기준을 0.5mg/㎖로 적용하고 있지만, 미국 등에서는 혈중알코올 농도의 법적 한계를 많은 주에서 1.0mg/㎖로 높게 적용하고 있다.

우리나라의 음주운전 측정기준은 혈중알코올농도 0.03%이다. 특히 2011년 12월 9일부터 음주운전의 위험성과 상습 음주운전에 대한 경각심을 높이기 위해 음주운전 처벌기준을 음주 수치 및 위반횟수에 따라 처벌을 세분화하였고, 2019년부터 처벌기준이 강화되었다.

음주운전으로 적발되면 민사적, 형사적, 행정적 책임을 모두 져야 한다. 특히 단순음주와 달리 사람이 다치는 교통사고를 야기한 경우에는 「특정범죄 가중처벌 등에 관한 법률」에 의해 부상사고, 사망사고에 따른 처벌을 받게 된다.

〈표 5-30〉 음주운전 민사적 책임

할증	대상	할증율	기간
법규위반 별 보험할증	무면허, 도주	20%	2년
	음주운전 1회	10%	
	음주운전 2회 이상	20%	
	신호위반	5%(2~3회) 10%(4회 이상)	
	속도위반		
	중앙선 침범		

출처: 교통도로공단 https://www.koroad.or.kr

〈표 5-31〉 음주운전 형사적 책임

위반 횟수		처벌기준
1회	0.2% 이상	2년~5년 이하 징역/ 1,000만 원~2,000만 원 이하 벌금
	0.08~0.2%	1년~2년 이하 징역/ 500만 원~1,000만 원 이하 벌금
	0.03~0.08%	1년 이하 징역/ 500만 원 이하 벌금
측정거부	1년~5년 이하 징역/ 500만원~2,000만원 이하 벌금	

출처: 도로교통공단 https://www.koroad.or.kr

〈표 5-32〉 음주운전 운전면허 행정처분

<table>
<tr><th colspan="2">구분</th><th>단순음주</th><th>대물사고</th><th>대인사고</th></tr>
<tr><td rowspan="4">1회</td><td>0.03~0.08% 미만</td><td>벌점 100점</td><td>벌점 100점
(벌점 110점)</td><td rowspan="4">면허취소
(결격기간 1년)</td></tr>
<tr><td>0.08~0.2% 미만</td><td rowspan="3">면허취소
(결격기간 1년)</td><td rowspan="3">면허취소
(결격기간 1년)</td></tr>
<tr><td>0.2% 이상</td></tr>
<tr><td>음주측정거부</td></tr>
<tr><td colspan="2">2회 이상</td><td>면허취소(결격기간 2년)</td><td colspan="2">면허취소(결격기간 3년)</td></tr>
<tr><td colspan="4">음주운전 인사사고 후 도주</td><td rowspan="2">면허취소
(결격기간 5년</td></tr>
<tr><td colspan="4">사망사고</td></tr>
</table>

출처: 도로교통공단 https://www.koroad.or.kr

(2) 운전자의 자세

사람의 생명은 이 세상의 다른 무엇보다도 존귀하므로 인명을 존중하며, 안전운전을 이행하고 교통사고를 예방하여야 한다. 운전자가 가져야 할 기본적 자세는 다음과 같다.

① 교통법규를 이해하고 준수 교통법규나 규칙은 단지 알고 있는 것만으로는 부족하며, 운전자는 실제로 차를 운전하면서 변화하는 주위 상황에 맞추어 적절한 판단으로 교통규칙을 준수하는 것이 중요하다.

② 여유 있고 양보하는 마음으로 운전하여야 한다. 항상 마음의 여유를 갖고 서로 양보하는 마음의 자세로 운전한다.

③ 주의력 집중을 하여야 한다. 운전 중에는 방심하지 말고 온 신경을 운전에만 집중하여 위험을 빨리 발견하고 대응 조치를 할 수 있어야 사고를 예방할 수 있다. 방심으로 인한 전방 주시 태만, 과속, 운전 부주의 등은 대형교통사고의 주요 원인이 되고 있다.

④ 심신의 안정을 유지한다. 운전자의 몸과 마음이 안정되어야 운전도 안전하게 할 수 있으므로 심신 상태를 조절하여 냉정하고 침착한 자세로 운전

을 하여야 한다.

⑤ 좌석 안전띠를 착용하면 충격력을 감소시켜 치명적인 부상을 막아 준다. 그리고 물속 추락이나 전복 시 2차 충격이 작으므로 의식을 빨리 회복하여 신속한 탈출을 할 수 있다. 또한 불필요한 동작이 방지되어 올바른 운전 자세와 안정감을 가지게 하며, 시야를 넓혀 주고 운전 피로도 덜어 준다.

⑥ 추측운전은 삼가야 한다. 운전자는 자기에게 유리한 판단이나 행동은 삼가야 하며, 반드시 안전을 확인한 후 행동으로 옮겨야 한다. 운전자 금지사항은 무면허 운전의 금지, 횡단 등의 금지, 기타 금지가 있다.

⑦ 운전기술의 과신은 금물이다. 평소에 방어운전의 습관을 지니는 것이 좋다. 방어운전이란 소극적인 운전으로 생각하기 쉬우나 오히려 그와는 반대로 다른 운전자나 보행자가 교통법규를 지키지 않거나 위험한 행동을 하더라도 그에 적절하게 대처하여 사고를 미리 방지할 수 있도록 하는 적극적인 운전 방법이다.

⑧ 운전하다 보면 갑자기 끼어들기를 하거나 욕설을 하고 지나가는 운전자를 볼 수 있는데, 이는 다른 운전자의 입장을 전혀 생각지 않는 무례한 운전 자세이다. 이와 같은 예절 바르지 못한 행동은 상대방 운전자의 기분을 나쁘게 하여 결국 교통질서를 혼란하게 할 수 있다.

(3) 도로에서의 통행방법

① 보행자 보호

도로에서는 보행자가 최우선이다. 법적으로도 보행자 우선 원칙을 규정하고 있고 운전자보다 보행자는 교통 약자이므로 운전자는 보행자가 스스로 피해 갈 것이라는 안이한 생각을 삼간다. 보행자의 행동은 기대하는 만큼 민첩하지 못하므로 보행자가 나타나면 무조건 속도를 낮추어서 진행한다.

② 지정차로의 준수

차로는 자동차를 안전하고 원활하게 통행시키기 위하여 차선에 의하여 구분되는 차도의 구분이며, 차선은 차로와 차로를 구분하기 위하여 그 경계 지점을 표시한 선을 말한다.

일반도로에서 특수자동차, 이륜자동차, 건설기계(덤프트럭, 콘크리트 믹서트럭은 제외), 원동기 장치 자전거, 자전거나 우마차는 가장 오른쪽 차로만 통행토록 제한하고, 다른 차는 차로 제한 없이 통행할 수 있다. 차로 통행이 예외가 인정되는 경우는 주·정차할 때, 좌·우회전, 횡단, 유턴할 때, 계속 느린 속도로 가고자 할 때이다.

③ 통행의 우선순위

자동차의 우선순위는 긴급 자동차 → 긴급자동차 외의 자동차 → 원동기장치자전거 → 자동차 및 원동기장치자전거 외의 차마이다.

긴급자동차 이외의 자동차 서로의 통행 우선순위는 법정 최고속도의 순서에 따른다. 예를 들어, 4차로 고속도로에서 승용차의 최고속도는 시속 100㎞이나, 승합차(고속용 제외), 화물차 등의 최고속도는 80㎞이기 때문에 최고속도가 높은 승용차에 우선권이 있다.

비탈진 좁은 도로에서 자동차가 서로 마주 보고 진행하는 때에는 올라가는 자동차가 도로의 우측 가장자리로 피하여 진로를 양보한다. 그리고 화물이나 승객을 태운 자동차와 빈 자동차가 서로 마주 보고 진행하는 때에는 빈 자동차가 도로의 우측 가장자리로 피하여 진로를 양보한다.

④ 법정속도와 안전거리

법정속도는 일반도로에서 편도 1차로는 60㎞/h 이내, 편도 2차로 이상에서는 80㎞/h 이내이다. 자동차 전용도로에서는 최저 30㎞/h, 최고 90㎞/h 이내이다.

이상기후 시의 감속속도는 비가 내려 노면에 습기가 있는 때, 눈이 20㎜ 미만 쌓였을 때는 최고속도의 20/100을 줄인 속도, 폭우·폭설·안개 등으로 가시거리가 100m 이내일 때, 노면이 얼어붙은 때, 눈이 20㎜ 이상 쌓였을 때는 최고속도의 50/100을 줄인 속도가 필요한 경우이다.

일반적으로 안전거리는 정지거리와 같은 정도의 거리로서, 일반도로의 경우 속도계에 표시되는 수치에서 15를 뺀 수치의 m 정도로 유지하고, 시속 80㎞ 이상이거나 고속도로를 주행하는 때에는 주행속도의 수치를 그대로 m로 나타낸 수치 정도의 안전거리를 유지하는 것이 적당하다. 특히 고속도로에서 안전거리 확보는 매우 중요하다. 위험방지 또는 부득이한 경우가 아니면 운전하는 차를 갑자기 정차시키거나 속도를 줄이는 등의 급제동은 하지 않는다.

〈표 5-33〉 차로별 최고속도

차로별	최고속도
편도 2차로 이상	100㎞/h(1.5t 초과의 화물·특수차·건설기계 : 80㎞/h)
편도 1차로	80㎞/h
경찰청장이 지정 고시	120㎞/h(1.5t 초과의 화물·특수차·건설기계 : 90㎞/h)

〈표 5-34〉 도로별 자동차의 속도

도로의 구분	도로의 너비	최저속도	최고속도
일반도로	편도 2차로 미만	–	60㎞/h 이내
	편도 2차로 이상	–	80㎞/h 이내
자동차전용도로	–	30㎞/h	90㎞/h 이내
고속도로	편도 1차로	40㎞/h	80㎞/h 이내
	편도 2차로 이상	50㎞/h	100㎞/h, 다만 화물자동차(1.5톤 초과), 특수자동차, 건설기계는 80㎞/h 단, 중부고속도로는 최고 110㎞/h(화물자동차, 특수자동차, 건설기계는 최고 90㎞/h), 최저 60㎞/h

⑤ 주차 · 정차 요령

주차란 자동차가 승객을 기다리거나 화물을 싣거나, 고장 그 밖의 사유로 인하여 계속 정지하거나 그 차의 운전자가 차로부터 떠나 즉시 운전할 수 없는 상태이며, 정차는 5분을 초과하지 않고 정지한 것으로 주차 이전의 상태를 말한다.

〈표 5-35〉 주정차 요령

구분	내용
주정차 금지장소	• 교차로 · 횡단보도 · 건널목이나 보도와 차도가 구분된 도로의 보도 • 교차로의 가장자리나 도로의 모퉁이로부터 5m 이내인 곳 • 안전지대가 설치된 도로에서는 그 안전지대의 사방으로부터 각각 10m 이내인 곳 • 버스 여객자동차의 정류지(停留地)임을 표시하는 기둥이나 표지판 또는 선이 설치된 곳으로부터 10m 이내인 곳 • 건널목의 가장자리 또는 횡단보도로부터 10m 이내인 곳 • 다음 각목의 곳으로부터 5m 이내인 곳(소방용수시설 또는 비상소화장치가 설치된 곳, 소방시설이 설치된 곳) • 지방경찰청장이 도로에서의 위험을 방지하고 교통의 안전과 원활한 소통을 확보하는 데 필요하다고 인정하여 지정한 곳
주정차 요령	• 차도와 보도의 구별이 있는 도로에서는 우측 가장자리에, 구별이 없는 도로에서는 도로 우측 가장자리로부터 50㎝ 이상 거리를 띄우고 세움 • 도로 우측·황색 실선에서는 주·정차가 금지되며, 황색 점선의 곳에는 정차할 수 있음 • 야간 주·정차 시에는 차폭등·미등을 키고 안전장치·잠금장치 등도 확인함 • 여객자동차가 승객을 태우거나 내리기 위하여 정류장 등에 정차한 때에는 승객이 타거나 내린 즉시 출발하여 다른 차의 정차를 방해하지 않도록 함 • 경사진 장소에서는 가능한 한 주차하지 않도록 한다. 특히 경사진 장소에서 굄목을 받치는 등 필요한 조치를 한 후에도 자동차가 움직일 수 있는 곳은 주차하지 않음
주정차 위반조치	• 불법 주·정차 차량의 운전자 등이 현장에 없는 때에는 경찰서장 또는 시장·군수·구청장은 임의로 주차 방법을 변경할 수 있으며, 일정한 자격을 갖춘 법인 등에 자동차의 이동·보관 업무를 대행하게 할 수 있음 • 차를 견인한 경우, 24시간이 지나도 인수하지 않을 때는 차의 사용자 또는 운전자에게 반환에 필요한 사항을 신속히 통지하고, 그로부터 1개월이 지나도 반환을 요구하지 않으면 그 차를 매각 또는 폐차할 수 있음

⑥ 주행 상의 주의사항

주행할 때는 최고/최저속도를 준수하고 항상 속도계를 확인하면서 안전거리를 유지하여야 한다. 그리고 장시간 운전을 하지 않도록 하며, 급브레이크나 급핸들조작을 하지 않아야 한다.

〈표 5-36〉 주행 시의 주의사항

최고/최저 속도의 준수	• 주행차로에 들어가면 처음에는 고속 상태에 익숙해지지 않아 흔히 감속 상태로 주행하기 쉽다. 그러나 30분가량 지나면 사람과 차가 고속 상태에 익숙해져 이번에는 일정 속도를 유지하기가 어렵게 된다. 따라서 항상 속도에 유의하여 일정한 속도를 유지하고, 최고속도나 최저속도 등을 지켜야 한다.
속도계의 확인	• 장시간 또는 야간에 고속으로 주행하게 되면 속도감이 둔해져서 과속하는 경향이 있으므로 주행 속도계의 이상 유무와 진행속도를 확인해야 한다.
안전거리 유지	• 고속주행 중에는 브레이크를 밟아도 바퀴의 회전이 정지한 상태로 운동에너지가 없어질 때까지 미끄러져 나가기 때문에 운전자가 생각한 대로 정지할 수 없다. 따라서 충분한 안전거리를 유지해야 한다.
장시간 운전 금지	• 고속도로에서는 도로 상태가 단순하면서 상대적으로 양호하여, 고속으로 주행하기 때문에 휴식 없이 2시간 이상 운전하는 것은 위험하다. 따라서 브레이크를 걸 때에는 저속 기어로 변속한 상태에서 엔진 브레이크를 사용함과 동시에 브레이크 페달을 여러 번 밟도록 한다.
급브레이크의 금지	• 고속으로 주행 중 급브레이크를 걸게 되면 차가 방향을 잃어 회전하거나 정지거리가 길어지므로 매우 위험하다.
급핸들의 금지	• 고속도로에서 일반도로에서와 같이 핸들을 조작하면 차가 도로 밖으로 튀어 나가거나 전도되어 위험하므로 급핸들을 꺾지 말아야 한다. • 저속과 고속의 경우 핸들의 회전각도를 비교해 보면 시속 100km로 주행할 때는 시속 50km로 주행할 때보다 핸들의 회전 각도를 1/4 정도로 하는 것이 적합하다.
주정차 금지	• 고속도로에서는 경찰공무원의 지시에 따를 때, 통행료 받는 곳에서 일시 정지할 때, 고속도로의 유지보수 작업을 하는 자동차, 고장 그 밖의 부득이한 사유가 발생했을 때, 주정차할 수 있도록 경계를 나타낸 곳 및 정류장의 경우를 제외하고는 정차 또는 주차를 금지하고 있다.
터널 진입 시 감속	• 고속으로 터널에 들어가면 시력이 급격하게 저하되므로 미리 터널 바로 앞에서 속도를 낮추고 전조등을 켜고 통행하도록 하여야 한다.

2) 교통사고 현황

우리나라의 교통환경을 보면, 2020년 기준으로 인구는 5,178만 명으로 전년 대비 0.1% 증가하였으며, 자동차의 등록 대수는 2,825만대로 전년 대비 2.7% 증가하였고, 운전면허 소지자 수는 3,319만 명으로 전년 대비 1.7% 증가하였다. 2020년 교통사고는 209,654건이며, 사망자는 3,081명이다. 1999년의 교통사고는 275,938건으로, 20년 동안 자동차 수는 늘어났으나 교통사고는 줄었다.

교통사고의 일반적 특성은 금요일(15.6%), 오후 16~20시(27.1%), 40대와 50대 운전자(42.2%), 신호위반과 중앙선 침범(15.7%), 교차로(49.8%)와 단일로(45.0%)가 많다. 어린이사고 사망자(14.3%), 무단횡단 사망자(26.1%)는 감소하였으나, 대형사고 사망자(11.4%), 이륜차 사고 사망자(4.0%)는 증가하였다.

고령 보행사망자가 전체 보행사망자의 57.5%, 부상자의 25.0%를 차지하며, 횡단보도 내 사망자는 21.7%, 부상자는 27.8%이다. 2020년 기준 우리나라의 고령인구(65세 이상)는 812만 명이며, 고령자 교통사고건수는 35,312건, 사망자 1,342명, 부상자 38,147명이다. 이들은 10월(9.9%), 오전 10~12시(15.6%), 75~79세 사망자(22.8%), 빗길 사망자(7.7%)가 많았다.

고령운전자의 교통사고는 31,072건, 사망자 720명, 부상자 44,269명이다. 고령운전자의 교통사고는 10월(10.1%), 오전 10~12시(14.9%), 신호위반(11.4%), 안개가 낀 날 치사율(10.3%)이 높았다.

2020년 기준 우리나라의 이린이인구(12세 이히)는 541만 명이며, 어린이 교통사고 건수는 8,400건, 사망자 수 24명, 부상자 수 10,500명이다. 이중 스쿨존 내의 교통사고는 483건, 사망자 3명, 부상자 507명이다. 이들은 6월(11.3%), 토요일(17.8%), 오후 16~18시(22.1%), 보행 중 사망자(66.7%)가 많았다. 스쿨존 내 어린이사고는 6~7월(32.9%), 수요일(17.8%), 오후 14~18시(49.5%), 초등2~3학년 부상자(27.0%)가 많았다.

〈표 5-37〉 교통사고 현황

(단위: 명, 건)

구분	1999년	2000년	2005년	2010년	2015년	2020년
발생건수	275,938	290,481	214,171	193,951	232,035	209,654
사망자수	9,353	10,236	6,376	4,661	4,621	3,081
부상자수	402,967	426,984	342,233	299,835	350,400	306,194

출처: 교통사고분석시스템(2022). http://taas.koroad.or.kr

〈표 5-38〉 주요 선진국의 보행 중 교통사고 사망자 구성비

(단위: %)

구분	한국	영국	독일	미국	프랑스	호주	스웨덴	일본	OECD평균
2008년	36.4	22.3	14.6	11.8	11.8	13.2	11.3	32.8	17.8
2014년	40.1	25.0	15.5	15.0	14.7	13.0	19.3	36.2	19.5
2019년(명)	1,302	472	417	6,401	483	159	27	1,434	–

출처: 2014년 이전은 국가지표체계(2018), 2019년은 교통사고분석시스템(2022).

〈표 5-39〉 주요 선진국의 인구 10만 명당 교통사고 사망자

(단위: 명)

구분	한국	영국	독일	미국	프랑스	호주	스웨덴	일본	OECD 평균
2008년	12.1	4.3	5.4	12.3	6.9	6.7	4.3	4.7	12.1
2014년	9.4	2.9	4.2	10.2	5.3	4.9	2.8	3.8	5.3
2018년	7.3	2.7	3.9	11.2	5.0	4.6	3.2	3.3	–

출처: 2014년 이전은 국가지표체계(2018), 2018년은 교통사고분석시스템(2022).

〈표 5-40〉 우리나라 음주운전 교통사고 현황

(단위: 건, 명)

구분	1990년	1995년	2000년	2005년	2010년	2015년	2020년
발생건수	17,777	28,074	26,460	28,641	28,641	24,399	17,247
사망자수	690	1,217	910	781	781	583	287
부상자수	26,300	47,155	48,153	51,364	51,364	42,880	28,063

출처: 2010년 이전은 도로교통공단, 2015년 이후는 교통사고분석시스템.

〈표 5-41〉 우리나라 뺑소니 교통사고 현황

(단위: 건, 명)

구분	1990년	1995년	2000년	2005년	2010년	2015년	2020년
발생건수	8,382	11,585	22,994	14,653	11,845	9,513	7,418
사망자수	612	708	664	370	279	157	97
부상자수	8,670	13,002	31,386	22,349	19,016	14,388	10,419

출처: 2010년 이전은 도로교통공단, 2015년 이후는 교통사고분석시스템.

〈표 5-42〉 우리나라 주야별 사망사고 현황

(단위: 건, 명)

구분		1995년	2000년	2005년	2010년	2015년	2020년
주	발생건수	4,618	4,544	2,632	2,392	2,157	1,574
	사망자수	5,187	4,995	2,809	2,509	2,252	1,618
	부상자수	3,952	3,638	2,039	1,860	1,591	927
야	발생건수	4,603	4,814	3,396	2,843	2,290	1,409
	사망자수	5,136	5,241	3,567	2,996	2,369	1,463
	부상자수	2,763	2,404	1,698	1,571	1,070	634

출처: 2010년 이전은 도로교통공단, 2015년 이후는 교통사고분석시스템.

〈표 5-43〉 여성운전자 교통사고 현황

(단위 : 건, 명)

구분	1995년	2000년	2005년	2010년	2015년	2020년
발생건수	13,571	28,728	31,589	37,135	43,990	45,163
사망자수	394	648	605	543	540	378
부상자수	17,607	41,462	50,309	57,630	66,421	67,128

출처: 2010년 이전은 도로교통공단, 2015년 이후는 교통사고분석시스템.

〈표 5-44〉 고령운전자의 교통사고 현황

(단위 : 건, 명)

구분	2005년	2010년	2015년	2020년
발생건수	6,165	12,623	23,063	31,072
사망자수	414	547	815	720
부상자수	9,235	18,660	33,787	44,269

출처: 교통사고분석시스템(2022), http://taas.koroad.or.kr

3) 교통사고 저감

(1) 교통사고의 정의

일반적으로 교통사고란 광의의 교통사고, 협의의 교통사고와 최협의의 교통사고의 3가지로 구분할 수 있다.

① 광의의 교통사고

차량, 궤도차, 열차, 항공기, 선박 등 교통기관이 운행 중 다른 교통기관, 사람 또는 사물에 충돌 접촉하거나 충돌접촉의 위험을 초래하여 사람을 사상하거나 물건을 손괴한 결과가 발생하는 것을 말한다.

② 협의의 교통사고

차 또는 궤도차의 교통으로 인하여 사람을 사상하거나 물건을 손괴한 경우를 말한다. 즉 차의 운전자, 조종자 또는 그 밖의 보조자 등이 고의 과실에 의하여 다른 차 등이나 사람 또는 물건에 접촉 충돌하거나 할 위험을 일으키어 사람을 사상하거나 물건을 손괴하여 피해결과를 발생하여야 하는 것이다. 그 요건은 다음과 같다.

가. 차 또는 괘도차의 통행으로 인하여 야기된 사고일 것

나. 교통이라 함은 도로상에서 운행 중인 것을 말하므로 도로상에서 야기되는 사고일 것

다. 사람을 사상하거나 물건을 손괴한 결과가 있어야 할 것

③ 최협의의 교통사고

「도로교통법」 제50조 1의 법 조항 "도로에서 차의 교통으로 인하여 사람을 사상하거나 물건을 손괴한 경우"로 한정하여 설명하면 다음과 같다.

가. 도로에서 발생하는 사고여야 한다. 여기서 말하는 도로는 도로법에 따른 도로(고속국도, 일반도로, 특별시도, 지방도, 시도, 군도 등), 유로 도로법에 따른 자동차전용도로, 사도법에 따른 사도, 자동차운송사업법 및 도로법에 따른 자동차 전용도로, 고속국도법에 따른 고속도로 등은 물론 공공

장소로 공중의 교통에 이용되는 곳과 사실상 불특정 다수에게 이용이 허용되고 실제 이용되고 있는 곳이면 도로로 해석된다.

나. 차마라 함은 우마와 차를 말하며, 우마란 교통 운수에 사용되는 가축 자체를 말하기 때문에 교통사고의 주체인 "차"로 볼 수 없다. "차"라 함은 자동차관리법 제3조에서 말하는 자동차(승용, 승합, 화물, 특수, 이륜)는 물론, 경운기, 중기도 차에 해당하며, 그 외 인력, 축산, 동력에 의하여 도로에서 운반되는 것을 말하므로, 손수레가 인력에 의한 차이면 우마차는 축력에 의한 차이고 원동기 장치 자전거는 동력에 의한 차이기 때문에 우마차, 손수레, 경운기, 중기에 의한 사고도 교통사고에 해당한다. 다만 다른 법령에 따른 기차, 전차, 케이블카, 전동차, 항공기, 선박 등은 포함하지 않으며, 유모차, 신체장애인용 의자차 등도 법으로 보행자로 보기 때문에 제외한다.

다. 교통으로 인하여 발생한 사고이어야 한다. 교통이란 사람을 운송하거나 물건을 수송하는 운행행위를 말한다. 즉 차의 본래 목적에 의하여 사용 중 발생한 사고는 교통사고로 보아야 하나, 차의 운행행위로 인한 사고로 볼 수 없는 사고는 교통사고라 할 수 없으며, 사고의 원인행위와 피해 결과와의 사이에는 상당한 인과관계가 있어야 한다.

라. 피해의 결과가 발생해야 한다. 교통사고는 타인의 신체·생명·재산에 대하여 피해의 결과가 발생하여야 하며, 피해의 결과가 없을 시는 법규 위반의 문제일 뿐 교통사고는 아니다. 이때의 피해는 타인의 피해를 말하며 자기 자신의 피해는 말하지 않는다. 사망이란 교통사고 발생 시로부터 30일 이내에 사망한 경우이며, 중상이란 교통사고로 인하여 3주 이상 치료해야 하는 부상을 입은 경우, 경상이란 교통사고로 인하여 5일 이상 3주 미만 치료해야 하는 부상을 입은 경우, 부상신고란 교통사고로 인하여 5일 미만 치료해야 하는 부상을 입은 경우이다.

(2) 교통사고 시의 처리

① 가해자의 처리

가. 사고 즉시 멈춰야 한다. 이때 다른 차 통행에 주의하여 또 다른 사고가 나지 않도록 해야 한다. 차를 세운 후에는 부상자가 있는지를 살펴 응급 환자가 있으면 환자의 구호조치를 먼저 한다.

나. 안전조치를 가장 먼저 하여야 한다. 차를 세울 때도 안전한 장소에 세워야 하며, 부상자의 확인이나 부상자의 구호조치, 사고차량 및 파손품 등의 이동 시에도 또 다른 사고의 가능성에 철저히 주의해야 한다.

다. 부상자 병원 이송은 주변 사람에게 부탁하는 것이 좋다. 이송차량 역시 다른 차를 이용하는 것이 좋다.

라. 사고의 여러 증거는 신속히 수집해야 한다. 대부분 사고 후의 각종 위치가 중요한 증거가 된다.

마. 경찰관서에 신고하는 것이 좋다. 교통사고의 신고를 반드시 해야 하는 것은 아니다. 큰 사고 등 경찰관의 조직적 조치가 필요한 경우(교통이 혼잡한 시간, 장소에서 사고책임에 대해 서로 다투면서 차량을 장시간 방치해둔 때)에 한해 사고의 신고의무가 있다.

② 피해자의 조치사항

가. 차 번호를 확인한다. 가해차량을 확인할 때는 차량번호, 소유자, 운전자, 운전자와 소유자와의 관계, 운전자 또는 소유자의 주소, 주민등록번호를 알아두는 것이 좋다.

나. 보험가입 여부와 손해배상의무자 확인한다. 피해자의 손해를 배상해 주어야 할 의무자는 대개 차의 소유자와 운전자이다. 차의 소유자는 자동차 손해배상보장법 상의 운행자로서의 손해배상책임을 지는 것이고, 차의 운전자는 손해를 끼친 불법행위자로서 민법상의 책임을 지는 것이다.

다. 교통사고 내용을 확인한다. 교통사고로 다쳤으면 그 사고가 경찰관서에 신고가 되면 교통사고 사실 확인원을 사고조사가 완료되면 해당 경찰서에 가면 무료로 즉시 발급해준다. 그리고 진단서를 발급받는 것이 좋다. 진단서에는 사고부상의 정도, 치료방법, 치료기간, 치료 후의 상태 등을 기재하도록 해야 한다.

(3) 교통안전시설

도로교통에 관련된 안전시설에는 도로교통법상에 규정된 신호기, 안전표지, 노면표시 등과 도로법상에 규정된 도로표지와 그 밖의 도로 부대시설인 중앙분리대, 방호책, 도로반사경 등이 있다. 이 가운데 도로교통법상에 규정된 신호기, 안전표지, 노면표시 등을 교통안전시설이라고 한다.

교통안전시설은 도로 이용자에 대하여 필요한 정보를 사전에 정확하게 전달하고, 또한 통일되고 균일한 행동이 이루어지도록 통제함으로써 교통의 소통을 증진하고, 도로의 안전을 보장하는 것이다. 이러한 교통안전시설은 권한이 있는 자에 의해서만 설치·관리되어야 하며 함부로 교통안전시설을 조작, 철거, 이전하거나 망가뜨려서는 안 된다.

교통안전표지는 이용자에게 필요한 정보를 제공하고 도로의 원활한 소통과 안전을 보장해 주는 안내자이다. 여기에는 주의표지(도로상태가 위험하거나 도로 부근에 위험물이 있을 때 필요한 안전조치와 예비 동작을 할 수 있도록 이를 도로 사용자에게 알리는 표지), 규제표지(도로교통의 안전을 위하여 각종 제한, 금지 등의 규제를 할 때 이를 도로 사용자에게 알리는 표지), 지시표지(도로의 통행방법, 통행구분 등 도로교통의 안전을 위하여 필요한 지시를 도로 사용자에게 알려 이에 따르도록 하는 표지), 보조표지(주의표지, 규제표지 또는 지시표지의 주기능을 보충하여 도로사용자에게 알리는 표지), 노면표지(도로교통의 안전을 위하여 각종 주의·규제·지시 등의 내용을 노면에 기호·문자·선으로 도로사용자에게 알리는 표시)가 있다.

4 주거와 근린생활환경

1) 주거환경의 현황

(1) 주택의 분류

주택이란 세대(世帶)의 구성원이 장기간 독립된 주거생활을 할 수 있는 구조로 된 건축물의 전부 또는 일부 및 그 부속토지를 말하며, 단독주택과 공동주택으로 구분한다.

단독주택은 다음과 같다.

① 단독주택

② 다중주택: 학생 또는 직장인 등 여러 사람이 장기간 거주할 수 있는 구조로 되어 있으며, 독립된 주거의 형태(각 실별로 욕실은 설치할 수 있으나, 취사시설은 설치하지 않음)를 갖추지 않고, 1개 동의 주택으로 쓰이는 바닥면적의 합계가 330㎡ 이하이고 주택으로 쓰는 층수(지하층은 제외한다)가 3개 층 이하일 것

③ 다가구주택: 주택으로 쓰는 층수가 3개 층 이하이며, 1개 동의 주택으로 쓰이는 바닥면적의 합계가 660㎡ 이하이며, 19세대 이하가 거주할 수 있으면서 공동주택에 해당하지 않는 것

④ 공관(公館)

한편, 공동주택은 다음과 같다.

① 아파트: 주택으로 쓰는 층수가 5개 층 이상인 주택

② 연립주택: 주택으로 쓰는 1개 동의 바닥면적 합계가 660㎡를 초과하고, 층수가 4개 층 이하인 주택

③ 다세대주택: 주택으로 쓰는 1개 동의 바닥면적 합계가 660㎡ 이하이고,

층수가 4개 층 이하인 주택

④ 기숙사: 학교 또는 공장 등의 학생 또는 종업원 등을 위하여 쓰는 것으로서 1개 동의 공동취사시설 이용 세대 수가 전체의 50% 이상인 것

〈표 5-45〉 주택유형별 가구비율

주택유형	2010년	2012년	2014년	2016년	2018년	2020년
단독주택	40.4	39.6	37.5	35.3	33.3	31.0
아파트	47.1	46.8	49.6	48.1	49.2	51.1
연립주택	4.5	2.9	3.4	2.2	2.2	2.1
다세대주택	5.6	7.2	6.2	8.9	9.3	9.4
비거주용 건물	1.0	1.7	1.0	1.7	1.7	1.6
주택 외	1.3	1.8	2.2	3.7	4.4	4.8

출처: 국가통계포털(2022).

(2) 최저주거기준과 주택보급률

모든 사람은 더 쾌적한 주택에서 거주하기를 원하나 개인의 소득, 자신 등 부담능력이라는 제약요인이 개입하게 됨으로써 주택문제는 여러 가지 복합적인 성격을 지닌다. 주거의 쾌적성은 다른 조건이 모두 같다면 주택규모가 커지면 커질수록 증대될 것이나, 반면에 경제적 부담도 역시 주택규모의 증대와 비례하여 커지게 마련이다. 따라서 각 개인은 자기의 쾌적성에 대한 욕구만을 내세울 수 없으며, 소득에 따른 지불능력을 고려하여 주거를 선택하게 된다.

특히 우리나라의 경우 국토가 협소하여 지가(地價)가 매우 높은 특성이 있으므로 주거공간의 확보에 따르는 비용이 매우 높은 편이다. 그러나 대다수 근로소득층 국민이 최소한의 규모에서 거주해야 하는 현실에 처해있다. 그러므로 우리나라의 국민주택 적정규모 개념에는 '최소한'의 개념이 포함되어 있다고 할 수 있으며, 이러한 국민주택의 개념은 우리나라 현실에 적합한 저소득층을 위한 주택을 보급하겠다는 정책의 하나로 도입되었다.

① 최저주거기준

주거기준은 국민 모두에게 일정수준 이상의 주거상태를 제공하기 위한 지침이다. 특히 최저주거기준은 최소한의 주거수준으로, 시설기준, 침실기준, 면적기준, 구조·성능·환경기준을 제시하고 있다.

최저주거기준의 시설은 전용 입식부엌, 전용 수세식 화장실, 목욕시설이며, 침실기준은 가구원수를 고려한 방수와 침실 분리기준, 면적기준은 가구원수와 가구구성에 따른 기준, 그리고 구조·성능·환경기준을 최소한의 기준으로 삼고 있다. 이는 최소한의 기준이므로, 이 기준이 만족하였다고 쾌적한 주거환경이라고는 할 수 없다. 최저주거기준 미달가구는 2006년 이후 큰 폭으로 감소하여 2014년부터 5% 내외 수준을 유지하고 있다. 2020년의 최저주거기준 미달가구는 4.6%이다.

〈표 5-46〉 최저주거기준

<table>
<tr><th>구분</th><th>내용</th></tr>
<tr><td>시설기준</td><td>• 전용 입식부엌, 전용 수세식화장실, 목욕시설</td></tr>
<tr><td>침실기준</td><td>• 가구원수를 고려한 방수
• 침실분리 기준: 부부침실 확보, 만 6세 이상 자녀는 부모와 침실분리, 만 8세 이상 이성 자녀는 상호 분리, 노부모는 별도 침실 사용</td></tr>
<tr><td>면적기준</td><td>• 가구원수 및 가구구성별(부부, 자녀성별, 나이 등)로 필요한 침실면적과 부엌, 화장실 등 기타 면적을 합산하여 산정
<table>
<tr><th>가구원수(인)</th><th>가구구성</th><th>방 구성</th><th>총 주거면적(m^2)</th></tr>
<tr><td>1</td><td>1인 가구</td><td>1K</td><td>14</td></tr>
<tr><td>2</td><td>부부</td><td>1DK</td><td>26</td></tr>
<tr><td>3</td><td>부부+자녀1</td><td>2DK</td><td>36</td></tr>
<tr><td>4</td><td>부부+자녀2</td><td>3DK</td><td>43</td></tr>
<tr><td>5</td><td>부부+자녀3</td><td>3DK</td><td>46</td></tr>
<tr><td>6</td><td>노부모+부부+자녀2</td><td>4DK</td><td>55</td></tr>
</table></td></tr>
<tr><td>구조, 성능, 환경기준</td><td>• 영구건물로서 내열, 내화, 방열, 방습에 양호한 재질
• 적절한 방음, 환기, 채광, 난방설비 구비
• 소음, 진동, 악취, 대기오염 등 환경요소가 법적 기준에 적합
• 홍수, 산사태, 해일 등 자연재해의 위협이 현저하지 않은 지역에 위치</td></tr>
</table>

② 주택보급률

주택보급률은 일반 가구수에 대한 주택수의 백분율(주택수/일반 가구수×100)로 정의된다. 주택보급률은 특정국가 또는 특정지역에서 주택재고가 그곳에 거주하고 있는 가구들의 수에 비하여 얼마나 부족한지 또는 여유가 있는지를 총괄적으로 보여주는 양적지표이다.

이 주택보급률은 주택재고의 절대 부족 문제가 심각하였던 우리나라의 주택재고 확대라는 주택정책목표의 달성도를 나타내는 주요지표로 활용되고 있다. 우리나라의 주택보급률은 2008년을 기점으로 100%를 상회하여 주택의 양적보급보다는 질적 향상을 위한 시대에 접어들었다고 할 수 있다. 그러나 주택보급률 지표는 주택재고의 배분상태(자가보유율)나 거주상태(주거수준)을 보여주지 못하는 한계를 지니고 있다.

〈표 5-47〉 신주택보급률

(단위: %, 천가구, 천호)

연도	전국			서울			대구		
	보급률	주택수	가구수	보급률	주택수	가구수	보급률	주택수	가구수
2005	98.3	15,663	15,887	93.7	3,102	3,310	95.7	779	814
2010	101.9	17,672	17,339	97.0	3,400	3,504	102.1	886	868
2015	102.3	19,559	19,111	96.0	3,633	3,884	101.6	943	928
2020	103.6	21,673	20,926	94.9	3,778	3,982	102.0	1005	985

출처: 국가통계포털(2022).

2) 쾌적한 실내환경

(1) 따뜻한 주거환경

① 온열기준과 불쾌지수

공동주택 거주자들의 주거환경 개선 요구사항 중 난방성능 향상을 요구하는 비율이 상당히 높게 나타나고 있으며, 그중 '시원한 실온과 따뜻한 바닥'을 가장 많이 선호하고 있다. 특히 이런 요구는 주거약자인 장애인, 고령자, 어린이 등이 거주하는 곳일수록 높다. 실내 온열 상태가 적절하여 덥거나 춥거나 불쾌감을 느끼지 않은 상태를 열적 쾌적상태라고 한다. 이러한 열적 쾌적상태는 인체의 온열감각에 따라 달라지는데, 온열감각에 영향을 미치는 요소는 기온, 습도, 기류, 복사열이다.

쾌적한 반응을 나타내는 실내온도 범위는 21.2~26.5℃이다. 그러나 실내온도의 기준은 기온과 밀접한 관련이 있으므로 계절에 따라 적정 실내온도의 기준은 다르며, 공간의 특성에 따라서도 다르다. 거실의 온도조건 기준은 보통 겨울에는 16~20℃, 40~70%이며 이때의 기류속도는 0.5m/s 이하이며, 여름에는 26~28℃, 60~75%이다. 방의 용도에 맞춘 권장온도는 거실과 식당은 16~20℃, 욕실과 화장실은 18~20℃, 공부방은 15~17℃, 침실은 12~14℃, 복도 및 현관은 10~15℃이다.

일반인들이 쉽게 사용할 수 있는 온감지표(溫感指標)는 불쾌지수이다. 불쾌지수는 기온, 습도만을 고려한 체감으로써 기류를 고려하지 않고 있어 학문적인 가치는 없으나, 간단하게 산출할 수 있어 흔히 사용되고 있다. 불쾌지수는 ([건구온도] + [습구온도]) × 0.72 + 40.6으로 구한다. 불쾌지수 70이면 불쾌를 호소하는 사람이 약간 있고, 75이면 50%의 사람이 불쾌감을 느끼며, 79가 되면 대부분이 불쾌감을 느끼고 85 이상이 되면 작업을 중지할 정도로 불쾌감을 느끼게 된다.

② 겨울철 실내온도의 특징

가. 상하 온도차

겨울철에 난로를 사용하면 따뜻한 공기는 상승하고 찬 공기는 아래로 내려와 바닥 위의 기온과 천장 부근의 기온의 차가 크게 난다. 겨울철에는 실내공기의 상하 온도차가 10℃ 이상이 되는 경우도 빈번히 생기는데, 특히 상하 온도차는 실내외의 온도차가 크고, 대류식의 난로를 사용하고 있을 때 크게 나타난다.

발밑이 차갑고 머리가 따뜻하면 불쾌감이 늘어나 작업능률이 저하되므로 발밑 기온을 머리 부분보다도 3℃ 이상 낮게 되지 않도록 하여야 한다. 또한 실내의 상하 온도차가 크면 방의 아랫부분 공기의 상대습도가 높아져 곰팡이의 발생을 촉진한다.

대책으로서는 에어컨의 공기분출구를 조정한다든지, 실내공기를 아래위로 혼합하는 것도 효과적이다. 또는 실내 하부의 기온이 상부보다도 높은 경우에는 그 차이가 10℃ 가까이 되더라도 불쾌감이 없고, 작업효율도 좋은 것이 알려져 있으므로 바닥 난방을 하는 것도 좋은 효과를 얻을 수 있다.

나. 찬 바닥

실내에서는 신발을 벗는 우리나라의 경우, 바닥 온노가 온냉감에 큰 영향을 준다. 이는 발과 바닥과의 접촉에 의한 열의 이동이 생기기 때문이다. 찬 바닥은 매우 불쾌한 느낌이 들며, 넘어지기 쉬워 사고로 이어지기 쉽다. 주택 내에서의 사고에 의한 사망자는 매년 5천 명을 넘고 있으며, 그중 반수 이상이 일상재해에 의한 것으로, 특히 고령자의 사망은 미끄러짐이나 헛디딤에 의한 것이 많음으로 바닥 면의 온도도 실내의 안전을 확보하는 데 매우 중요하다.

맨발의 경우에는 바닥재의 종류에 의해 냉기의 정도가 다르고, 카펫을 깐 바닥에 비해 염화비닐 마감의 바닥은 더 차게 느껴진다. 슬리퍼 등 실내화를 신으면 바닥재의 영향은 적어진다.

다. 콜드 드래프트

창을 완전히 닫아도 창 주위로부터 찬 공기가 흘러 들어오는 것을 느낄 수 있다. 이것은 밖의 찬 공기가 들어오는 것이 아니라 따뜻한 공기가 창 부근에서 냉각돼 바닥면으로 내려오기 때문이다. 이러한 현상을 콜드 드래프트(cold draft)라고 한다.

대책으로서는 난로를 창 가까운 곳에 설치하여 창 부근의 차가운 공기를 데워 실내의 공기를 대류 시키는 것이 좋다. 또한 창에는 바닥까지 늘어뜨릴 수 있는 두꺼운 커튼을 설치하는 것도 좋다.

라. 실 간 온도차

방과 방 사이의 온도차가 너무 크면 뇌졸중 등을 일으킬 수 있으므로, 실 간 온도차를 5℃ 이내로 하는 것이 좋다. 난방하고 있는 방에서 난방하지 않는 방으로 이동할 때는 가운 등을 입는 것이 좋으며, 화장실이나 탈의실에는 소형난방기기 등을 설치하는 것이 좋다.

겨울철에 거실은 난방해도 복도와 화장실은 난방하지 않는 경우가 많다. 한편, 야간에는 바깥 기온이 저하하면 화장실의 실온도 저하되어 실 간 온도차가 커진다. 일반적으로 65세 이상의 고령자는 야간에 2회 이상 화장실을 이용하며, 고령자일수록 한랭에 의한 혈압의 상승이 현저하므로, 고령자가 이용하는 화장실에는 반드시 난방이 필요하다.

주택 열환경과 뇌졸중의 발증과의 관계를 조사한 연구 결과를 보면, 방의 온도차가 큰 지역에서 뇌졸중의 발증율도 높은 것으로 보고되어 있다. 따라서 뇌졸중과 심장병 등을 예방하기 위해서도 화장실의 난방 등을 통한 실 간 온도차를 줄여야 한다. 아울러 실온뿐만 아니라, 변기도 따뜻하게 할 필요가 있다.

마. 건조한 실내

실내의 현저한 건조(상대습도 30% 이하)는 기도점막의 건조를 일으키고, 기도의 세균감염 예방작용을 약하게 한다. 또한 분진이 공기 중에 머무는 시간이나 각종 바이러스의 생존시간을 연장하고, 감기와 기타의 호흡기질환에 걸리기 쉬워진다. 그리고 겨울철 정전기에 의한 쇼크도 습도가 낮으면 일어나기 쉽다. 정전기는 습도가 70% 이상이 되면 거의 없어진다. 그러나 필요 이상으로 가습(加濕)을 하면 곰팡이나 진드기가 발생하기 쉽게 되므로, 상대습도 50%를 유지하는 것이 좋다.

특히 아파트는 난방이 잘되기 때문에 다른 주거형태의 집들보다 훨씬 건조하다. 하지만 외풍이 있는 일반주택은 사실상 바깥과 실내의 습도 차가 거의 없다. 실내외 습도가 겨울철 평균습도인 30~40%인 셈이다. 이는 적정습도 수준보다 낮으므로 일반주택이라도 습도 관리에 신경을 써야 한다. 그리고 환기가 잘 안 되는 반지하 집은 오히려 겨울철에 더욱 건조하다. 그러므로 공기가 정체되어 있지 않도록 자주 창문을 열어 환기를 시켜주어야 한다.

건조한 실내환경을 개선하기 위한 대책으로 가습기를 이용하는 방법이 있다. 따뜻한 공기는 위로 올라가는 성질이 있는데, 따뜻한 김이 위로 올라가면서 방안 전체에 퍼질 수 있고 습도를 효과적으로 높일 수 있도록 가습기는 책상 등 조금 높은 곳에 놔두면 좋다. 가습기의 물은 끓였다 식힌 물을 사용하고 자주 청소하고 갈아주어야 한다.

그리고 집 청소를 할 때는 젖은 걸레를 사용하는 것이 좋다. 건조한 겨울에는 진공청소기나 빗자루를 이용해서 청소한 것보다 젖은 걸레를 이용하는 것이 좋은데, 멀어진 지 제거뿐 아니라 건조해진 실내의 습도도 높여주기 때문이다.

③ 추위방지

차가운 실내에서는 감기가 악화하여 폐렴이 되거나 고혈압이나 뇌혈관의 질환에 나쁜 영향을 미친다. 뇌졸중도 저온이 되면 발생률이 상승한다. 또한 겨울철 따뜻한 실내에서 차가운 실외로 갑자기 이동했을 때 협심증(심장질환)을 잘 일으킨다. 화장실이 실외에 있으면, 노인들의 심장질환 사망률이 높은 것도

이 때문이라 할 수 있다. 또한 신경통, 류머티즘, 요통이 한랭으로 악화하는 것을 일상적으로 많은 사람이 경험하고 있다.

거주공간의 추위의 요인은 크게 지역 환경(인동간격을 포함), 건물, 거주방식에 의한 것이다. 추위를 막기 위해서는 기본적으로 다음과 같은 점을 고려하여야 한다.

가. 온도조건을 생각한다.

온도조건은 방의 평균치가 아니고 사람이 실제로 거주하는 위치가 문제 되기 때문에 바닥에서 1m 위치까지가 가장 중요하다. 따라서 상하의 불균일한 분포만이 아니라 실내에 불균일한 분포가 생기지 않도록 난방 장치의 위치 등을 잘 배치하는 일이 필요하다. 가장 기본적으로 생각할 수 있는 온도는 단란 등 쾌적성을 요구할 때와 작업 등에서 온도조건의 위화감을 느낄 수 없을 때는 23~25℃ 정도의 범위에서, 육체적인 작업을 행할 시에는 이보다 약간 낮은 온도로, 이불 등을 사용하는 침실의 취침 시에는 10~16℃ 정도가 좋으나 10℃ 이하로는 하지 않는 편이 바람직하다. 특히 계단과 화장실, 욕실이 저온이면 뇌졸중의 원인이 되기도 하므로 최소한 8~10℃를 유지하는 것이 좋다.

난방온도를 1℃ 낮추면 한 달 기준으로 난방비가 7% 절약되며, 난방 시 커튼이나 블라인드로 차단하면 10% 절감효과가 있다. 그리고 겨울철에 옷을 여러 겹으로 입으면 하나만 입는 것에 비해 4~6℃ 정도 실내온도를 낮출 수 있다. 또한 지나친 난방은 고혈압, 심장병, 뇌졸중을 유발하여 건강에 해로우므로, 적정온도를 유지하는 것이 좋다.

나. 열복사를 차단한다.

유리면과 콘크리트 외벽 등은 단열성이 낮아서 표면 온도가 기온보다 낮게 되고 복사 때문에 커다란 냉각효과를 준다. 그러므로 커튼을 사용하여 복사를 차단하거나 벽에 단열재를 넣어 표면온도를 상승하게 하는 것이 유효하다. 차가운 벽은 차게 된 공기가 바닥 면에서 흘러나와 인간에게 추위를 느끼게 하기도 하고 벽면에 결로(結露)를 발생시켜 더러움과 부식의 원인이 되기도 한다.

한편, 유리창은 열이 통하기가 매우 쉬워 보통 복사열은 85% 정도 실내로 들어오고 10%는 반사되며 5%는 유리창에 흡수된다. 창에 붙이는 필터 중 콜드필터가 있는데 투명한 콜드필터(Cold Filter)를 붙이면 가시광선은 90% 이상 투과되고 적외선(열)은 투과하기 힘들어 여름에는 시원하고 겨울에는 실내에서 열이 빠져나가는 것을 막을 수 있어 따뜻하다.

다. 틈새 바람을 줄인다.

추운 시기에는 틈새 바람이 실온을 내리고 난방부하를 증대시킬 뿐만 아니라 비중이 큰 관계로 바닥 면 부근으로 흘러오게 되어 감각온도를 낮춘다. 게다가 다소 기류속도라도 있으면 냉각력은 배가 되어 더욱 춥게 느끼게 된다. 즉 우리가 거주하는 바닥 면 부근의 온노를 내려 쾌적성에 큰 영향을 주기 때문에 가능한 한 틈새 바람을 적게 해야 한다. 특히 창문, 외벽, 기둥 주위의 기밀성이 중요하다.

라. 단열성의 향상을 도모한다.

우리나라와 같이 겨울에 춥고 여름에 더운 기후조건에서는 단열은 필수적이다. 단열하면 여름에는 시원하고 겨울에는 따뜻하다. 그뿐만 아니라 단열을 하면 연료비를 30~50% 정도 아낄 수 있다.

단열재의 효과는 난방장치에 의해 실내온도를 상승시키는 만큼이나 크다. 벽면 등 단열성을 향상하는 것은 단지 열손실을 감소시키는 것만이 아니라 벽면온도가 상승하기 때문에 상하의 온도분포가 적어짐과 동시에 차가운 벽에서 복사에 의한 냉감이 감소하고 열손실의 감소 이상으로 쾌적성의 향상을 예측할 수 있다. 집의 단열성이 나쁘면 난방을 하여도 따뜻해지지 않으며, 난방을 중지하면 금방 식어버린다. 또한, 난방에 드는 비용도 많을 뿐만 아니라 쾌적한 거주공간을 얻을 수도 없다. 이것은 단열성능이 낮으므로 실내의 벽면, 바닥면의 표면온도가 낮아져, 인체로부터 방사열량이 늘어나기 때문이다. 그리고 단열성이 나쁠수록 실내의 온도분포가 불균일해져 쾌적한 공간을 얻을 수 없다.

특히 단독주택의 지붕, 천장, 벽을 단열하여야 하며, 온돌바닥을 철저히 단열하여야 한다. 온수온돌의 방바닥은 주택 내에서 가장 뜨거운 열이 흐르는 곳으로서, 바닥 밑으로의 열손실 방지를 위해 단열을 해야 한다.

마. 난방기를 효율적으로 잘 이용한다.

겨울을 쾌적하게 보내기 위해서는 좋은 난방기를 잘 사용하여야 한다. 그러나 여러 가지 난방용 기구 중 어떤 것을 선택할 것인지 여러 난방방법 중 어떤 것을 택할 것인지가 문제이다. 아이가 있는 집은 가스히터보다는 전기스토브가 좋다. 전기스토브나 스팀을 난방기구로 사용할 때보다 가스나 기름히터를 사용할 때 더 자주 환기를 해야 한다. 가스나 기름이 연소하면서 이산화탄소를 많이 만들어낼 뿐만 아니라 찌꺼기 때문에 공기가 더 나빠지기 때문이다. 그리고 찬 바람이 부는 날이라도 하루에 2~3회, 15분 정도 창문을 열어놓아 환기를 시켜야 한다. 특히 난로 등 난방기를 사용할 때는 1~2시간마다 5분씩 환기를 시켜야 한다.

한편, 보일러는 자주 청소하여 열효율 저하를 방지하여야 한다. 기름보일러나 가스보일러는 모두 연소가 일어날 때 분진이 발생하고 분진 때문에 열의 전달이 나빠져 보일러의 효율이 크게 떨어지므로 매년 적어도 두 번은 보일러 내부 청소를 하는 것이 좋다. 보일러를 새로 구매할 때는 난방면적과 보일러 용량을 따져 보아야 한다. 보조 난방기는 창 측에서 창을 등지도록 설치하면 공기의 교류가 충분히 이루어져 효과적인 난방을 할 수 있다. 또 난방기를 높은 곳에 설치하지 않고 사람이 앉아있는 높이로 설치하면 실제로 사람이 느끼는 온도가 높아 훨씬 따뜻한 난방을 할 수 있다.

바. 건물측면의 온열대응을 한다.

대류에 의한 열손실을 막기 위해서는 건물을 긴밀화한다. 그리고 간접적인 난방효과가 있는 벽, 지붕, 바닥 등의 단열을 한다. 또한 유리는 열저항치가 작으므로 창은 이중창으로 하거나 커튼을 설치하면 단열효과를 얻을 수 있다. 즉 주택에서 열의 출입이 가장 심한 곳이 창과 문이다. 따라서 이중창이나 복층유리는 단열효과를 가져다준다.

(2) 시원한 주거환경

① 시원한 주거의 기준과 냉방병

가. 시원한 주거의 기준

모세혈관의 확장과 땀의 분비로 열을 처리할 수 있는 범위가 넘으면 더위를 느끼게 된다. 환경적으로 말하면 기온의 고저, 기류의 다소, 습도의 고저, 복사의 다소가 열 균형상 중요하다. 여름철의 적정한 실내환경의 목표치는 냉방시에는 26~28℃이다. 또한 외부와의 온도차는 5℃ 이내로 하는 것이 신체에 좋다. 우리나라에서는 냉방을 시작하는 시기를 평균기온이 24℃ 이상 되는 날로 정하고 있다.

우리가 시원하게 느끼기 위해서는 온도와 습도도 중요하지만, 기류도 중요하다. 온도, 습도 등의 조건이 위생적으로 양호하여도 기류가 적당하지 않으면 체표면에서 방출하는 에너지 확산에 영향을 미치므로 불쾌감을 느낄 수 있다. 즉 냉방의 쾌적함은 온도뿐만이 아니라 바람(기류)과 습도가 중요하며, 기류가

1m/sec 증가하면 3℃ 정도 더 차게 느껴진다.

나. 냉방병과 열대야

냉풍이 직접 신체에 닿거나, 냉방한 실내에서 장시간 있으면 신체의 피로감이나 권태감, 오한, 두통, 복통 등과 같은 냉방병의 원인이 된다. 냉방병은 의학적으로 뚜렷한 정의가 없는 일종의 증후군으로, 에어컨이 가동되는 폐쇄된 빌딩에 지내는 사람들이 소화불량, 두통, 피곤, 정신집중 곤란 등을 호소하는 것들을 통틀어 일컫는다.

냉방병의 원인은 주로 실내와 외부와의 온도 차이, 실내 습도의 급격한 감소이다. 실내온도와 외부와의 온도 차이가 10℃ 이상이 되면 자율신경이 제대로 그 역할을 하지 못하고 실내, 실외 온도 차이에 인체가 적응하지 못하게 된다. 습도는 여름철이면 보통 70~80%가 되는데 에어컨을 켜면 실내 습도를 30~40%까지 떨어진다. 이 때문에 호흡기계 점막은 건조해져서 각종 질환에 걸리기 쉽다.

냉방병의 주요증상으로는 코가 막히고 전신이 무기력해지며 근육통, 두통, 관절통, 인후통, 쉽게 피곤해지고 집중력 장애, 혈액순환 장애 등이 나타난다. 여성은 남성보다 냉방병에 더 잘 걸린다. 여성은 생리적으로 추위에 민감한데다 노출이 되는 옷차림 때문에 에어컨 바람을 직접 접촉하기 때문이다. 여성에겐 호르몬 이상 때문에 월경불순이 나타나기도 한다. 지나친 체내온도 저하로 말초혈관이 수축하여 얼굴과 손발이 붓기도 한다.

냉방병을 예방하기 위해서는 실내외의 온도 차이는 5℃ 이하로 하고 30분~1시간 정도의 간격으로 외부의 공기를 유입시켜 실내 습도의 급격한 감소를 막아야 한다. 또한 에어컨을 1~2주마다 한 번씩 규칙적으로 청소해주어야 하며, 큰 빌딩에서 일하는 사람은 그 빌딩의 냉각수 관리가 잘되는지를 한번 확인하여 보는 것도 좋다. 에어컨을 1시간 이상 작동시킨 후에는 실내 환기를 한다.

에어컨의 찬바람을 맞지 않아야 하고, 긴소매 겉옷을 준비해 체온조절을 해주고, 냉방 중인 실내에서 담배를 피우는 것은 금물이다.

한편, 장마가 끝나면 따라오는 게 찜통더위다. 잠 못 드는 밤인 열대야는 피로를 만성적으로 쌓이게 만들어 다음날 업무에 지장을 초래할 정도다. 여름철 무더위는 신체적 컨디션뿐만 아니라 정신적 컨디션까지 나쁘게 만들 수 있다. 기온이 30℃ 이상 올라갈 때 사람이 느끼게 되는 불쾌감은 매우 높아 폭행사고가 잇따른다는 연구 결과도 있다.

열대야를 효과적으로 보내기 위해서는 환경을 최대한 시원하게 만들고 충분한 수분을 섭취하여야 한다. 시원한 환경을 조성하기 위해서는 옷은 가능한 한 얇게 입고, 부채·선풍기·에어컨 등으로 실내 기온을 낮추되, 규칙적인 환기를 잊어서는 안 된다. 그래도 더위가 가시지 않을 때는 수시로 찬물로 샤워를 해 체온을 떨어뜨려야 한다. 물은 갈증을 느끼지 않을 정도로 충분히 마셔야 한다. 신체활동은 되도록 삼가고 운동은 온도와 습도가 가장 낮은 새벽에 하는 것이 심신에 좋다.

② 일사방지

아침이 되면 태양이 뜨고 일사가 원인이 되어 바깥 기온이 상승한다. 실내에는 외벽과 창유리를 통해 열이 들어오며 또 창을 통해 외기가 유입되기도 한다. 유입된 외기는 벽체와 가구 등을 데우고 그 대신 자신은 열을 잃기 때문에 외기보다 낮아지며 실내 기온은 점점 유입된 외기로 인해 높아진다. 일사는 직·간접으로 더위에 영향을 주지만, 시간과 방향에 의해 크게 다른 특징이 있다. 즉 방향과 시간에 의해 태양열을 받는 양이 다른데, 동향과 서향에서는 방의 깊숙한 곳까지 일사가 들어오기 때문에 받는 열의 양이 많다. 또 서향의 벽에 받은 3시경의 태양열은 저녁 6시경에 실내에 영향을 주게 된다.

한편, 일사병은 더운 날씨에 야외에서 한 시간 이상 작업을 하거나 해서 체온이 지나치게 올라가서 뇌에 있는 체온조절 중추가 제대로 작동하지 못하게 되는 상태가 되는 것을 말한다. 올라간 체온을 발산할 수 없게 되어 탈수나 실신하게 되고 심하면 목숨까지도 잃게 된다.

실내 더위의 가장 큰 원인은 일사이므로 여름을 시원하게 보내기 위해서는 일사를 조절하는 것이 가장 중요하다. 구체적으로 다음과 같은 점에 유의하면 효과적이다.

가. 방과 창의 위치를 고려한다.

동향, 서향 창은 덥고 바람이 잘 통하지 않는다. 그러므로 동·서향 창에 대해 고려를 하여야 하며 각 지방의 상풍향(常風向)을 고려하여 방과 창의 위치를 정한다.

나. 일사가 창으로 들어오지 않도록 한다.

창으로부터의 일사를 차폐하기 위해서는 채광에 지장이 가지 않고 직사광선이 들어오지 않게 하여야 하며 창을 열어 통풍시킬 때 방해가 되어서도 안 된다. 창문이 단창일 경우에는 이중창 또는 복층유리로 시공하는 것이 에너지 비용을 절감하는 효과와 방음, 쾌적한 주거환경을 만들 수 있다.

남쪽 창은 태양광이 바로 위에 있으므로 창틀을 길게 하면 된다. 짧은 경우에는 걷어 올릴 수 있는 차양으로 하거나 식물을 식재(植栽)하여 창을 타고 올라가도록 한다. 동쪽이나 서쪽면의 창은 이른 아침이나 저녁에 강한 일사가 방 깊숙이 들어오므로 창 전면을 차단할 필요가 있다. 이때 창에 발, 커튼, 블라인드 등을 설치하면 일사를 차폐할 수 있다. 차양은 주로 직사광선을 차단하고, 반사하는 빛 일부를 채광을 위해 실내에 넣는 역할을 한다. 일사의 반사방지를 하는 것도 중요하다. 마당에 잔디를 깔고 그늘이 지도록 나무를 심는다. 2층의 경우에는 옆집 지붕에 의한 반사가 많으므로 이에 대해 고려도 하여야 한다.

다. 여름을 대비해 단열이 이루어져야 한다.

벽과 바닥을 단열하고 일사열이 전달되는 것을 막고, 실내에 침입하거나 실내에서 발생하는 열을 적게 하는 것이 중요하기 때문이다. 여름철에 아무리 냉방기(에어컨)를 틀어놓아도 건물 벽을 단열처리 하지 않으면 외부 열이 실내로 전달되어 냉방효과는 그만큼 떨어진다.

라. 건물의 열용량을 크게 한다.

보통 단독주택보다 공동주택이 시원하다고 느끼는데 이는 높이가 높아 통풍이 잘되고, 열용량이 크고, 밤에도 도둑의 걱정이 적어 창을 열어놓을 수 있기 때문이다. 열용량이 적으면 금방 더워진다.

③ 통풍과 냉방

가. 통풍

실내에 바람을 통과시킴으로써 높은 실내온도의 공기를 실외로 배출시켜 실내온도를 낮추는 것을 통풍이라 한다. 효과적인 통풍방법은 다음과 같다.

- 창이나 문이 클수록 좋다. 그 사이에 공기 흐름을 방해하는 가구를 놓지 않는다.
- 바람이 불어 들어오는 쪽과 나가는 쪽에 창이나 문을 설치한다. 통풍의 효과는 창문이 마주 있을 때 가장 좋고 그다음은 인접한 벽면에 창이 있는 경우이며, 한쪽 벽면에 창문이 있는 것은 가장 좋지 않다.
- 창의 높이가 너무 높아서 바람이 천장 부근만을 통과하면 시원한 느낌을 받기 어렵기 때문에 바람이 실내 전체를 통과할 수 있도록 방 중앙의 위치에 창을 낸다.
- 바람은 지면에서 높을수록 속도가 커지므로 실내온도를 낮추어야 할 주거 공간을 2층에 배치하는 것도 효과적이다.

나. 냉방

한여름의 낮 동안은 기계적인 냉방장치를 이용하는 것도 한 가지 방법이다.

냉방은 창, 문을 열어 통풍을 이용하는 자연적인 방법과 선풍기, 룸쿨러, 에어컨을 이용하는 기계적인 방법이 있다. 한편, 냉방 설비에는 중앙식과 개별식이 있다. 중앙식은 1개소에 설치한 공기청정기로 온습도를 조정한 공기를 송풍기에 의해 송풍하는 방식이며, 개별식은 각 실마다 냉풍 발생 장치를 설치하여 냉방하는 방식이다.

④ 여름철 실내관리

집안을 쾌적하게 만들려면 습기를 제거하고 통풍을 자주 시켜주어야 한다. 그리고 햇볕이 날 때 말릴 수 있는 것은 자주 말리는 것이 좋다. 습기제거제를 사용할 경우, 그 주위에 물건이 많으면 좋지 않다. 용기형이면 용기 위에 물건을 올려놓지 말아야 하며, 습기제거제는 자주 확인해 보고 교체해 주어야 한다. 만약 옷에 묻었을 때는 재빨리 물로 씻어 얼룩을 없애주고, 폐기할 때는 염화칼슘이 함유되어 있으므로 주의하여야 한다.

(3) 깨끗한 주거환경

① 실내공기 오염

실내공기 오염은 악취 이외에는 우리의 감각으로 인식하기 힘들므로 별로 심각하게 생각하지 않으나 사실은 대단히 중요하다. 공기오염의 인체에 대한 영향은 오염농도와 그것을 호흡하는 시간의 장단에 의해 달라지므로 허용치는 농도와 호흡시간에 의해 달라진다. 대기오염의 허용치는 일반인을 대상으로 한 것으로 오염농도는 기상조건에 따라 달라지므로 지속시간별 농도를 정하고 있으나 실내에서의 허용치는 장기적인 호흡에 대한 농도만으로 정하고 있다.

재실자가 공기오염의 원인이 되는 것은 호흡 때문에 생기는 이산화탄소의 증가와 산소의 감소, 체열(體熱)에 의한 기온의 상승, 증발에 의한 습도의 증가, 신체로부터 나오는 냄새, 각종 병균의 산포(散布) 등이다. 재실자가 간접

원인이 되는 것은 흡연에 의한 공기오염, 의복 등에 의한 먼지의 산포이다. 재실자 이외의 원인은 보일러, 난로 등에 의한 이산화탄소, 일산화탄소의 발생, 기계류에 의한 발열, 각종 제조공정, 생산공정에서 생기는 유해가스의 발생 등이다.

② 실내공기오염의 제거

실내공기의 오염을 예방하는 방법은 발생원 제거, 환기, 정화장치 설치 등을 들 수 있다.

가. 발생원 제거

발생원을 제거하는 것은 가장 확실한 예방방법이다. 실내에서 발생하는 오염물은 재실자(호흡 때문에 산소가 16.02% 감소, 이산화탄소가 4.38% 증가함), 담배(분진, 담배연기 등), 연소기구 및 취사(이산화질소, 일산화탄소, 이산화탄소 등), 건축재료(폼알데하이드, 유기용제, 라돈, 석면 등), 그 외 생활활동이나 생활용품(미생물성 물질, 유기용제 등)에 의한 것이 그 주체이다. 그 발생량은 재실자 수와 그 활동상황, 실내에 있는 연소기구의 사용상황, 취사 및 세탁을 실내에서 하는가에 의해 크게 달라진다. 오염물이 실내에 퍼지는 것을 억제하고 연소기구에는 반드시 연통 달린 것을 택하고 취사 레인지 등에는 후드 및 환풍기를 설치하여 오염물이 직접 실외로 나가도록 하는 것이 좋다.

나. 환기한다.

실내공기의 오염을 예방하는 방법으로서 누구라도 생각할 수 있는 것은 방의 공기를 밖의 새롭고 깨끗한 공기로 넣도록 하는 것, 즉 환기하는 것이다. 환기라고 하는 말은 일반적으로 바람이 통한다고 하는 통풍의 문제와 실내공기의 교환을 생각한 두 가지 의미가 있다. 즉 환기는 실내에 필요한 산소를 공급하고 실내 유해 오염원을 제거한다.

주택의 환기방법은 그 필요 정도가 시시각각 변하므로 거기에 따른 융통성 있는 대처가 요구된다. 주택에서 환기를 가장 많이 고려하여야 하는 공간은 부엌이다. 부엌에서 발생하는 오염물질은 다량의 연기, 기름연기, 수증기, 나쁜 냄새, 열 등과 탄산가스, 질소산화물, 일산화탄소 등의 연소생성물이 있고 또 일상식품과 주방 쓰레기 등의 악취 등이다. 일반적으로는 환풍기와 후드를 사용하여 이들 오염물질이 다른 공간으로 흩어지지 않게 배출해 버리는 것이 좋다. 배출한 공기는 개구부와 빈틈을 통해서 유입한 것이기 때문에 유입 부분과 배출관 등의 저항을 받고 송풍기 등의 특성곡선에 의해서 저항손실압력에 대응한 풍량이 흐르게 된다. 송풍기에는 압력손실에 강한 것과 약한 것이 있고 약간의 저항 증가 때문에 현저하게 풍량이 감소하는 것이 있다.

다. 환풍기와 후드를 설치한다.

환풍기와 후드는 풍량을 1/2~1/3로 조절 가능한 것을 사용하는 것이 바람직하다. 조리하고 있을 때 외에도 설거지와 냉장고 개폐, 식품저장 등에 있어서 실내에 습기, 열, 악취 등이 발생하고 습기가 차거나 곰팡이가 생기거나 하므로 약간이라도 항상 환기하는 것이 바람직하다. 이런 목적의 환기는 풍력에 의한 환기통과 외기에 접한 창으로 하는 것이 좋다.

옛날에는 건물 밖의 공기가 실내공기보다 더 청정하였으나 최근에는 특히 대도시에 있어서 교통이 번잡한 곳의 건물, 공장, 주차장, 더러운 공기의 배기구 부근에 있는 건물 등은 환기할 때 충분히 고려하지 않으면 안 된다. 이런 곳에서는 공기청정장치를 이용하여야 한다. 즉 환기로 대량의 외기를 실내에 넣으면 냉난방을 위한 에너지가 증가하므로 에너지절약 측면에서 좋지 않으므로 공기청정장치를 이용하여 외기도입량을 필요한도에서 멈추어야 한다.

② 실내 습기

가. 습기의 영향

습기는 사람에 대해 직접적인 영향을 준다. 습도는 사람의 온도감에 큰 영향을 주는 요인 중 하나로, 땀의 증발에 따라 몸의 열 밸런스(balance)를 지켜주는 온도범위(일반적으로 28℃ 정도) 이상에서는 증발을 방지하는 고습도는 "무덥다"라는 느낌이 들게 한다. 또, 30%를 밑도는 저습도에서는 피부의 건조와 인후막의 건조를 일으키며 기관의 섬모 운동을 완만하게 하여 감기에 걸리기 쉬운 상태를 만든다. 그러나 20~25℃ 정도에서 상대습도가 40~70% 정도는 그리 현저한 영향은 주지 않는다.

그리고 습기는 가재도구에 해를 준다. 넣어두었던 의류, 책, 신문지, 가구 등을 꺼내 보면 축축하게 습기가 차 있는 경우가 많다. 더 심하면 곰팡이가 생기고 좀에 의한 오염, 부패 등이 일어나는 때도 있다. 정도의 차는 있지만 한번 이러한 해가 생기면 건조하는 것만으로는 좀처럼 회복되지 않는 것이 보통이다. 이러한 것은 일반적으로 공기 중에 함유된 수분의 양과 보관 온노와의 관계에 있어서 상대적으로 습한 경우에 일어난다.

또한 습기는 표면결로를 일으킨다. 겨울에는 유리창에 서리가 끼는 것이 보통인데 이 서리는 흘러내려 바닥을 얼게 한다던가, 창틀에 접해 있는 벽 등을 더럽히는 원인이 된다. 유리창 면의 결로는 어떻게든 뒤처리를 할 수 있지만, 벽면이나 천장 속에 생긴 결로는 뒤처리를 하기 어려워 곰팡이의 발생 등 오염을 일으키게 된다. 표면결로의 해가 가장 심한 곳은 옷장의 뒤 벽면 등 언제나 온도가 낮고 통풍이 잘되지 않는 곳이다. 외벽에 면해 있는 욕실에는 온도와 수증기 발생량의 관계로 인하여 결로가 생기는 것을 피하기 어렵다. 천장면을 경사지게 하여 벽면 부근에 찬 물방울이 떨어지게 하거나 결로수가 건물의 구조체에 침입되지 않게 손질하는 것이 바람직하다. 욕실 습기의 최대 문제는 건물 마감재의 곰팡이 발생이다. 입욕 시 발생하는 대량의 수증기에 대한 처리는 환풍기 등에 의해 처리될 수 있으나, 건물을 건조하기에는 많은 시간이 필요하다. 가장 좋은 방법은 외기에 면해 있는 창에 의해 장시간에 걸쳐 자연적으로 건조하게 하는 것이다.

에너지절약을 위해 건물의 벽체와 기둥, 바닥 등에 단열재를 넣는 것은 실내의 열환경 측면에서는 대단히 바람직하나 결로방지에는 큰 문제를 제기하고 있다. 난방 시 실내의 온습도는 외기 비해 높다. 이때 단열재가 삽입되어 있으면 열의 유출량은 감소하고 이 때문에 단열재 하부에 저온부를 만들게 된다. 이러한 결로를 '벽체 내 결로' 혹은 '내부 결로'라고 한다. 벽체 내 결로는 구조적인 것으로 언제든 발생하게 되는데 이는 외부에서는 발견이 어렵다.

나. 습기 방지

습기의 발생은 수증기의 발생량에 비례하고 환기량에 반비례한다. 습기를 방지하기 위해서는 수증기의 발생량을 감소시킨다. 가장 조심해야 할 것은 여분의 수증기를 실내에 방출시키지 않는 것이다. 취사 시의 수증기, 폐기는 환풍기나 후드에서 직접적으로 배출되고, 목욕탕의 뜨거운 공기가 주택 내에 유출되지 않게 하는 것이 좋다. 개방형 난로는 폐기 중에 다량의 수증기가 함유되어 있어서 결로의 해를 일으키기 쉬우므로 피하는 것이 좋다.

그리고 습기를 방지하기 위해서는 환기를 하는 것이 좋다. 수증기의 발생이 있을 때는 환기로 절대습도가 높거나 지나치지 않도록 하고, 발생이 끝난 후에는 건조한 외기에 의해 건조될 수 있도록 환기량을 확보한다.

또한 차가운 표면은 단열성이 좋지 않아 생기는 것이므로 단열재를 넣는 것으로 개선할 수 있다. 그러나 취사 때나 비가 올 때 등, 일시적으로 결로가 생기는 것은 피할 수 없다. 이때 결로수가 달아나지 않도록 마감재를 처리하는 것도 한 방법이다. 유리창은 이중으로 하지 않으면 결로방지가 불가능한데 결로수가 바닥이나 벽에 유출된다든가 금속 창틀과 벽지가 접촉한다든가 하면 오염이 일어난다.

차가운 표면이 생길 수 있는 또 하나의 원인은 실내 온도분포의 불균일성이다. 단열이 잘 안되는 집은 천장면, 마루면, 혹은 방의 구석, 가구의 뒤 등에 낮은 온도의 부분이 있는 곳이 많다. 이와 같은 장소는 당연히 결로가 생기기도 하고 상대습도가 높게 된다. 그리고 방의 모퉁이나 가구의 뒤는 외기가 건조해도 막혀 있어서 건조되기 어렵다. 대책으로서는 외기에 면해 있는 벽에 가구를 두지 않거나 다소 틈 사이를 두어 공기가 유통되도록 하는 것이 좋다.

다. 곰팡이

욕실의 벽, 천장, 타일 등에 새까맣게 낀 곰팡이는 표백성의 세제로 제거되기도 하지만, 벽지나 플라스터 등 실내 마감재에 곰팡이가 생기면 몹시 더러울 뿐만 아니라 제거되지 않는다. 그뿐만 아니라 최근에는 곰팡이에 의한 알레르기가 큰 문제가 되고 있다. 냉방장치의 필터 등에 생긴 곰팡이는 실내에 날아다니고 벽면에 생긴 곰팡이는 청소 등 사람의 활동으로 공중으로 올라가기도 하고 알레르기 증상을 일으키는 원인이 되기도 한다.

주택 전체로 보면 일반적으로는 곰팡이가 생기기 쉬운 상태는 아니다. 대부분의 곰팡이는 발생하는 곳의 재료 중 수분함유율이 높지 않으면 증식되지 않는다. 따라서 곰팡이를 방지하려면 결로 상태나 그 외 비슷한 상황의 장소를 만들지 않는 것이 중요하다. 그러나 욕실 등 습해지기 쉬운 장소에는 마감재에 곰팡이 방지재를 바르거나 하는 방지처리를 하는 것이 좋다.

곰팡이는 습기가 많은 곳에 주로 발생한다. 우리나라는 고온 다습한 여름철에 곰팡이가 가장 많이 발생한다. 곰팡이는 욕실과 부엌 주변, 의류, 벽지, 장판, 음식물, 침대, 소파, 신발장, 햇볕이 제대로 들지 않는 북향의 방, 누수가 된 곳, 차량 시트 등 습기가 있는 곳이면 어디서든 볼 수 있다. 곰팡이는 호흡기질환 등 여러 가지 질병의 원인이 될 수 있으므로 예방이 최선이며 발생하면 바로 제거하여야 한다.

곰팡이를 예방하려면 먼저 습기를 제거하여야 한다. 습기가 많은 곳이나 자동차, 가전제품의 뒤에 습기 제거제를 두는 것도 좋은 방법이다. 곰팡이는 햇볕에 약하기 때문에 볕이 나는 날은 문을 열어 통풍시키고 말릴 수 있는 것은 자주 말리는 것이 좋다. 한 번 입은 옷은 반드시 빨아서 보관해야 하며, 옷이나 이불, 신발도 습도가 높은 여름철에는 자주 말리는 것이 좋다.

카펫이나 소파, 침대에 생기는 곰팡이는 먼지와 함께 날아다닐 수 있으므로 자주 청소하고 통풍을 시켜줘야 한다. 항균 처리된 벽지와 곰팡이 방지 페인트를 사용하면 곰팡이를 예방할 수 있다. 이슬 맺힘을 방지하는 결로방지 페인트도 곰팡이를 예방하는 기능을 한다. 곰팡이가 생기면 곰팡이 제거제를 사용해 제거한다.

라. 주택의 해충

해충은 인간생활에 직간접으로 해를 끼치는 곤충이다. 해충 중에서 사람을 물고 병을 전염시키는 벼룩, 이, 빈대, 모기, 체체파리 등의 흡혈곤충, 사람을 공격하는 벌, 독나방, 개미 등의 독충, 흰개미, 나무좀 등 주택이나 가구 등을 가해하는 가옥 해충 등이 대표적인 주택의 해충이다.

해충이 집 안으로 들어오지 않게 하려면 방충망을 잘 관리해야 한다. 또한 해충이 들어올 수 있는 틈새를 잘 막아야 한다. 그리고 곤충은 물과 음식이 있는 곳으로 모여들기 때문에 구석진 곳, 틈새, 수도배관의 주위를 깨끗이 해야 한다. 옷은 보관하기 전에 반드시 세탁한다. 음식은 밀봉된 곳에 보관하고 쓰레기도 뚜껑이 달린 곳에 버려 항상 덮어두어야 한다. 습기와 음식 찌꺼기를 없애는 것이 해충 퇴치의 기본이다. 냉장고 물받이 주변의 습기 찬 곳은 바퀴가 좋아하는 활동공간이다. 자주 물을 버리고 햇빛에 깨끗이 말리는 것이 좋다. 또 냉장고 뒤의 먼지와 바퀴벌레의 배설물, 알 등을 진공청소기로 빨아내어야 한다.

또한 가스레인지 바닥과 뒷부분은 반찬 국물과 물기, 기름기가 많은 곳이므로 세제 물로 깨끗이 닦은 후 마른걸레로 습기를 완전히 제거하여야 한다. 전자레인지 뒷면은 바퀴벌레가 좋아하는 곳 중의 하나이다. 먼지와 바퀴의 배설물 등을 젖은 걸레로 닦고 마른걸레로 습기를 제거해야 한다. 가스레인지 받침대는 요리할 때 더러워지기 쉬운 곳이다. 분리하여 깨끗이 세제로 닦고 마른걸레로 닦는다. 전기밥통 바닥과 가전제품의 보이지 않는 부분은 진공청소기로 먼지를 빨아들이고 깨끗하게 마른걸레로 닦는다. 수저통 주변과 식기 건조대 받침대는 물기가 많이 생기는 곳이므로 하루에 한 번씩은 마른행주로 닦는다. 설탕통은 밀폐되어 있어도 개미가 잘 꼬이는 곳이다. 개미는 고무냄새를 싫어하므로 중간부에 고무 밴드를 여러 겹 감아 둔다.

집안에 해충이 있을 때는 살충제를 사용하여서 퇴치하는 것이 가장 일반적인 방법이다. 살충제는 제품 사용설명서를 주의 깊게 읽고 사용하여야 한다. 특히 담뱃불 등 불꽃이 있는 곳에서는 절대로 사용하여서는 안 된다. 또 음식물에 닿지 않도록 하며 피부나 몸에도 묻지 않게 한다. 살충제를 뿌렸을 때는 문을 닫고 나가 있어야 하며, 다시 들어올 때는 반드시 환기를 시킨다. 살충제를 사용하거나 보관할 때는 어린이의 손에 닿지 않도록 하여야 한다.

3) 그린홈

(1) 그린홈의 개요

온실가스 감축을 위해서는 산업, 수송부문과 함께 우리가 생활하는 건물부문의 에너지 절감이 중요하다. 특히 건물부문은 세계 에너지 소비의 36%를 차지하며 감축 주체와 방법이 다른 부문 대비 복잡하고, 한번 지으면 30년 이상 장기간 영향을 미치며, 국민생활과 밀접한 관련이 있으므로 감축이 쉽지 않다.

주요 선진국들은 건축법규, 인증 프로그램 및 시범사업 전개 등을 통해 건물 부문의 에너지 절감을 위해 노력하고 있다. 특히 건물은 다른 부문에 비해 온실가스 감축 주체와 방법에 있어 복잡한 특성을 가진다. 건물은 건물 자체의 에너지 효율을 높이는 것뿐만 아니라 건물 내부에서 사용하는 각종 전자제품의 효율을 높여야 하며, 냉난방이나 온수를 위해 사용하는 에너지도 절감하여야 한다. 단순히 건물을 만드는 건축업자뿐만 아니라 실제 에너지 절약에 필요한 기술에 돈을 투자할지를 판단하는 건물주, 실제 그 건물을 사용하는 사람 모두가 협력해야만 실질적인 온실가스 감축이 가능하다. 이러한 특성 때문에 지금까지 선진국에서도 건물에서 사용하는 에너지를 크게 줄이지 못한 것이 현실이다.

또한 건물은 한번 지으면 오랜 기간 영향을 미치고 중간에 바꾸기도 쉽지 않다. 우리나라의 경우 20년만 넘어도 재건축 얘기가 나오지만, 유럽의 경우를 보면 전체 주택의 60% 이상이 1975년 이전에 지어진 건물이다. 이에 우리나라는 건축물 에너지 소비총량제를 2011년 7월부터 시행하고 있다. 건축물 에너지 소비총량제는 1년 동안 건축물에서 소비하는 총에너지 사용량을 건물면적으로 나눠 단위 면적당 에너지 소비량을 표시 및 관리하는 제도이다.

건물은 일반 개개인의 생활과 밀접한 관계가 있다. 하루 대부분을 보내는 곳은 건물이다. 자고 먹고 일하며 생활하는 장소를 제공하는 것이 건물이며, 우리 삶의 수준을 대변하는 것도 건물이다. 기후변화를 일으킨 온실가스가 산업화 이후 소비를 미덕으로 생각하며 대량생산, 대량소비 사회를 만든 것에서 비롯되었다는 점을 고려하면 결국 온실가스 감축은 사람의 생각과 행동을 바꾸는 것이 가장 기본이 된다. 환경을 먼저 생각하고 소비를 줄이고 불편함을 감수할 수 있는 생활을 만들어야 한다. 이 점에서 일상생활과 가장 밀접한 건물 부문의 중요성은 매우 크다.

이에 건축물의 에너지절약 설계기준(국토부 고시 제2017-881호)을 정해 건축물의 열손실 방지 등 에너지절약 설계에 관한 기준, 에너지절약 계획서 및 설계 검토서 작성기준, 녹색건축물의 건축활성화를 위한 건축기준 완화에 관한 사항 등을 정하고 있다.

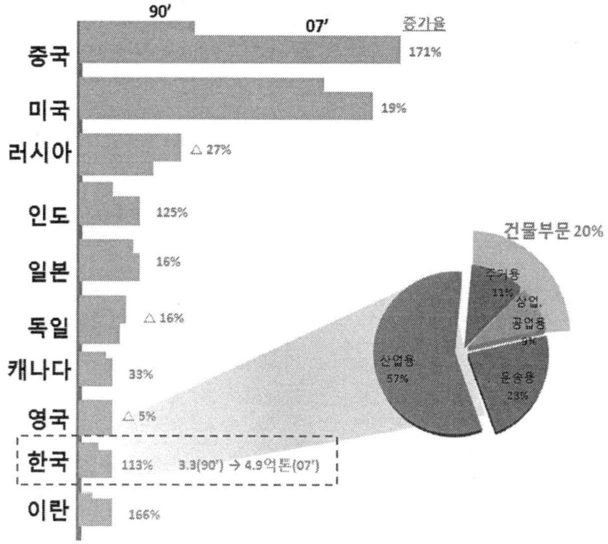

(단위: 10억 톤)

[그림 5-20] 이산화탄소 배출량 상위 10개국

〈표 5-48〉 건물 유형별 총에너지 사용량

국가	건물 유형		총에너지 사용량(MJ/M2 · year)
한국	단녹수택		1,596
	공동주택		785~894
	가정용 전체 평균		1,290
일본	단독주택 및 공동주택		500
독일	단독주택	기존건물	972
		95년 단열강화 이후	420
		저에너지 건물	250
	공동주택	기존건물	576
		95년 단열강화 이후	210
		저에너지 건물	170

그린홈은 태양광, 태양열, 지열, 연료전지, 풍력의 신재생에너지 기술(Active House)과 단열성능 강화, 고기밀창호 사용, 직사광선 차단, 자연채광, 자연환기 이용기술(Passive House)로 석유, 석탄, 천연가스 등의 화석연료 사용을 최대한 억제하여, 탄소 배출 최소화를 목적으로 하는 주택이다. 구체적으로는 재생에너지 8개(태양열, 태양광, 바이오, 풍력, 수력, 해양, 폐기물, 지열)와 신에너지 3개(연료전지, 석탄액화가스화, 수소에너지), 총 11개의 신재생에너지를 전기 및 열원으로 사용하는 주택을 그린홈이라고 한다.

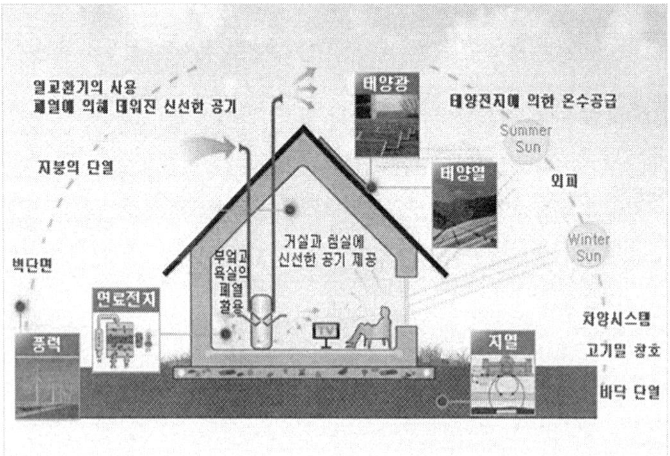

[그림 5-21] 그린홈의 개념도

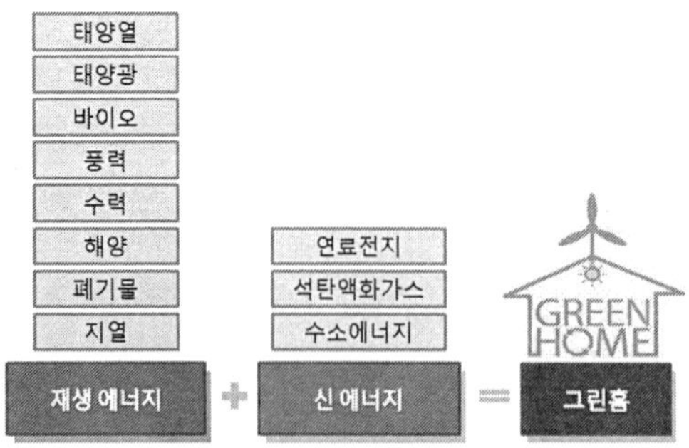

[그림 5-22] 그린홈의 개념

한편, 우리나라에서는 일정 규모의 마을을 대상으로 각종 대체에너지 기술을 적용해 에너지를 자급 충족할 수 있는 에너지 자급마을, 즉 그린빌리지(Green Village)를 조성하는 사업을 추진하고 있다. 그린빌리지(Green Village)라는 용어 자체는 공식적 용어로 보기는 힘드나, 지속가능한 에너지 이용이라는 관점에서 본 협의적 미래 정주지 개념으로 볼 수 있다. 그린빌리지는 각종 환경친화적인 방법으로 에너지를 생산해 단독주택 약 50가구 규모의 마을에 요구되는 냉난방, 급탕 및 전기에너지를 자급 공급하는 개념이다.

그린빌리지의 기본적인 기술은 고단열, 고성능 창호, 축열구조, 온실, 태양광 발전(Photovoltaic: PV)시스템, 폐열회수장치, 설비형 태양열시스템, 홈오토메이션, 고효율조명기기 등이다. 이들 관련 기술을 적용한 대표적인 주택은 태양광주택, 태양열주택, 지열시스템 주택, 연료전지주택, 소형풍력주택 등이다. 이런 신재생에너지원을 주택에 설치할 경우 설치비의 일부를 정부가 보조지원하고 있다. 그린빌리지 사업은 2002년부터 진행 중이며, 태양광주택 10만 호 보급사업은 2004년에 시삭하였으며, 2020년까지 그린홈 100만 호 보급을 추진하고 있다.

그린빌리지의 규모 및 설계범위를 확대할 경우, 제로에너지타운, 쏠라시티, 생태마을, 환경친화단지 등으로 확대될 수 있는 개념이다. 그린빌리지의 주 구성물이 건물이기 때문에 기존 단지에 무조건 대체에너지 이용시스템만을 적용하는 것이 아니라 각종 부하절감기술의 병행 적용을 통해 단지 내 건물 기본부하를 최대한 줄인 상태에서 각종 대체에너지 이용기술을 통합 적용해야만 한다.

그린빌리지는 에너지 공급을 지역특성에 적합한 환경친화적인 대체에너지를 활용하여 특정지역에서 소비되는 에너지를 공급함과 동시에 기존의 에너지 공급체계와 지역 네트워크 간의 상호 협력체제를 구축하여 에너지 자급률 100%가 가능한 분산된 블록단위의 타운을 말한다.

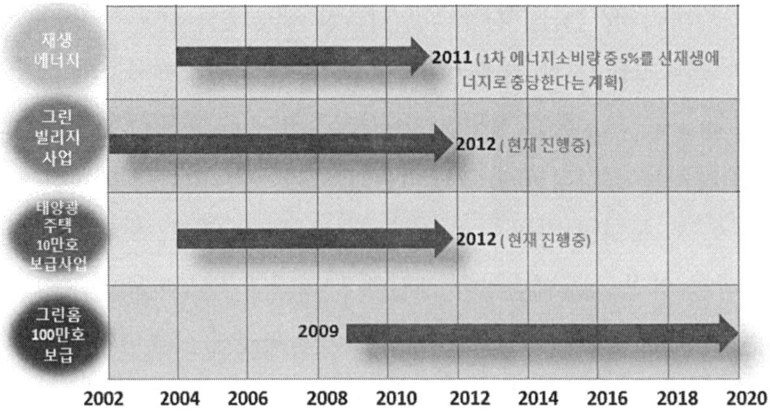

[그림 5-23] 재생가능에너지의 이용을 통한 지역 단위 에너지자립계획

(2) 그린홈 관련 인증제도

① 녹색건축인증

「녹색건축물 조성 지원법」에 따라 지속 가능한 개발의 실현과 자원절약형이고 자연 친화적인 건축물을 유도하기 위하여 건축물을 대상으로 인증심사등급에 따라 녹색건축 인증서를 발급한다. 인증대상은 공동주택, 복합건축물(주거), 업무용 건축물, 학교시설, 판매시설, 숙박시설, 그 밖의 건축물, 소형주택, 기존 공동주택, 기존 업무시설이다.

② 장수명주택인증

「주택건설기준 등에 관한 규정」에 따라 구조적으로 내구성을 갖추고, 다양한 수요 및 요구변화에 대응, 내부구조를 쉽게 변경할 수 있는 가변성과 수리용이성 등이 우수한 주택을 건설하기 위해 1,000세대 이상 공동주택(법적 의무사항)에 대해 평가한다.

③ 친환경주택평가

「주택건설기준 등에 관한 규정」의 「에너지절약형 친환경주택의 건설기준」에 따라 에너지절약형 친환경주택의 건설유도 및 촉진을 위하여 평가한다. 평가대상은 「주택법」의 주택건설사업계획승인 대상 공동주택(30세대 이상)이다.

4) 근린생활시설

(1) 근린생활시설의 개념

근린생활시설은 기능상 일상적인 주거생활과 매우 밀접하고 시설 중에서 시설 이용거리가 짧고 이용 빈도가 높은 것과 대체로 그 규모가 작은 주거 지원시설을 말한다. 이러한 시설들은 주거기능과 서로 유기적인 관련이 있으며, 주거생활의 편리성을 추구하기 위해 시간적·공간적 개념을 고려한 일상생활에 있어 매우 필요한 편의시설이다.

건축법상 근린생활시설의 정의는 일상생활에 필요한 시설을 중심으로 생활과 밀접한 관련을 갖는 시설들을 하나에 묶어서 사용하는 하나의 건축물의 종류나 유형을 지칭하는 것이 아니라, 제도적 차원에서의 시설(시설업종, 용도)만을 규정하고 있다. 이 시설들은 다른 용도분류와는 달리 유사한 업종과 면적구분에 따라 1종, 2종으로 구분된다. 단지계획 분야에서는 주거지 내의 편익 시설을 통칭하여 근린생활시설로 정의되고 있다.

주거편익시설로서 근린생활시설의 일반적 특징은 첫째, 주거지의 도보권 내에 배치되어 주민들에게 편리하게 이용되고 있는 친숙한 시설이며, 둘째, 하층부에 상업, 업무, 교육시설 등을 수용하고 상층부에는 주거를 수용하는 복합용도 시설로서 건물이용의 편리성과 토지의 효율성을 높이게 된다. 셋째, 가로상 가로서 근린생활시설은 대로변이나 주거지 내 주요 도로변에 배치되어 가로의 연속성을 주고 주거지 내 활력 있는 도시공간을 형성하고 있다. 이러한 가로란 이동을 위한 역할 외에 거주자들의 커뮤니케이션을 제공하는 곳으로 사회적, 상업적 만남과 교류가 일어나는 곳이며, 서비스와 물품을 공급하는 역할을 하며, 광장과 같이 여러 사람이 모여서 여러 가지 공익활동이나 집회 등의 활동을 높이는 곳이기 때문에 다양한 기회를 제공하는 도시공간을 형성하게 된다.

〈표 5-49〉 주택건설촉진법 및 주택건설기준의 편익시설

<table>
<tr><th>구분</th><th colspan="2">내용</th><th>관련법령</th></tr>
<tr><td>시설 구분</td><td colspan="2">• 식품, 잡화, 의류, 문구, 서적, 운동기구 기타 이와 유사한 생활용품의 구매시설
• 이용원, 미용실, 대중음식점, 다과점, 다방, 기원, 세탁소, 방앗간, 학원, 생활용품수리점, 사진관, 기타 이와 유사한 시설들로서 거주자의 생활편익을 위하여 필요하다고 인정되는 시설</td><td>주촉법 제3조
투잭건설기준 등에 관한 규정 제2조</td></tr>
<tr><td>단지 내 시설</td><td colspan="2">• 입회자 집회소 • 의료시설
• 일반목욕장 • 생활편익시설
• 유치원, 새마을 유치원, 보육시설, 어린이놀이터, 주민운동시설</td><td>주택건설기준 등에 관한 규정 제6조</td></tr>
<tr><td>배치</td><td colspan="2">• 공동주택, 어린이 놀이터, 의료시설(약국 제외), 유치원, 보육시설 및 노인정은 공해 공장, 위험물저장 및 처리시설, 기타 사업계획 승인권자가 주거환경에 특히 위해하다고 인정하는 시설로부터 50m 이상 떨어져야 함.</td><td>주택건설기준 등에 관한 규정 제9조</td></tr>
<tr><td rowspan="2">입지 기준</td><td>의료 시설</td><td>• 100세대 미만의 경우에는 매 세대 3㎡ 산정한 면적
• 100세대 이상인 경우에는 300㎡는 매 세대 1㎡</td><td rowspan="2">주택건설기준 등에 관한 규정 제46조, 제50조</td></tr>
<tr><td>생활 편익 시설</td><td>• 매 세대 6㎡
• 이 비율로 산정한 생활편익시설면적이 500㎡이며 하나의 건축물에 설치하는 생활편익시설의 면적이 1,000㎡
• 필요한 공터를 설치하고, 주변에는 소음, 악취의 차단과 조경을 위한 식재 기타 필요한 조치를 해야 함.</td></tr>
</table>

(2) 근린생활시설의 구분

근린생활시설은 여러 가지 용도를 모아서 하나의 시설로 분류시킨 것으로, 유사한 업종과 면적에 따라 1종과 2종으로 구분한다. 1종 근린생활시설은 마을 단위의 필수시설이며, 2종은 있으면 좋은 권고시설이라고 할 수 있다.

〈표 5-50〉 제1종 근린생활시설

가. 식품·잡화·의류·완구·서적·건축자재·의약품·의료기기 등 일용품을 판매하는 소매점
나. 휴게음식점, 제과점 등 음료·차(茶)·음식·빵·떡·과자 등을 조리하거나 제조하여 판매하는 시설
다. 이용원, 미용원, 목욕장, 세탁소 등 사람의 위생관리나 의류 등을 세탁·수선하는 시설
라. 의원, 치과의원, 한의원, 침술원, 접골원(接骨院), 조산원, 안마원, 산후조리원 등 주민의 진료·치료 등을 위한 시설
마. 탁구장, 체육도장
바. 지역자치센터, 파출소, 지구대, 소방서, 우체국, 방송국, 보건소, 공공도서관, 건강보험공단 사무소 등 주민의 편의를 위하여 공공업무를 수행하는 시설
사. 마을회관, 마을공동작업소, 마을공동구판장, 공중화장실, 대피소, 지역아동센터 등 주민이 공동으로 이용하는 시설
아. 변전소, 도시가스배관시설, 통신용 시설, 정수장, 양수장 등 주민의 생활에 필요한 에너지공급·통신서비스제공이나 급수·배수와 관련된 시설
자. 금융업소, 사무소, 부동산중개사무소, 결혼상담소 등 소개업소, 출판사 등 일반업무시설
차. 전기자동차 충전소

출처: 건축법시행령 별표1 중 발췌.

〈표 5-51〉 제1종 근린생활시설

가. 공연장
나. 종교집회장
다. 자동차영업소
라. 서점(제1종 근린생활시설에 해당하지 않는 것)
마. 총포판매소
바. 사진관, 표구점
사. 청소년게임제공업소, 복합유통게임제공업소, 인터넷컴퓨터게임시설제공업소, 가상현실체험 제공업소, 그 밖에 이와 비슷한 게임 및 체험 관련 시설
아. 휴게음식점, 제과점 등 음료·차·음식·빵·떡·과자 등을 조리하거나 제조하여 판매하는 시설
자. 일반음식점
차. 장의사, 동물병원, 동물미용실, 동물위탁관리업을 위한 시설, 그 밖에 이와 유사한 것
카. 학원, 교습소, 직업훈련소
타. 독서실, 기원
파. 테니스장, 체력단련장, 에어로빅장, 볼링장, 당구장, 실내낚시터, 골프연습장, 놀이형시설 등 주민의 체육 활동을 위한 시설
하. 금융업소, 사무소, 부동산중개사무소, 결혼상담소 등 소개업소, 출판사 등 일반업무시설
거. 다중생활시설
너. 제조업소, 수리점 등 물품의 제조·가공·수리 등을 위한 시설
더. 단란주점
러. 안마시술소, 노래연습장

출처: 건축법시행령 별표1 중 발췌.

〈표 5-52〉 지역에 따른 근린생활시설의 용도규제

		주거지역			상업지역				공업지역			녹지지역		
		전용	일반	준	중심	일반	근린	유통	전용	일반	준	보전	생산	자연
근린생활 시설	1종	△	○	○	○	○	○	●	○	○	○	▲	▲	▲
	2종	△	▲△	○	○	○	○	●	○	○	○	▲	▲	▲
일반업무시설		X	▲	○	○	○	●	●	X	X	●	X	X	X
종교시설		▲	○	○	○	○	○	●	X	●	●	●	●	●
의료시설		X	●	●	●	○	○	X	●	●	●	●	○	○
운동시설		X	●	●	●	●	●	X	X	X	●	X	○	○
판매시설		X	▲	●	○	○	△▲	○	X	X	▲	X	▲	▲
위락시설		X	X	X	○	○	●	●	X	X	X	X	X	X

※ ○: 건축허용, ●: 건축조례로서 허용할 수 있음, △: 선택적(제한적) 이용,
▲: 건축조례로 선택적(제한적)으로 허용할 수 있음.

자전거도로

자전거도로는 아파트 단지나 주요 활동센터 또는 블록 내의 15m 이하 도로나 보·차 혼용도로에 설치되는 자전거도로로 지구내의 근린성과 쾌적성, 안전성을 확보할 수 있도록 계획한다. 주로 시 외곽도로를 이용할 수 있도록 하고, 공원이나 둔치 등에 계획한다.

자전거전용도로 외에도 보행자 통행 유무, 설치 위치 등에 따라 자전거도로를 다음과 같이 분류된다.

① 자전거·보행자 겸용도로: 자전거 외에 보행자도 통행할 수 있도록 분리대, 경계석, 그 밖에 이와 유사한 시설물에 의하여 차도와 구분하거나 별도로 설치한 자전거도로

② 자전거 전용차로: 차도의 일정 부분을 자전거만 통행하도록 차선 및 안전표지나 노면표시로 다른 차가 통행하는 차로와 구분한 차로

③ 자전거 우선도로: 자동차의 통행량이 적은 도로의 일부 구간 및 차로를 정하여 자전거와 다른 차가 상호 안전하게 통행할 수 있도록 도로에 노면표시로 설치한 자전거도로

출처: 서울특별시 알기 쉬운 도시계획 용어(2016.12.).

5) 도시의 조경녹지

(1) 도시 조경녹지의 개념

녹지란 광의로는 오픈스페이스 또는 녹지로 덮인 공간으로 정의되며 공원녹지 또는 도시녹지로 혼용하여 사용하기도 한다. 도시녹지란 도시지역 내 건물이 들어 있지 않은 공간으로서 식물이 집단으로 생육하고 있거나 일정구역의 토지 중 일부분을 식물이 점유하고 있는 공간으로 정의할 수 있다.

도시녹지의 구성요소를 보면, 도시계획법 및 도시공원법에 따른 도시계획시설녹지와 녹지지역, 개발제한구역이 있고 다른 관련법에 따라 자연공원, 문화재, 가로수, 환경보전림, 하천 녹지 그리고 건축물 부속녹지 등이 있다. 이처럼 도시녹지는 여러 관련법에 따라 다양한 지정목적을 갖는 녹지로 구성되어 있으며 도시녹지의 식생 유형과 구조, 녹지의 자연성 등 질적 상태도 다양하다.

녹지공간은 거주자들이 명랑하고 쾌적한 주생활을 영위하는데 필요한 미적, 심리적 외부공간이다. 만약에 비용을 절감하고 토지를 확보하는 데 필요한 조경시설 등을 설치하지 않을 경우, 어린이들의 놀이공간 부족과 외부공간에서의 사생활을 영위하기 위한 공간 부족으로 주거환경에 불만을 느끼게 되어, 거주자들의 공동체 생활은 거의 이루어지지 않으며, 이에 따른 결과로 공동체 의식과 주민들의 유대감이 상실된다.

이에 따라 도시 내의 녹지 확대를 통하여 쾌적한 도시환경을 만들기 위한 계획의 수립과 도시 내의 생태계 서식처를 보호함으로써, 지속 가능한 개발뿐 아니라 도시민들의 환경교육장으로의 역할을 기대할 필요성이 대두되고 있다.

(2) 도시 조경녹지의 구분

공원은 도시계획법 규정에 따라 결정되는 도시계획시설로서, 「도시공원법」에서는 도시 내의 공원을 자연공원, 도시자연공원, 근린공원, 어린이공원, 묘지공원, 체육공원으로 분류하고 있다.

녹지란 도시계획구역에서 환경의 보전, 개선 또는 공해, 화재방지 등의 목적으로 「도시계획법」의 규정에 따라 결정되는 시설로서, 「도시공원법」에 따르면 경관녹지와 완충녹지로 구분될 수 있다.

〈표 5-53〉 광의의 도시녹지 분류와 관련법

구분		지정목적	관련법
개발제한구역		• 도시의 무질서한 확산 방지와 도시 주변의 자연환경 보전	도시계획법
녹지지역	생산녹지지역 보전녹지지역 자연녹지지역	• 보건위생·공해방지·보안과 무질서한 도시 확산방지 • 도시의 자연환경, 경관·수림·녹지보전	
풍치지구		• 도시의 자연풍치 보전	
도시공원	도시자연공원 근린공원 어린이공원 묘지공원 체육공원	• 도시계획구역 안 자연경관 보호, 시민의 건강, 휴양 및 정서생활 향상 • 자연경관지, 근린주거지의 보호 • 어린이의 정서생활 함양	도시공원법
녹지	완충녹지 경관녹지	• 도시의 자연환경 보전·개선 • 공해, 재해방지와 도시경관 향상	
환경보전림		• 공단 기타 오염된 자연환경의 보전·복원	자연환경 보전법
차단녹지		• 환경상의 악영향 최소화를 위한 수림대	
자연공원	국립공원 도립공원 군립공원	• 자연생태계 및 자연환경지 보호와 지속가능한 이용 • 국가, 시·도·군의 대표적인 풍경지	자연공원법
천연기념물	천연보호구역	• 보호해야 할 자연기념물이 풍부한 지역 • 보호 가치가 뛰어난 동식물, 지질·광물	문화재보호법
명승		• 저명한 명승지, 협곡, 해안, 풍경지	
보전임지	생산임지 공익임지	• 산림자원의 조성과 임업경영기반 구축 • 자연환경의 보전, 국민보건휴양의 증진	삼림법
조수보호구		• 시·도지역 조수의 보호, 번식	조수보호 및 수렵에 관한 법률

출처: 최재영(2007), 경주시 공원 · 녹지 및 조경에 관한 고찰, 경주연구, 16, 221~253.

(3) 도시녹지의 현황

산업화 및 경제성장으로 우리의 생활이 도시 집중 정주 형태로 변화됨에 따라 도시민의 여가·휴식 등을 위한 도시공원이 더욱 중요해지고 있다. 도시공원의 규모는 도시환경의 쾌적한 정도를 나타내며, 시민의 휴양과 건강을 위한 생활공간으로써 의미도 있다.

최근에는 각 지자체가 녹지형 중앙분리대를 설치하고 있다. 녹지형 중앙분리대는 중앙선 무단 침범에 따른 대형사고 예방은 물론이고 도심 녹지율 증대로 열섬현상과 대기오염, 소음, 진동, 유해가스 등 각종 오염에 대한 저감효과가 큰 것으로 보고 있다.

2015년 기준 전국 도시공원의 결정면적은 934㎢이며, 이 중 조성면적은 결정면적의 45%인 418㎢이다. 이는 2009년부터 장기간 개발되지 않은 도시공원 결정지역을 해제하였기 때문이다. 이에 도시공원 결정면적은 2000년에 비해 약 10% 정도 감소하였다. 그러나 실제 조성이 활발하게 이뤄지면서 도시공원 조성면적은 2000년에 비해 두 배 가까이 증가한 418㎢이다. 또한 1인당 도시공원 조성면적도 8.8㎡로 대폭 증가하였으나, 이는 선진국에 비해서는 아직 낮은 수준이다. 또한 1인당 도시공원 조성 면적은 지역별 격차가 크다. 즉 도시공원 조성은 도시민의 요구를 다 반영하지 못하고 있으며, 기존 도시의 수변공간 등 이용 가능한 도시공간의 활용이나 도시녹화를 위한 제도적 기반도 미비한 실정이다.

2018년 7대 광역시 총 1,148개 읍면동 가운데 법적 공원 면적 확보 기준인 3㎡/인에 미달하는 읍면동이 530개(약 46.2%)이다. 이 중 대구(57.6%)>부산(55.6%)>인천(54.0%)>서울(41.0%)>대전(43.0%)>광주(35.8%)>울산(23.2%)의 순으로 미달비율이 많다.

7대 광역시 전체 면적(5,423㎢) 대비 공원서비스 소외면적(1147.69㎢)이 차지하는 비율은 약 21.2%이다.

7개 광역시 1,148개 읍면동별 공원서비스 면적비율을 5개 등급(20%미만, 20~40%, 40~60%, 60~80%, 80~100%)로 구분한 경우, 공원서비스의 양적 수준이 취약하다고 할 수 있는 20% 미만에 해당하는 읍면동이 167개(약 14.5%)이다. 대구(27.3%)〉울산(25.0%)〉대전(24.1%)〉인천(20.0%)〉부산(19.5%)〉광주(12.6%)〉서울(3.3%)의 순으로 미달비율이 많다. 7대 광역시 읍면동별 평균 서비스 범위 내 공원 개소는 7.41개이다.

「도시공원 및 녹지 등에 관한 법률 시행규칙 제4조(도시공원의 면적기준)」의 도시지역 주민 1인당 6㎡ 기준은 오늘날 도시 여건에 적합하지 않다. 인구수가 감소하는 지방 중소도시는 추가적인 공원 확충 없이도 1인당 공원 면적이 증가하며, 우리나라 도시 대부분이 외곽에 산지를 끼고 있어 도시공원의 약 60%가 도시 외곽 산지에 분포하는 도시자연공원으로서 도시 내에는 도시민이 쉽게 이용할 수 있는 도시공원이 크게 부족한 실정이다.

도시녹지의 경우 도로·철도변, 공장 주변에 설치된 완충녹지가 대부분이어서 생활 속에서 느끼는 녹지공간과는 괴리감이 있으며, 도시 인근의 산지가 도시공원이 아닌 경우 별도의 녹지 개념으로 관리할 수 없는 것이 현실이다.

한편, 2040 국토종합계획에서 도시계획에서의 1인당 도시공원 면적 지표를 삭제하였다. 이전 계획인 2020 국토종합계획에서는 12.5㎡를 제시하였다. 이는 장기미집행도시공원 실효(일몰제)에 따른 이유가 주된 것으로 추정된다.

〈표 5-54〉 도시공원 면적

(단위: ㎢, ㎡/인)

	2000년	2005년	2010년	2015년
도시공원 결정면적	1,040	1,136	1,089	934
1인당 도시공원 결정면적	19.8	25.8	23.7	19.8
도시공원 조성면적	214	304	384	418
1인당 도시공원 조성면적	5.0	6.9	8.4	8.8

출처: 국토교통부 (2016). 도시계획현황.

도시녹지를 확대하기 위한 대책은 다음과 같다.

① 도시녹화계획 수립

도시녹화계획이 기성 시가지에 녹지가 부족한 지역에 녹화를 실현할 수 있으려면 도시녹화의 대상에 대한 목표량, 목표기간 등 기본 방향을 설정한 후에, 구체적인 녹화 수법과 이의 법적 보완이 필요하다. 기본적으로 녹화활용계약이나 녹지협정을 통하여 녹화의 기본적인 틀이 만들어지겠지만, 도시녹화계획의 실천이 반드시 녹화활용계약이나 녹지협정만을 가지고 이루어질 수는 없으며, 건물 녹화(지붕녹화·옥상녹화, 벽면녹화)와 생울타리 조성, 창문화단 녹화와 같은 수법의 보완이 필요하고, 이를 위한 인센티브의 수준도 검토되어야 한다.

또한 기존 도시에 대하여 도시녹화계획에 따라 녹지보전 및 도시녹화를 위하여 필요한 경우 녹지보전지구, 중점녹화지구 등의 용도지구를 지정할 수 있도록 하는 등 지방자치단체가 도시녹화공간의 확충·보전과 관련하여 다양한 방법론을 구사할 수 있도록 하여야 한다.

옥상녹화의 효과

옥상녹화는 건물의 옥상에 식재를 하여 수목에 의한 단열성능 확보와 도시 내 열섬현상 완화를 통해 건물내부의 열부하를 감소시키고 이를 옥상정원으로 활용하여 거주자의 쾌적성 확보를 목표로 한다.

① 토양 생태계 복원
② 건축물 냉난방 에너지 절약 효과
③ 도시 열섬화 현상 완화
④ 도시 홍수예방
⑤ 대기정화
⑥ 수질정화
⑦ 소음경감 효과
⑧ 도시경관 향상
⑨ 건축물의 내구성 향상

② 시민 참여에 의한 도시 녹화공간의 확대

시장·군수는 개인소유 토지에 대해 토지소유자와 녹지계약을 체결하여 조성된 녹지(시민녹지)를 일반시민에게 제공하도록 하고, 녹지계약을 체결한 자에게는 종합토지세 감면, 시민녹지 안내표지 설치 등을 지원할 수 있도록 한다. 또한, 도시녹화와 관련된 시민운동의 활성화를 위하여 시장·군수는 일정지역 내 다수의 토지소유자와 녹지협정을 체결하여 주택가 등에 대하여 녹지율 증대를 추진할 수 있도록 하고, 녹지협정이 체결된 지역에 대해서는 묘목·꽃씨, 녹지협정지역 표지 설치 등을 지원할 수 있도록 하여야 한다.

③ 미집행 도시공원의 해소

도시지역의 산지 등 별도의 조성이 필요 없는 도시자연공원은 도시계획시설에서 도시공원구역으로 전환하여 용도구역의 개념으로 관리하도록 한다.

이외에도 공원녹지로서 그 기능을 상실하면 해제, 조정이 가능하도록 도시관리계획 수립 지침의 공원조정기준 등을 개선하여야 한다.

도시공원 일몰제

도시공원 일몰제는 도시계획 시설상 도시공원으로 지정만 해놓고 20년간 공원 조성을 하지 않을 때 땅 주민의 재산권 보호를 위해 도시공원에서 풀어주는 것을 말한다.

헌법재판소는 1999년 10월 '지자체가 개인소유의 땅에 도시계획시설을 짓기로 하고 장기간 이를 집행하지 않으면 개인의 재산권을 침해하는 것'이라며 도시계획법(4조)에 대해 헌법불합치 결정을 내렸다. 이에 따라 20년간 공원이 조성되지 않은 곳들은 2020년 6월 30일까지만 도시공원으로 사용할 수 있게 된다. 한편, 서울시는 2020년 7월 일몰(실효)되는 도시공원 가운데 사유지 40.3㎢를 모두 매입한다고 밝혔다. 도시공원 일몰제에 따라 2020년 7월 1일부터 공원에서 해제되는 서울 시내 도시공원은 모두 116곳이다.

참고자료

참고문헌

강석호 (1998). **21세기의 에너지와 산업사회.** 경산: 영남대학교출판부.

국가에너지위원회 (2008). 제1차 국가에너지기본계획: 2008~2030.

국토부 (2018). 2015 주택업무편람.

국토해양부. 도시계획현황, 녹색도시과.

권미철 (2009). **녹색성장 시대 에너지 이야기.** 서울: 하이미디어피엔아이.

김병수 (2003). 도시공원 및 녹지제도 개선방안. **국토연구, 259**(5), 105-110.

김영호 (2010). **자원과 환경.** 경상대학교 출판부.

김자운 (2006). 공동주택 근린생활시설의 이용실태 및 만족도에 관한 연구. 금오공과대 산업대학원 석사학위논문.

김정배, 김해동, 김학윤, 배현균 (2012). **에너지와 기후변화.** 대구: 계명대학교출판부.

데이코산업연구소 (2009). **녹색성장을 위한 폐기물 에너지화 사업 실태와 전망.** 서울: 진한엠앤비.

박종웅, 김석완 (2009). **에너지와 산업.** 파주: 동화기술.

박종웅, 김석완 (2010). **에너지학개론.** 파주: 동화기술.

박중구 (2009). **에너지 경제학.** 서울: 아진.

서울특별시 (2016). 알기 쉬운 도시계획 용어.

손인환, 현근호, 김경환, 서광수 (2005). **대체에너지.** 서울: 미학사.

아우리 브리프 189 (2019.3.30.)

에너지경제연구원 (2010). 주요국 신재생에너지정책동향 및 그린에너지산업, 기술개발전략분석의 시사점.

에너지관리공단 (2008). 신·재생에너지 백서.

에너지관리공단 (2009). 에너지·기후변화 편람.

에너지관리공단 (2011). 에너지절약통계핸드북.

이도형 (2005). 소규모 근린생활시설의 배치실태분석과 계획기준 제안에 관한 연구, 홍익대학교 대학원 석사학위논문.

이성근 (2011). **녹색성장과 지역경영.** 경산: 영남대학교출판부.

최재영 (2007). 경주시 공원·녹지 및 조경에 관한 고찰. 경주연구, 16, 221~253.

IEA Clean Coal Centre (2004). Profiles-Clean fuels coal.

사이트

- 경찰교통사고통계 http://taas.koroad.or.kr
- 교통사고분석시스템(2022), http://taas.koroad.or.kr
- 교통안전관리공단 http://www.ts2020.kr/index.action
- 국가통계포털 http:/kosis.kr
- 국토교통부 http://www.mltm.go.kr/portal.do
- 에너지관리공단 http://www.kemco.or.kr
- 에너지관리공단신재생에너지센터 http://www.energy.or.kr/knrec/11/KNREC110200.asp
- 온실가스 종합정보시스템 http://www.gir.go.kr
- 전력통계정보시스템 http://www.kpx.or.kr/epsis
- 탄소배출권 정보은행 http://www.emissionstrading.kr
- 폐기물 자원화 http://www.dgdc.or.kr
- 한국에너지공단 http://eep.energy.or.kr
- 환경통계포털 http://stat.me.go.kr
- e-나라지표 http://www.index.go.kr
- Green tomorrow http://www.greentomorrow.co.kr
- IEA 통계DB http://data.iea.org/IEASTORE/DEFAULT.ASP

저자 약력

안옥희

- 일본 국립 나라여자대학 대학원 생활환경학 전공(Ph.D. 학술박사)
- 대구 지방환경청장 표창(2012. 10. 27.)
- 영남대학교 생활과학대학 주거환경학과 교수

현대인과 생활환경(3판)

초판발행 2013년 3월 10일 **1판 1쇄** | 2013년 9월 10일 **1판 2쇄** | 2015년 3월 10일 **1판 3쇄**
2판발행 2018년 9월 5일 **2판 1쇄** | 2019년 9월 10일 **2판 2쇄**
3판발행 2022년 9월 5일 **3판 1쇄 인쇄** | 2022년 9월 10일 **3판 1쇄 발행**

지은이 안옥희
펴낸이 최용구 | 펴낸곳 도서출판 **신정**
주소 (04316) 서울시 용산구 원효로 89길 19 (원효로1가)
전화 02)3211-4782, 0266(영업부), 3211-4783(편집부), 3211-4784(팩스)
이메일 shinjeong72@naver.com | 홈페이지 www.sjbook.co.kr
등록 2001년 5월 11일 제13-702호
기획마케팅 최용구 장만동 최충구 진소희 | 책임편집 석기은 황가연

ISBN 978-89-5912-817-4 93590
정가 18,000원